公害防止管理者等国家試験

騒音・振動関係

重要ポイント＆
精選問題集

騒音・振動概論｜騒音・振動特論

藤井圭次 著

一般社団法人 産業環境管理協会

はじめに

　本書は、公害防止管理者等国家試験（騒音・振動関係）を受験する方を対象に、騒音・振動概論、騒音・振動特論の2科目について、基礎的な知識を含む試験の重要ポイントを理解していただくことを目的としています。

　公害防止管理者等国家試験は、「公害防止管理者等資格認定講習用」に使用されているテキスト『新・公害防止の技術と法規　騒音・振動編』（発行・産業環境管理協会）からの出題がほとんどですが、当テキストは非常にページ数が多く、記述内容も幅広いため、学習のポイントがつかめないという難点があることは否めません。また、記述されている内容と実際の試験問題がどのようにかかわり合っているかを読み解くにはかなりの労力と時間が必要になると思われます。

　そこで本書は、各試験科目の出題されるポイントを厳選し、それに関連する過去問を解くことで国家試験対策に必要な知識を身につけられるように構成されています。

　『新・公害防止の技術と法規』を読み込むのに時間的余裕がない場合、予備知識なく対数の計算などに取り組むことに自信がない場合など、なるべく労力と時間をかけずに受験対策を行いたい方を対象としています。

　本書が、公害防止管理者等国家試験の受験を目指している方々の必携書になれば幸甚です。

2018 年4 月
一般社団法人 産業環境管理協会

本書の読み方

各節の構成
各章はいくつかの節に分かれています。各節には次のような要素があります。

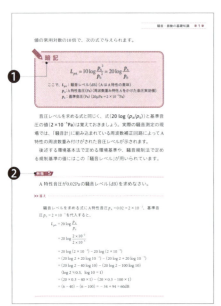

❶ 暗記

式を暗記していないと解けない計算問題もよく出題されます。この表示がある箇所は暗記すべき式や内容です。

❷ 例題

例題で計算の解き方や考え方を理解しておきましょう。

❸ 練習問題

実際に出題された過去問で知識のチェックを行います。右上に出題年度と問番号が記されています。

❹ よく出る

よく出題される項目です。確実に点数を重ねるためには、出題頻度が高い項目を重点的に学習しましょう。

❺ 太い文字

重要な語句は太字になっています。

❻ ポイント

押さえておきたい重点ポイントです。受験にあたって、どこを中心に覚えておけばよいかを示しています。

▶ 公害防止管理者の試験について

　騒音・振動発生施設には有資格者である公害防止管理者の選任が義務づけられています。この資格は年1回(10月の第一日曜日)全国で行われる国家試験に合格することで得られます[※]。また合格率はおおむね20%前後で、難易度の高い国家試験といえます。

※書類審査を経て規定の講習を受講し、かつ、修了試験に合格することで、国家試験に合格した場合と同等の資格が付与される制度もあります。

国家試験の詳細：http://www.jemai.or.jp/polconman/examination/index.html

▶ 試験科目・問題数・試験時間・合格基準

　騒音・振動関係公害防止管理者の試験科目は3科目です。本書はこのうち2科目の内容について解説しています(共通科目の本シリーズの『公害総論』(別売)を参照)。

　1問につき約3分の試験時間が割り当てられ、合格基準は各科目60%以上とされています。

試験科目	問題数	試験時間	合格基準
公害総論	15問	50分	各科目 60%以上
騒音・振動概論	25問	75分	
騒音・振動特論	30問	90分	

※合格基準は年度によって変動することがあります。

▶ 学習のための関連資料

● 「新・公害防止の技術と法規」(毎年1月発行／産業環境管理協会)
　公害防止管理者等資格認定講習用テキスト

● 「正解とヒント」(毎年4月発行／産業環境管理協会)
　過去5年分の国家試験の正解と解答のポイントを解説

● 「環境・循環型社会・生物多様性白書」(毎年発行／環境省)
　環境省が発行する白書で最新の情報を確認。インターネットで公開されている。

● 国家試験　問題と正解(解説はありません)
　過去の問題と正解がインターネットで公開されている。

　http://www.jemai.or.jp/polconman/examination/past.html

目　次

はじめに ・・・ i

本書の読み方 ・・・ ii

Ⅰ　騒音・振動概論

第1章　騒音・振動の基礎知識

1-1　数学の基礎 ・・・・・・・・・・・・・・・・・・・・・・・・・・・・・・・・・ 4

1-2　騒音・振動の基礎 ・・・・・・・・・・・・・・・・・・・・・ 12

1-3　dBの計算 ・・・・・・・・・・・・・・・・・・・・・・・・・・・・・・ 23

第2章　騒音・振動の法規制

2-1　騒音関連の環境基準 ・・・・・・・・・・・・・・・・・・ 36

2-2　騒音規制法 ・・・・・・・・・・・・・・・・・・・・・・・・・・・・ 46

2-3　振動規制法 ・・・・・・・・・・・・・・・・・・・・・・・・・・・・ 66

2-4　公害防止管理者法（騒音・振動関係）・・・・・・・・・・・ 86

第3章　騒音の現状と施策

3-1　騒音公害の現状 ・・・・・・・・・・・・・・・・・・・・・・・・ 98

3-2　主要な音源 ・・・・・・・・・・・・・・・・・・・・・・・・・・・ 105

第4章　騒音の感覚

4-1　耳の構造と可聴範囲 ・・・・・・・・・・・・・・・・・・ 112

4-2　音の感覚 ・・・・・・・・・・・・・・・・・・・・・・・・・・・・・ 115

第5章　騒音の影響・評価

5-1　騒音の影響 ・・・・・・・・・・・・・・・・・・・・・・・・・・・ 120

5-2　等価騒音レベル ・・・・・・・・・・・・・・・・・・・・・・ 128

第6章　音の性質

6-1　音に関する基礎量と単位 ・・・・・・・・・・・・・・ 136

6-2　音波の発生と音源の性質 ・・・・・・・・・・・・・・ 148

6-3　音波の伝搬と減衰 ・・・・・・・・・・・・・・・・・・・・ 152

6-4　音波の反射・屈折・回折・干渉 ・・・・・・・・・ 160

6-5　超低周波音・低周波音 ・・・・・・・・・・・・・・・・ 165

第7章　振動の現状と施策

7-1　振動公害の現状 ・・・・・・・・・・・・・・・・・・・・・・ 172

7-2　振動の発生源 ・・・・・・・・・・・・・・・・・・・・・・・・ 176

第8章 振動の感覚

8-1 振動の種類 ・・・・・・・・・・・・・・・・・・・・・・・・・・・・・・ 182

8-2 振動の感じ方 ・・・・・・・・・・・・・・・・・・・・・・・・・・・・ 184

8-3 振動の影響 ・・・・・・・・・・・・・・・・・・・・・・・・・・・・・・ 190

第9章 振動の性質

9-1 振動の基本的な性質 ・・・・・・・・・・・・・・・・・・・・・ 196

9-2 振動に関する諸量 ・・・・・・・・・・・・・・・・・・・・・・・ 205

9-3 簡単な振動系 ・・・・・・・・・・・・・・・・・・・・・・・・・・・・ 228

9-4 振動の発生と伝搬 ・・・・・・・・・・・・・・・・・・・・・・・ 242

Ⅱ 騒音・振動特論

第1章 騒音防止技術

1-1 騒音対策 ・・・・・・・・・・・・・・・・・・・・・・・・・・・・・・・・・ 252

1-2 消音器 ・・・・・・・・・・・・・・・・・・・・・・・・・・・・・・・・・・・ 258

1-3 制振処理と振動絶縁 ・・・・・・・・・・・・・・・・・・・・・ 270

1-4 屋外の騒音伝搬と防止 ・・・・・・・・・・・・・・・・・・ 275

1-5 屋内の騒音伝搬と防止 ・・・・・・・・・・・・・・・・・・ 292

1-6 吸音材料と遮音材料 ・・・・・・・・・・・・・・・・・・・・ 307

第2章 騒音測定技術

2-1 騒音測定計画 ・・・・・・・・・・・・・・・・・・・・・・・・・・・・ 320

2-2 騒音の測定機器 ・・・・・・・・・・・・・・・・・・・・・・・・・ 324

2-3 騒音レベルの測定 ・・・・・・・・・・・・・・・・・・・・・・・ 352

第3章 振動防止技術

3-1 振動対策 ・・・・・・・・・・・・・・・・・・・・・・・・・・・・・・・・ 380

3-2 振動源対策 ・・・・・・・・・・・・・・・・・・・・・・・・・・・・・・ 385

3-3 弾性支持 ・・・・・・・・・・・・・・・・・・・・・・・・・・・・・・・・ 396

3-4 振動の伝搬経路における対策 ・・・・・・・・・・・ 414

3-5 弾性支持に使用される材料 ・・・・・・・・・・・・・ 423

第4章 振動測定技術

4-1 振動測定計画 ・・・・・・・・・・・・・・・・・・・・・・・・・・・・ 438

4-2 振動の測定機器 ・・・・・・・・・・・・・・・・・・・・・・・・・ 450

4-3 振動レベルの測定 ・・・・・・・・・・・・・・・・・・・・・・・ 467

巻末資料

計算問題を解くための暗記項目一覧 ················· 481
常用対数表 ·· 489

I

騒音・振動概論

「騒音・振動概論」という科目は、騒音・振動に関する法律と騒音・振動問題の概要について学ぶ科目です。騒音及び振動の防止に関する規制について定めている騒音規制法、振動規制法や公害防止管理者制度、騒音・振動問題の現状、騒音・振動の大きさの表し方などが中心になります。

🅔 出題分析と学習方法

まずはどこにポイントを置いて学習すればよいかを理解しておきましょう。広い試験範囲のなかで、合格ラインといわれる60％の正答率を得るためには、出題傾向に応じた学習方法が重要になります。

▶ 出題数と内訳

騒音・振動概論の出題数は全25問で、過去5年分の内訳は下表のとおりです。

試験科目の範囲	出題数									
	平成25年		平成26年		平成27年		平成28年		平成29年	
	騒	振	騒	振	騒	振	騒	振	騒	振
騒音／振動対策のための法規制	3	3	3	3	3	3	3	3	3	3
騒音／振動公害の現状と施策	0	1	2	1	0	1	2	1	1	1
騒音／振動発生源	3	1	2	2	1	1	1	1	1	1
騒音／振動の感覚	2	2	2	1	2	1	2	2	2	2
騒音／振動の影響・評価と基準	2	2	1	2	4	0	2	0	3	1
音／振動の性質	3	2	3	2	3	5	3	4	3	3
dBの計算	0		1		1		1		1	
低周波音	1		0		0		0		0	
出題数計	25									

▶ 合格のための学習ポイント

● **騒音／振動対策のための法規制**では騒音規制法、振動規制法、騒音・振動関係の公害防止管理者制度の内容について出題されます。例年同じような問題が出題されることが多いので、ここは確実に押さえておきたい範囲です（第2章）。

● **騒音／振動公害の現状**では、おおよその苦情件数、どのような業種からの苦情が多いのかを理解しておきましょう。**騒音／振動発生源**では、主要な発生源について押さえておきましょう（第3章、第7章）。

● **騒音／振動の感覚、騒音／振動の影響・評価と基準**では、実験や調査結果から騒音・振動が人体にどのような影響を及ぼすのかを押さえておきましょう（第4〜6章、8章）。

● **dBの計算**はもちろんですが、**音／振動の性質**でも計算問題がよく出題されています。解くために必要な基礎知識は第1章で紹介しました。重要な式は暗記しておく必要があります（巻末資料の暗記項目一覧参照）。

第 1 章

騒音・振動の基礎知識

1-1 数学の基礎

1-2 騒音・振動の基礎

1-3 dBの計算

第1章　騒音・振動の基礎知識

1-1　数学の基礎

　騒音・振動関係の科目では計算問題が出題されます。問題を解くためには数学や物理の基礎学習が必要になります。学習するなかで計算問題が解けないときは、いったん本節に立ち戻りましょう。

1 指数

　騒音・振動の分野では対数・指数の計算をよく使います。国家試験問題でも対数・指数の計算問題が出題されますが、指数では10の何乗、対数では10を底とした対数（常用対数）に関する計算がほとんどです。

　aをn回かけたものをaのn乗といい、$\boldsymbol{a^n}$と表します。

$$a \times a \times a \times \cdots \times a = a^n \qquad (n：正の整数)$$

$$n回$$

　a^nはaの累乗（べき乗ともいう）といい、aを**底**、nを**指数**といいます。

　指数計算※では次の法則が成り立ちます（aを10とした場合）。

※：指数計算
公式は指数同士の足し算には当てはまらないことに注意。$10^2 + 10^3 = 100 + 1000 = 1100$であり、$10^5$とはならない。また、底が10でない場合でも指数の公式の考え方は成り立つ（例：$2^3 \times 2^2 = (2 \times 2 \times 2) \times (2 \times 2) = 2 \times 2 \times 2 \times 2 \times 2 = 2^5$）。

指数の公式

1　$10^x \times 10^y = 10^{(x + y)}$

2　$10^x \div 10^y = 10^{(x - y)}$

3　$(10^x)^y = 10^{(x \times y)}$

4　$10^{-x} = \dfrac{1}{10^x}$

5　$10^0 = 1$

騒音・振動の基礎知識 | 第1章

指数の公式を使って例題を解いてみましょう。

例題 1

次の値を求めなさい。

① $10^2 \times 10^3$　　④ $(10^2)^3$

② $10^5 \div 10^2$　　⑤ 10^{-2}

③ $10^{-3} \div 10^{-5}$　　⑥ 10^0

>> 答え

① 公式1より $10^{(2+3)} = 10^5$　　④ 公式3より $10^{(2 \times 3)} = 10^6$

② 公式2より $10^{(5-2)} = 10^3$　　⑤ 公式4より $\dfrac{1}{10^2} = \dfrac{1}{100} = 0.01$

③ 公式2より $10^{(-3-(-5))} = 10^2$　　⑥ 公式5より1

2 対数

$y = a^x$という**指数表現**は、$x = \log_a y$という**対数表現**に書き換えることができます。ここで、aを**底**、xを**対数**、yを**真数**といいます。

対数の定義

指数表現		対数表現
$y = a^x$	$\Leftrightarrow$	$x = \log_a y$
（yはaをx乗した値）		（aをx乗するとy）

　騒音・振動の分野では、ほとんどの場合は**常用対数**[※]を使用します。通常、aは省略して表します。以降では対数という場合は常用対数のことを指します。対数の定義と公式は必ず覚えておきましょう。

※：常用対数
logで表される数の中で、底が10である対数のことをいう。ここでは底は省略して表す。つまり$\log 2$とは$\log_{10} 2$のこと。なお、eを底とする対数$\log_e M$を自然対数という。ここでe = 2.7182818…となる無理数。

第1章　騒音・振動の基礎知識

対数の公式

1　$\log(x \times y) = \log x + \log y$

2　$\log(x \div y) = \log x - \log y$

3　$\log x^n = n \log x$

　対数の計算では、真数の表し方を1 〜 10になるまで変形し、公式を使って対数を求めます。限られた時間の中で素早く計算問題を解くためにも、次の値は暗記しておくと便利です。

暗記

$\log 1 = 0$　　　　　　　　　$\log 5 ≒ 0.7$

$\log 2 ≒ 0.3$　　　　　　　$\log 7 ≒ 0.85$

$\log 3 ≒ 0.5$　　　　　　　$\log 10 = 1$

　これらの値を組み合わせれば、真数1 〜 10は公式を使ってすべて求めることができます。

$$\log 4 = \log 2^2 = 2 \log 2 ≒ 2 \times 0.3 = 0.6 \quad （公式3）$$
$$\log 6 = \log(2 \times 3) = \log 2 + \log 3 ≒ 0.3 + 0.5 = 0.8$$
$$（公式1）$$
$$\log 8 = \log 2^3 = 3 \log 2 ≒ 3 \times 0.3 = 0.9 \quad （公式3）$$
$$\log 9 = \log 3^2 = 2 \log 3 ≒ 2 \times 0.5 = 1.0 \quad （公式3）$$

　このように、概略値が使えるような真数の表し方に変えれば、公式を使って対数を求めることができます。例題を解いて対数計算に慣れておきましょう。

騒音・振動の基礎知識 | 第1章

例題 2

次の値を求めなさい。

① $\log 14$

② $\log \dfrac{3}{5}$

③ $\log 200$

④ $\log 0.03$

⑤ $10 \log \left(\dfrac{1}{2 \times 10^{-5}} \right)^{2}$

>> 答え

①公式1より $\log 14 = \log (2 \times 7) = \log 2 + \log 7$

　数値に換算して $0.3 + 0.85 = 1.15$

②公式2より $\log (3 \div 5) = \log 3 - \log 5$

　数値に換算して $0.5 - 0.7 = -0.2$

③公式1より $\log 200 = \log (2 \times 100) = \log 2 + \log 100 = \log 2 + \log 10^{2}$

　公式3より $\log 2 + \log 10^{2} = \log 2 + 2 \log 10$

　数値に換算して $0.3 + 2 \times 1 = 2.3$

④公式2より $\log (3 \div 100) = \log 3 - \log 100 = \log 3 - \log 10^{2}$

　公式3より $\log 3 - \log 10^{2} = \log 3 - 2 \log 10$

　数値に換算して $0.5 - 2 \times 1 = -1.5$

⑤公式3より $20 \log \dfrac{1}{2 \times 10^{-5}}$

　公式2より $20 \log 1 - 20 \log (2 \times 10^{-5})$

　公式1より $20 \log 1 - (20 \log 2 + 20 \log 10^{-5})$

　公式3より $20 \log 1 - (20 \log 2 - 100 \log 10)$

　数値に換算して $0 - (20 \times 0.3 - 100 \times 1) = 0 - (6 - 100) = 94$

　対数の計算では、公式を使ったり表し方を変形させたりして、真数を1〜10に収まるようにすることがポイントです。

第 1 章 騒音・振動の基礎知識

※：関数電卓
公害防止管理者等国家試験では、関数電卓・通信機能付き電卓・数式等が記憶できるメモリ機能付きの電卓は使用禁止となっている。

3 常用対数表

　実際の国家試験では関数電卓※の持ち込みが禁止されているため（四則演算（＋ − × ÷）などができる普通電卓の持ち込みは許可されています）、対数の計算では試験問題の末尾に掲載される「**常用対数表**」から値を算出することになります。これまではあまり細かい数値は出てきていませんが、計算中に小数点を含む数値が出てきた場合は、次々ページの常用対数表を用いて数値を求めます（常用対数表は巻末にも掲載しています）。

　常用対数表の網掛けの数値は次のことを表しています。

・「真数」$n = 2.03$ の場合、$\log n = \log 2.03 = 0.307$

・$10^{0.307} = 2.03$

　それでは常用対数表を使って例題を解いてみましょう。

例題 3

常用対数表を使って次の値を求めなさい。

① $\log 3.4$

② $\log 4.58$

③ $\log 24$

④ $10^{0.6}$

⑤ $10^{\frac{65}{10}} + 10^{\frac{73}{10}}$

≫ 答え

①常用対数表の左の列3.4と上の行0の交わる欄の数値より、$\log 3.4 = 0.531$

②常用対数表の左の列4.5と上の行8の交わる欄の数値より、$\log 4.58 = 0.661$

③対数の公式1より $\log 24 = \log (2.4 \times 10) = \log 2.4 + \log 10$
　常用対数表の左の列2.4と上の行0の交わる欄の数値より、$\log 2.4 = 0.380$, $\log 10 = 1$ なので、$\log 24 = \log 2.4 + \log 10 = 0.380 + 1 = 1.380$

④常用対数表の数値600（0.6）は左の列3.9、上の行8が交わる数値なので $10^{0.6} = 3.98$

8

⑤指数の公式1 $(10^x \times 10^y = 10^{(x+y)})$ を逆からあてはめ、

$10^{6.5} + 10^{7.3} = (10^7 \times 10^{-0.5}) + (10^7 \times 10^{0.3}) = 10^7 \times (10^{-0.5} + 10^{0.3})$

ここで、指数の公式4 $\left(10^{-x} = \dfrac{1}{10^x}\right)$ より $10^{-0.5} = \dfrac{1}{10^{0.5}}$

常用対数表より $10^{0.5} = 3.16$ であるから $10^{-0.5} = \dfrac{1}{3.16} = 0.316$

常用対数表より $10^{0.3} \fallingdotseq 2.00$

したがって、$10^7 \times (0.316 + 2.00) = 2.316 \times 10^7$

　この常用対数表では log 1.00 ～ log 9.99 の対数が求められます（指数は0.000 ～ 1.000）。したがって、真数を1 ～ 10（指数を0 ～ 1）の間に収まるように表し方を変形させることが、常用対数表を使った計算でも重要になります。

第1章 | 騒音・振動の基礎知識

常用対数表（表中の値は小数を表す）

	0	1	2	3	4	5	6	7	8	9
1.0	000	004	009	013	017	021	025	029	033	037
1.1	041	045	049	053	057	061	064	068	072	076
1.2	079	083	086	090	093	097	100	104	107	111
1.3	114	117	121	124	127	130	134	137	140	143
1.4	146	149	152	155	158	161	164	167	170	173
1.5	176	179	182	185	188	190	193	196	199	201
1.6	204	207	210	212	215	217	220	223	225	228
1.7	230	233	236	238	241	243	246	248	250	253
1.8	255	258	260	262	265	267	270	272	274	276
1.9	279⑤	281	283	286	288	290	292	294	297	299
2.0	301	303	305	307	310	312	314	316	318	320
2.1	322	324	326	328	330	332	334	336	338	340
2.2	342	344	346	348	350	352	354	356	358	360
2.3	362③	364	365	367	369	371	373	375	377	378
2.4	380	382	384	386	387	389	391	393	394	396
2.5	398	400	401	403	405	407	408	410	412	413
2.6	415	417	418	420	422	423	425	427	428	430
2.7	431	433	435	436	438	439	441	442	444	446
2.8	447	449	450	452	453	455	456	458	459	461
2.9	462	464	465	467	468	470	471	473	474	476
3.0	477	479	480	481	483	484	486⑤	487	489	490
3.1	491	493	494	496	497	498	500	501	502	504
3.2	505	507	508	509	511	512	513	515	516	517
3.3	519①	520	521	522	524	525	526	528	529	530
3.4	531	533	534	535	537	538	539	540	542	543
3.5	544	545	547	548	549	550	551	553	554	555
3.6	556	558	559	560	561	562	563	565	566	567
3.7	568	569	571	572	573	574	575	576	577	579
3.8	580	581	582	583	584	585	587	588	589④	590
3.9	591	592	593	594	595	597	598	599	600	601
4.0	602	603	604	605	606	607	609	610	611	612
4.1	613	614	615	616	617	618	619	620	621	622
4.2	623	624	625	626	627	628	629	630	631	632
4.3	633	634	635	636	637	638	639	640	641	642
4.4	643	644	645	646	647	648	649	650	651②	652
4.5	653	654	655	656	657	658	659	660	661	662
4.6	663	664	665	666	667	667	668	669	670	671
4.7	672	673	674	675	676	677	678	679	679	680
4.8	681	682	683	684	685	686	687	688	688	689
4.9	690	691	692	693	694	695	695	696	697	698
5.0	699	700	701	702	702	703	704	705	706	707
5.1	708	708	709	710	711	712	713	713	714	715
5.2	716	717	718	719	719	720	721	722	723	723
5.3	724	725	726	727	728	728	729	730	731	732
5.4	732	733	734	735	736	736	737	738	739	740

	0	1	2	3	4	5	6	7	8	9
5.5	740	741	742	743	744	744	745	746	747	747
5.6	748	749	750	751	751	752	753	754	754	755
5.7	756	757	757	758	759	760	760	761	762	763
5.8	763	764	765	766	766	767	768	769	769	770
5.9	771	772	772	773	774	775	775	776	777	777
6.0	778	779	780	780	781	782	782	783	784	785
6.1	785	786	787	787	788	789	790	790	791	792
6.2	792	793	794	794	795	796	797	797	798	799
6.3	799	800	801	801	802	803	803	804	805	806
6.4	806	807	808	808	809	810	810	811	812	812
6.5	813	814	814	815	816	816	817	818	818	819
6.6	820	820	821	822	822	823	823	824	825	825
6.7	826	827	827	828	829	829	830	831	831	832
6.8	833	833	834	834	835	836	836	837	838	838
6.9	839	839	840	841	841	842	843	843	844	844
7.0	845	846	846	847	848	848	849	849	850	851
7.1	851	852	852	853	854	854	855	856	856	857
7.2	857	858	859	859	860	860	861	862	862	863
7.3	863	864	865	865	866	866	867	867	868	869
7.4	869	870	870	871	872	872	873	873	874	874
7.5	875	876	876	877	877	878	879	879	880	880
7.6	881	881	882	883	883	884	884	885	885	886
7.7	886	887	888	888	889	889	890	890	891	892
7.8	892	893	893	894	894	895	895	896	897	897
7.9	898	898	899	899	900	900	901	901	902	903
8.0	903	904	904	905	905	906	906	907	907	908
8.1	908	909	910	910	911	911	912	912	913	913
8.2	914	914	915	915	916	916	917	918	918	919
8.3	919	920	920	921	921	922	922	923	923	924
8.4	924	925	925	926	926	927	927	928	928	929
8.5	929	930	930	931	931	932	932	933	933	934
8.6	934	935	936	936	937	937	938	938	939	939
8.7	940	940	941	941	942	942	943	943	943	944
8.8	944	945	945	946	946	947	947	948	948	949
8.9	949	950	950	951	951	952	952	953	953	954
9.0	954	955	955	956	956	957	957	958	958	959
9.1	959	960	960	960	961	961	962	962	963	963
9.2	964	964	965	965	966	966	967	967	968	968
9.3	968	969	969	970	970	971	971	972	972	973
9.4	973	974	974	975	975	975	976	976	977	977
9.5	978	978	979	979	980	980	980	981	981	982
9.6	982	983	983	984	984	985	985	985	986	986
9.7	987	987	988	988	989	989	989	990	990	991
9.8	991	992	992	993	993	993	994	994	995	995
9.9	996	996	997	997	997	998	998	999	999	1.000

1-2 騒音・振動の基礎

ここでは音（騒音）、振動の性質と、日本の騒音・振動規制で用いられている「騒音レベル」「振動レベル」などについて説明します。前提となる基礎的な知識なので、よく理解しておきましょう。

1 音

弾性体内の媒質を伝わる波を「**音波**」といい、音波により引き起こされる聴覚的感覚を「**音**」といいます。ここでは主に空気中に伝わる音波に関して説明すると、空気中を「音波」が伝わり、人間の耳に届くと（鼓膜を揺らすと）「音」として聞こえます。空気中の粒子は横波を伝えることができず縦波しか伝えないため、この音波は**縦波**（**疎密波**ともいう）ということになります（図1）。

図1　横波と縦波

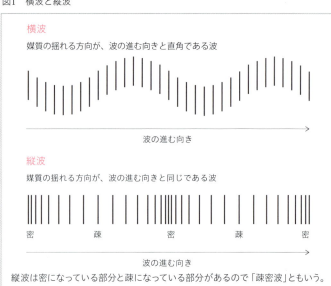

「音」は、音の大きさ（音圧）、音の高さ（周波数）、音の伝わる速さ（音速）を考える必要があります。ある一点の音の場合は、**音の大きさ（音圧）**、**音の高さ（周波数）**を考えればよく、騒音の分野では人の感覚を考慮した評価手法がとられています。

2 騒音

騒音とは人間にとって「**望ましくない音**」「**不快な音**」の総称で、いかなる音でも聞く人間が不快だと思えばその音は騒音と見なされます。つまり、騒音は人間の聴感に基づいた感覚量のため、人間の感覚を考慮した量が用いられる必要があります。

3 音の大きさ（音圧レベル）

音の大きさは、音の強さ（単位 W/m^2）、音圧（単位 Pa）として表されますが、人は音の強さ・音圧が倍増した場合、それが等間隔で大きくなったと感じます。これは人の音の感じ方が音の強さや音圧の対数にほぼ比例するためです。

騒音の分野では、音の大きさ（音圧の場合）を「**音圧レベル**」※で表します。音圧レベルとは、簡単にいえば音によって生じる空気中の圧力の差を「**デシベル(dB)**」※という単位で表したものです。その音がもっている音圧実効値※の2乗と基準音圧の2乗との比の常用対数の10倍で表されます。それを式で示すと次式のようになります。

📝 **暗　記**

$$L_p = 10 \log \frac{p^2}{p_0^{\,2}} = 20 \log \frac{p}{p_0}$$

ここで、L_p：音圧レベル(dB)（L は Level、p は pressure の意味）
p：音圧実効値(Pa)
p_0：基準音圧（20μPa = 2×10^{-5}Pa）

※：レベル
レベル（記号：L）とは、ある量と基準値との比の常用対数で表わす指標。騒音・振動関係では、音圧レベルのほか、騒音レベル、振動加速度レベル、振動レベル、音響パワーレベルなどがある。

※：デシベル(dB)
デシベル（decibel）は当初、電話回線で送話器から受話器に到達する間の電力損失の度合い（比率）を表すために用いられた単位。deci は1/10を示す接頭辞であり、bel は電話の発明者アレキサンダー・グラハム・ベルの名前(Bell)に由来する。ベル（記号：B）では扱いづらいので、通常はdBが使われる（例：6B＝60dB）

※：音圧実効値
瞬時音圧（媒質中のある点で対象とする瞬間に存在する圧力から静圧（大気圧）を引いた値）の2乗したものを時間平均し、その平方根で表した値。

p_0は基準となる音圧で、人が聞くことができる最も小さい値であり、「$2 \times 10^{-5}\,\text{Pa}$」を用います。この音圧レベルを求める式と基準音圧の値は必ず覚えておきましょう。式は計算で使いやすい**20 log (p/p_0)**のほうを覚えておくと便利です。

ここで、dB(デシベル)という単位は、g(グラム)やm(メートル)のような絶対値を表す単位ではなく、決められた基準値との比率や倍率を表す相対的な単位であることに注意しておきましょう。

それでは音圧レベルを求める式を使って例題を解いてみましょう。

例題 4

音圧実効値が1Paの音圧レベル(dB)を求めなさい。

>> 答え

音圧レベルを求める式に音圧実効値$p = 1$、基準音圧$p_0 = 2 \times 10^{-5}$を代入すると、

$$L_p = 20 \log \frac{p}{p_0}$$

$$= 20 \log \frac{1}{2 \times 10^{-5}}$$

$$= 20 \log 1 - 20 \log (2 \times 10^{-5})$$
$$= 20 \log 1 - (20 \log 2 + 20 \log 10^{-5})$$
$$= 20 \log 1 - (20 \log 2 - 100 \log 10)$$
$$(\log 1 = 0,\ \log 2 \fallingdotseq 0.3,\ \log 10 = 1)$$
$$= 0 - (20 \times 0.3 - 100 \times 1) = 0 - (6 - 100) = 94\text{dB}$$

計算の中身は前述の対数の例題とまったく同じであることに気づいたでしょうか。このように、人の音の感じ方が音圧の対数にほぼ比例するため、音圧から音圧レベルを求める場合などに対数の計算が必要になります。

基準音圧が決まっているため、実効値がわかれば音圧レベル

騒音・振動の基礎知識　第1章

表1　音圧と音圧レベルの関係

音圧 (Pa)	音圧レベル (dB)
0.00002	0
0.0002	20
0.002	40
0.02	60
0.2	80
1	94
2	100
20	120

が求められます。計算で求めた音圧と音圧レベルの関係を表1に示します。音圧が10倍になると音圧レベルは20dBずつ増えていくことを覚えておきましょう。

また、人が聞くことのできる音圧の範囲はおよそ**2×10^{-5}Pa ～ 20Pa**（音圧レベル**0dB ～ 120dB**）ということも記憶しておきましょう。

4 音の高さ（周波数）

前述のように音の大きさは「音圧レベル」として表せますが、ここでは音の要素のひとつである「**音の高さ**」（周波数又は振動数）について説明します。

音の高さは、空気がどれだけ速く振動するかを表す「**周波数**」によって決まります。低い音、高い音というのは音の周波数の違いから起こります。周波数とは1秒間の圧力変化の回数で、その値は周期の逆数になります（単位は**ヘルツ（Hz）**）。これを式で表すと次のようになります。

暗記

$$f = \frac{1}{T}$$

ここで、f：周波数(Hz)　　T：周期(s)

図2　周波数

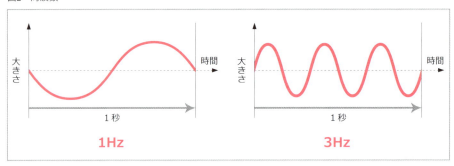

　図2の例では、左は1秒間で1回のサイクルなので1Hz、右は3回繰り返されているので3Hzです。低い音は周波数が低く（振動回数が少なく）、高い音は周波数が高く（振動回数が多く）なります。

　また、人が聞くことのできる周波数の範囲は、およそ**20Hz〜20kHz**です。

　ここで押えておきたいのは、同じ音圧の音でも、人間の耳の感度は周波数によって異なるため、周波数が異なると大きさが違って感じられるということです。低い周波数では耳の感度は悪くなり、**4kHz付近**で耳の感度が最もよくなるとされています。

5 騒音レベル

　前述のように音の大きさは周波数によって違って感じられるため、騒音の分野では周波数による聴覚の感度の違いを考慮（補正）した「音圧レベル」を騒音の大きさを表す量として用います。騒音計には、この人間の感覚に近い評価ができるような周波数重み付け特性が備えられており、**周波数重み付け特性A**※（周波数補正特性A、A特性ともいう）で測定した音圧レベルを「**騒音レベル**」といいます。周波数重み付け特性Aをかけて算出されるため、騒音レベルは「**A特性音圧レベル**」とも呼ばれています。

　騒音レベルは、A特性音圧の2乗を基準音圧の2乗で除した

※：周波数重み付け特性A
周波数重み付け特性A（A特性）は、周波数によって同じ音の大きさに聞こえる音圧レベルに補正する特性のこと。通常、騒音計にはA特性、C特性、Z（又はFLAT）特性が装備され、騒音レベルの測定ではA特性を用いる。

騒音・振動の基礎知識 | 第1章

値の常用対数の10倍で、次の式で与えられます。

暗記

$$L_{pA} = 10 \log \frac{p_A^2}{p_0^2} = 20 \log \frac{p_A}{p_0}$$

ここで、L_{pA}：騒音レベル(dB)（AはA特性の意味）
p_A：A特性音圧(Pa)（周波数重み特性Aをかけた音圧実効値）
p_0：基準音圧(Pa)（$20\mu Pa = 2 \times 10^{-5} Pa$）

音圧レベルを求める式と同じく、式(**20 log (p_A/p_0)**)と基準音圧の値(**$2 \times 10^{-5} Pa$**)は覚えておきましょう。実際の騒音測定の現場では、「騒音計」に組み込まれている周波数補正回路によってA特性の周波数重み付けがされた音圧レベルが示されます。

後述する環境基本法で定める環境基準や、騒音規制法で定める規制基準の値にはこの「騒音レベル」が用いられています。

例題 5

A特性音圧が0.02Paの騒音レベル(dB)を求めなさい。

>> 答え

騒音レベルを求める式にA特性音圧 $p_A = 0.02 = 2 \times 10^{-2}$、基準音圧 $p_0 = 2 \times 10^{-5}$ を代入すると、

$$L_{pA} = 20 \log \frac{p_A}{p_0}$$

$$= 20 \log \frac{2 \times 10^{-2}}{2 \times 10^{-5}}$$

$$= 20 \log (2 \times 10^{-2}) - 20 \log (2 \times 10^{-5})$$
$$= (20 \log 2 + 20 \log 10^{-2}) - (20 \log 2 + 20 \log 10^{-5})$$
$$= (20 \log 2 - 40 \log 10) - (20 \log 2 - 100 \log 10)$$
$$(\log 2 ≒ 0.3, \ \log 10 = 1)$$
$$= (20 \times 0.3 - 40 \times 1) - (20 \times 0.3 - 100 \times 1)$$
$$= (6 - 40) - (6 - 100) = -34 + 94 = 60 dB$$

第1章 騒音・振動の基礎知識

※：JIS
JIS C 1509-1：2005"電気音響―サウンドレベルメータ（騒音計）―第1部：仕様"でA特性の補正値が示されている。本JISではA特性、C特性、Z特性が定められ、A特性で測定したときの値が「騒音レベル」となる。

●周波数重み付け特性A

　周波数重み付け特性Aの補正値はJIS※に定められています。次に示す周波数ごとの補正値（概略値）は必ず暗記しておきましょう。

暗 記

A特性の補正値（概略値）

周波数（Hz）	63	125	250	500	1000	2000	4000	8000
補正値（dB）	− 26	− 16	− 9	− 3	0	+ 1	+ 1	− 1

　この周波数ごとの補正値の逆特性がおおよその人の感覚特性に相当します。つまり、周波数500Hz、70dBの音圧レベルでは、補正値−3dBなので、騒音レベルは67dBになります。言い換えれば、周波数500Hz・音圧レベル70dBの騒音は、人の感覚だと67dBに聴こえるということです。この補正値からは次のことが分かります。

　①1000Hz〜4000Hz付近では音が大きく聴こえる（耳が敏感になる）。
　②周波数が低いと音は小さく聴こえる（耳が鈍感になる）。

6 振動

　騒音は不快な音の総称でしたが、振動に関しては、一般の生活環境においては振動を感じずに生活しているのが通常の状況です。したがって、「不快な振動」などという定義は存在しません。振動の場合は、総じて振動、地盤振動、公害振動などとして表します。

7 振動加速度レベル

　振動の大きさの尺度としては、**変位**、**速度**、**加速度**の物理量があります。変位は「どのくらい動いたか」、速度は「どのく

らいの速さで動いたか」、加速度は「何秒でその速度になったか」を表します。また、音の場合と大きく異なる点として、振動には**方向**という要素が加わります。

　公害振動の場合は「加速度」が最も人の感覚との対応がよいとされることから、振動の分野では「**振動加速度レベル**」を用いています。音の場合と同じく、振動に対する人の感じ方は加速度の対数にほぼ比例するため、基準値に対する実効値の比としてデシベルで表します。振動加速度の実効値を基準の振動加速度で除した値の常用対数の20倍で、次式で与えられます。

暗 記

$$L_a = 20 \log \frac{a}{a_0}$$

ここで、L_a：振動加速度レベル(dB)（L は Level、a は Acceleration (加速度)）
　　　　a：振動加速度の実効値(m/s^2)
　　　　a_0：振動加速度の基準値(10^{-5}m/s^2)

　振動加速度レベルは、騒音の「音圧レベル」に対応するものです。式($20 \log (a/a_0)$)と基準値の値(10^{-5}m/s^2)は覚えておきましょう。それでは実効値から振動加速度レベルを求めてみましょう。

例題 6

　振動加速度の実効値が2m/s^2の振動加速度レベル(dB)を求めなさい。

>> 答え

　振動加速度レベルを求める式に実効値 $a = 2$、基準の振動加速度 $a_0 = 10^{-5}$を代入すると、

第1章 騒音・振動の基礎知識

$$L_a = 20 \log \frac{a}{a_0}$$

$$= 20 \log \frac{2}{10^{-5}}$$

$$= 20 \log 2 - 20 \log 10^{-5} \quad (\log 2 \fallingdotseq 0.3, \ \log 10 = 1)$$

$$= 20 \times 0.3 + 100 \times 1$$

$$= 6 + 100 = 106 \text{dB}$$

　また、前述のように騒音では、人の聞くことができる最も小さな値（最小可聴値）は0dBでしたが、人が感じられる最小の値（振動感覚閾値）はおよそ**55dB**とされています（振動加速度は約**5.6×10⁻³m/s²**）。

8 振動レベル

　人の振動感覚も周波数や振動の方向によって異なるため、振動規制などでは振動加速度レベルに人の感じる感覚を考慮（補正）した「**振動レベル**」を用いています。この補正のことを**振動感覚補正**（音の場合のA特性に相当）といい、振動レベルは「**振動感覚補正振動加速度レベル**」とも呼ばれます。鉛直特性又は水平特性で重み付けをした振動加速度の実効値を基準の振動加速度で除した値の常用対数の20倍で、次式で与えられます。

暗記

$$L_v = 20 \log \frac{a}{a_0}$$

ここで、L_v：振動レベル（dB）（vはVibration（振動））
　　　　a：鉛直特性又は水平特性で重み付けをした振動加速度の
　　　　　　実効値（m/s²）
　　　　a_0：基準の振動加速度（10^{-5}m/s²）

　振動レベルは、騒音での「騒音レベル」に対応するものです。

騒音・振動の基礎知識 | 第1章

騒音と同じように、実際の振動測定の現場では、振動レベルを測定する「**振動レベル計**」に組み込まれている振動感覚補正回路によって補正された振動加速度レベルが示されます。

　騒音では方向のない大きさ（空気中の音圧）のみを考えていますが、振動は鉛直方向（地面に対して垂直方向）の振動と水平方向の振動を考える必要があります。

　振動規制法では、主要な周波数帯域において、人は水平方向に比べ鉛直方向の振動を強く感じるため、「**鉛直方向**」の振動のみが規制対象となっています。

◉**振動感覚補正値**

　振動感覚補正値はJIS[※]に定められています。次に示す周波数ごとの振動感覚補正値（概略値）（特に**鉛直方向**の補正値）は必ず暗記しておきましょう。鉛直方向の補正値は、周波数が倍になると1Hz〜4Hzの間は＋3dB、8Hz〜63Hzの間はおおむね−6dBという法則があることを覚えておくと暗記しやすいと思います。なお、JISでは**基準レスポンス**と表されています。

> ### 📝 暗 記
>
> 振動感覚補正値（概略値）
>
> | 周波数（Hz） | 1 | 2 | 4 | 8 | 16 | 31.5 | 63 |
> |---|---|---|---|---|---|---|---|
> | **鉛直方向の補正値（dB）** | − 6 | − 3 | 0 | − 1 | − 6 | − 12 | − 18 |
> | 水平方向の補正値（dB） | 3 | 2 | − 3 | − 9 | − 15 | − 21 | − 27 |

　この周波数ごとの補正値の逆特性がおおよその人の感覚特性に相当します。つまり、鉛直方向の周波数2Hz、60dBの振動加速度レベルでは、補正値−3dBなので、振動レベルは57dBになります。言い換えれば、周波数2Hz・振動加速度レベル60dBの振動は人の感覚だと57dBに感じられるということです。この補正値からは次のことがわかります。

※：JIS
JIS C 1510：1995"振動レベル計"で詳細な基準レスポンスの値が示されている。JISでは鉛直特性と水平特性の基準レスポンス（dB）を規定しているが、振動規制法は「鉛直」のみを規制対象としている。

第1章 騒音・振動の基礎知識

①鉛直振動と水平振動では感じ方に差がある。

②鉛直振動では4Hz～8Hzの周波数範囲の振動が最も感じやすい。

③水平振動では1Hz～2Hzの周波数範囲の振動が最も感じやすい。

④約3Hz以下の周波数では水平振動のほうが感じやすく、それより高い周波数では鉛直振動のほうが感じやすい。

なお、振動感覚補正についての詳細は、後述の8-2 **4** 「鉛直振動と水平振動」、9-2 **4** 「振動レベル」の周波数特性の箇所で説明します。

例題 7

鉛直方向で10^{-2}m/s^{2}の振動加速度の実効値をもつ振動の振動加速度レベルを求めなさい。また、この振動の周波数2Hz、8Hz、31.5Hzにおける振動レベルを求めなさい。

≫答え

①まず振動加速度の実効値10^{-2}m/s^{2}を式に代入して振動加速度レベルを求める。

$$L_v = 20 \log \frac{a}{a_0}$$

$$= 20 \log \frac{10^{-2}}{10^{-5}} = 20 \log \frac{10^5}{10^2} \quad （指数の公式4）$$

$$= 20 \log 10^3 = 20 \times 3 \times 1 = 60 \text{dB} \quad （\log 10 = 1）$$

②求めた振動加速度レベルから、振動感覚補正値（鉛直）を使ってそれぞれの周波数の振動レベルを求める。

周波数（Hz）	2	8	31.5
振動加速度レベル（dB）	60	60	60
鉛直方向の補正値（dB）	－ 3	－ 1	－ 12
振動レベル（dB）	57	59	48

1-3 dBの計算

騒音レベルや振動レベルの単位はデシベル(dB)です。ここではdBの値を計算する方法について説明します。騒音をベースとして説明を進めていきますが、振動でも同じように考えても問題ありません。

1 dBの和

dBの値は単純な足し算や引き算ができません。つまり、60dB＋60dB＝120dBや70dB－60dB＝10dBのようにはならないのです。ここではdBの和の計算をする方法について説明します。

図1のように2つの機械から騒音が発生している状況を想定してみます。ある地点では、機械Aだけが稼働しているときの音圧レベルは80dB、機械Bだけが稼働しているときの音圧レベルは78dBでした。では、機械Aと機械Bの両方が稼働している場合、ある地点での音圧レベルは何dBになるでしょうか。

図1 dBの和の計算例

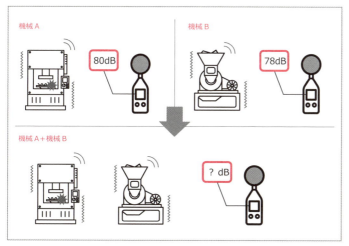

第1章 騒音・振動の基礎知識

※：パワー和（エネルギ和）

各音源からの音のパワー（音圧の2乗）の和が全音源のパワーになるという考え方。同じく各振動源からエネルギの和は全振動源のエネルギになるという考え方。

このような場合に「**dBの和**」（「**dBの合成**」ともいう）が用いられます。理論的にはパワー和（エネルギ和）※の考え方から導かれますが、ここでは導出の詳細は省き、国家試験問題を解くために必要な計算方法だけを示します。

dBの和を計算するには、まずdBの和の補正値（概略値）を覚えておきましょう。

暗 記

dBの和の補正値（概略値）

レベル差（dB）	0	1	2	3	4	5	6	7	8	9	10〜
補正値（dB）	3		2				1				0

それでは図1のdBの和の計算をしてみましょう。

①80dBと78dBのレベル差は2dB

②上の表よりレベル差2dBの補正値は2dB

③大きい値の80dBのほうに補正値2dBを加え82dB

したがって、機械Aと機械Bの両方が稼働しているとき、ある地点での音圧レベルは82dBということになります。

例題 8

次のdBの和を求めなさい。

① 76dB 75dB

② 75dB 79dB

③ 60dB 72dB

④ 60dB 60dB

⑤ 78dB 76dB 75dB

⑥ 60dB 60dB 60dB

⑦ 78dB 76dB 75dB 70dB

⑧ 70dB 70dB 70dB 70dB

騒音・振動の基礎知識 | 第1章

>> 答え

次のdBの和の補正値を用いてdBの和を求めます。

dBの和の補正値（概略値）

レベル差（dB）	0	1	2	3	4	5	6	7	8	9	10〜
補正値（dB）	3		2			1					0

①76dBと75dBのレベル差1dB、補正値3dBより、76＋3＝79dB
②75dBと79dBのレベル差4dB、補正値2dBより、79＋2＝81dB
③60dBと72dBのレベル差12dB、補正値0dBより、72＋0＝72dB
④60dBと60dBのレベル差0dB、補正値3dBより、60＋3＝63dB
⑤78dBと76dBのレベル差2dB、補正値2dBより、78＋2＝80dB
　80dBと75dBのレベル差5dB、補正値1dBより、80＋1＝81dB
⑥60dBと60dBのレベル差0dB、補正値3dBより、60＋3＝63dB
　63dBと60dBのレベル差3dB、補正値2dBより、63＋2＝65dB
⑦78dBと76dBのレベル差2dB、補正値2dBより、78＋2＝80dB
　80dBと75dBのレベル差5dB、補正値1dBより、80＋1＝81dB
　81dBと70dBのレベル差11dB、補正値0dBより、81＋0＝81dB
⑧このような場合は、70dB同士を先に合成すると計算が少なくて済む。
　70dBと70dBのレベル差0dB、補正値3dBより、70＋3＝73dB
　（70dBと70dBのレベル差0dB、補正値3dBより、70＋3＝73dB）
　73dBと73dBのレベル差0dB、補正値3dBより、73＋3＝76dB

3個以上のdBの和の計算の場合、理論上はどこから始めてもよいのですが、大きい値から始めたほうが後半で補正値の計算を省略できるケースが多くなります（例題8の⑦を参照）。

ただし、概略値を使って多くの個数のレベル値の和を求める場合、切り捨てる端数の補正値が積み上がり、精密な値との差が大きくなることがあります。概略値で計算した答えが選択肢の中にない場合は、1dB大きい答えを選択しましょう。また、大きい値同士※をまず合成したり（例題8の⑧を参照）、小さい値から合成する※と精密値に近くなるケースもあります。

※：大きい値同士の合成

たとえば70dB・16個を大きい値から合成すると、
70　70→70＋3＝73dB
73　70→73＋2＝75dB
︙
80　70→80＋0＝80dB
（レベル差10以上につき省略）
となるが、大きい値同士をまず合成すると、
70　70→70＋3＝73dB
（上記の合成が8つ）
73　73→73＋3＝76dB
（上記の合成が4つ）
76　76→76＋3＝79dB
（上記の合成が2つ）
79　79→79＋3＝82dB
となり、精密値に近い値が求められる。

※：小さい値から合成

次の3つのレベル値
　47　51　62
を大きい値から合成するとレベル差10以上で62dBとなるが、小さい値から合成すると、
47　51→51＋2＝53dB
53　62→62＋1＝63dB
と1dB異なるケースもある。精密値では約62.5dB。

25

第1章　騒音・振動の基礎知識

●同じレベル値の計算

例題8の④や⑥のように、n個の同じレベル値（dB）の和を計算する場合は、次の式でも求めることができます。

$$L_n = L + 10 \log n$$

ここで、L_n：n個のレベル値の和（dB）　　L：レベル値（dB）

　　　　n：個数

この式を使って④を解くと、

$$L_2 = 60 + 10 \log 2 \quad (\log 2 \fallingdotseq 0.3)$$

$$L_2 = 60 + 10 \times 0.3 = 63\text{dB}$$

同じく⑥を解くと、

$$L_3 = 60 + 10 \log 3 \quad (\log 3 \fallingdotseq 0.5)$$

$$L_3 = 60 + 10 \times 0.5 = 65\text{dB}$$

レベル値をひとつひとつ計算した場合と答えが同じになることがわかります。この例のように、2個の同じ値の和は**3dB**増加し、3個の同じ値の和は**5dB**増加することも覚えておくと便利です。

> **☑ ポイント**
>
> ①「dBの和」は音源が複数ある場合のdBを求めるときに用いる。
> ②2個のdB値のレベル差を求め、大きいほうの値に補正値を足す。
> ③レベル差10dB以上は計算不要。
> ④3個以上のdB値は大きいほうから順に計算する。ただし、レベル値が多い場合は大きい値同士を先に計算する。
> ⑤2個の同じ値の和は＋3dB、3個の同じ値の和は＋5dB。

なお、dBの和の計算では概算値を使用しているため、精密値での計算結果と値が多少異なる場合もあります。国家試験問題を解くのに影響が出るほどではないので、概略値を覚えておけば十分に対応できます。

参考までに概略値を使わずに計算する方法も紹介しておきます。

各音源の音圧レベルをL_1、L_2、…L_nとして、それに対する音圧をp_1、p_2、…p_n、基準音圧をp_0とすると

騒音・振動の基礎知識 | 第1章

$$L_1 = 10 \log \frac{p_1^2}{p_0^2} \qquad L_2 = 10 \log \frac{p_2^2}{p_0^2} \qquad L_n = 10 \log \frac{p_n^2}{p_0^2}$$

と表すことができます。この対数表現を指数表現にすると

$$\frac{p_1^2}{p_0^2} = 10^{\frac{L_1}{10}} \qquad \frac{p_2^2}{p_0^2} = 10^{\frac{L_2}{10}} \qquad \frac{p_n^2}{p_0^2} = 10^{\frac{L_n}{10}}$$

と表すことができます。パワー和の考え方により、全音源の音圧レベル L は次式で求めることができます。

$$L = 10 \log \left(\frac{p_1^2}{p_0^2} + \frac{p_2^2}{p_0^2} + \cdots + \frac{p_n^2}{p_0^2} \right)$$

$$= 10 \log \left(10^{\frac{L_1}{10}} + 10^{\frac{L_2}{10}} + \cdots + 10^{\frac{L_n}{10}} \right)$$

この式を使って図1の例（80dBと78dBの和）を計算してみましょう。上の式に $L_1 = 80$、$L_2 = 78$ を代入します。

$$L = 10 \log \left(10^{\frac{L_1}{10}} + 10^{\frac{L_2}{10}} \right)$$

$$= 10 \log \left(10^{\frac{80}{10}} + 10^{\frac{78}{10}} \right) = 10 \log \left(10^8 + 10^{7.8} \right)$$

ここで、$10^{7.8} = 10^8 \times 10^{-0.2}$ なので、

$$L = 10 \log \left(10^8 + 10^8 \times 10^{-0.2} \right) = 10 \log 10^8 \left(1 + 10^{-0.2} \right)$$

ここで、$10^{-0.2} = \dfrac{1}{10^{0.2}}$ であり、常用対数表より $10^{0.2} \fallingdotseq 1.59$ だから、

$$L = 10 \log 10^8 \left(1 + \frac{1}{1.59} \right) = 10 \log 10^8 (1 + 0.63)$$

$$= 10 \log 10^8 (1.63) = 10 \log 10^8 + 10 \log 1.63$$

ここで、常用対数表より $\log 1.63 = 0.212$ だから、

$$L = 10 \times 8 + 10 \times 0.212 = 80 + 2.12 = 82.12 \fallingdotseq 82 \text{dB}$$

となり、概略値を使って計算した場合と同じ結果になることがわかります。

2 dB の平均

「dB の平均」は、複数の音（振動）のレベルの平均を求めると

27

きに使います。**等価騒音レベル**などを算出する際に用いられる方法です。

次式により n 個の音（又は振動）のパワー平均を求めます。L はそれぞれのレベル値の和です。この式も覚えておきましょう。

> 暗記
>
> $$\overline{L} = 10 \log \underbrace{\left(10^{\frac{L_1}{10}} + 10^{\frac{L_2}{10}} + \cdots + 10^{\frac{L_n}{10}}\right)}_{L=\text{レベル値の和}} - 10 \log n$$
>
> $$\overline{L} = L - 10 \log n$$
>
> ここで、$\overline{L}$：レベル値の平均(dB)　　L：レベル値の和(dB)
> n：個数

例題 9

一定の時間ごとに騒音レベルを測定した結果、それぞれ73dB、69dB、65dBとなった。すべての測定時間における騒音レベルの平均値（等価騒音レベル）を求めなさい。

>> 答え

dBの和の補正値（概略値）

レベル差（dB）	0	1	2	3	4	5	6	7	8	9	10〜
補正値（dB）	3		2			1				0

①dBの和の補正値を用いて「dBの和」を計算する。
②73dBと69dBとのレベル差は4dB、補正値2dBより、73＋2＝75dB
③75dBと65dBとのレベル差は10dB、補正値0dBより、75＋0＝75dB
④求めた和の値と個数 $n = 3$ を「dBの平均」を求める式に代入し、

$$\begin{aligned}\overline{L} &= L - 10 \log n \\ &= 75 - 10 \log 3 \quad (\log 3 \fallingdotseq 0.5) \\ &= 75 - 5 = 70 \text{dB}\end{aligned}$$

騒音・振動の基礎知識 | 第1章

　レベル差が小さい場合、「dBの平均」で算出された値は**算術平均値と同じ**、もしくは**少し大きくなる**ことを覚えておきましょう。たとえば、上の例を算術平均すると、$(73 + 69 + 65) \div 3 = 207 \div 3 = 69$ となります。国家試験においてどうしても時間がない場合はこの方法を試してみてください。

　ただし、レベル差が大きい場合は算術平均値から遠くなります。試しに60dBと50dBと40dBの平均を求めてみます。dBの平均を計算すると $60 - 10 \log 3 ≒ 60 - 5 = 55$dB となりますが、算術平均は $(60 + 50 + 40) \div 3 = 50$ となり5の差が生じてしまいます。逆にレベル差が近いとき、たとえば67dBと66dBと65dBの平均は $71 - 10 \log 3 ≒ 71 - 5 = 66$dB となり、算術平均の値 $(67 + 66 + 65) \div 3 = 66$ と同じになります。

☑ ポイント

①まず「dBの和」を求め、次に式に代入して平均を求める。
②レベル差が小さい場合は算術平均と同じか、少し大きくなる。
③レベル差が大きい場合は算術平均の値から離れる。

---

3 dBの差

　図2のように機械Aが稼働しているときと、稼働していないときの状況を想定してみましょう。このとき、ある地点での音圧レベルは、稼働しているときは60dBであり、稼働していないときは55dBでした。では、ある地点での機械Aだけの音圧レベルは何dBと推定できるでしょうか。

　このような場合に「dBの差」が用いられます。通常、測定される音には、対象とする音以外にも、他の機械からの音、人の話し声、近隣の交通騒音などが混在します。測定する地点で対象となる騒音以外の騒音を「**暗騒音**」といいます（対象となる振動以外の振動を「**暗振動**」といいます）。つまり、dBの差の計算は、暗騒音（暗振動）の影響を補正する場合に用いられます。

騒音・振動概論

騒音・振動特論

29

図2 dBの差の計算例

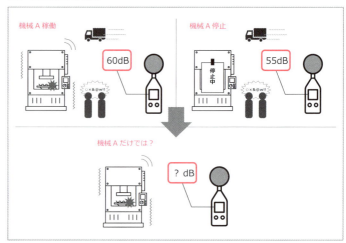

　dBの差の計算では、次の補正値が法律やJISで定められています。これも必ず暗記しておきましょう。暗騒音についてはレベル差4dB〜9dB、暗振動についてはレベル差3dB〜9dBの場合に補正できます。両者の相違点にも注意しておきましょう。

　それでは図2の例でdBの差の計算をしてみましょう。
①機械A稼働時60dBと暗騒音55dBのレベル差は5dB
②上の表よりレベル差5dBの補正値は－2dB
③大きい値の60dBから補正値2dBを減じ58dB

騒音・振動の基礎知識 | 第1章

　したがって、機械Aだけの音圧レベルは58dBと推定できます。なお、レベル差が10dB以上の場合は、暗騒音の影響は小さく無視できるものと考え、そのまま機械A稼働時の音圧レベルを機械Aだけの音圧レベルとして適用します。

☑ ポイント

①dBの差は、暗騒音（暗振動）の補正に用いる。
②2個のdB値のレベル差を求め、大きいほうの値から補正値を引く。
③レベル差10dB以上は暗騒音（暗振動）の影響は無視できる。

　なお、dBの差もdBの和と同じく精密な値を求めることもできます。dBの差は次式で算出できます。

$$L = 10 \log \left(10^{\frac{L_1}{10}} - 10^{\frac{L_2}{10}} \right)$$

　図2の例（60dBと55dBの差）でdBの差を求めてみます。上式に $L_1 = 60$dB、$L_2 = 55$dBを代入すると

$$L = 10 \log \left(10^{\frac{60}{10}} - 10^{\frac{55}{10}} \right)$$

$$= 10 \log \left(10^6 - 10^{5.5} \right)$$

$$= 10 \log \left(10^5 \times 10 - 10^5 \times 10^{0.5} \right)$$

$$= 10 \log 10^5 \left(10 - 10^{0.5} \right)$$

ここで、常用対数表より $10^{0.5} = 3.16$

$$L = 10 \log 10^5 (10 - 3.16) = 10 \log 10^5 (6.84)$$

$$= 10 \log 10^5 + 10 \log 6.84$$

ここで、常用対数表より $\log 6.84 = 0.834$ だから

$$L = 50 + 8.34 = 58.34 \fallingdotseq 58\text{dB}$$

第1章 騒音・振動の基礎知識

練習問題

平成26・問14

問14 音圧レベルが 91 dB の音がある。この音の音圧の実効値は約何 Pa か。

(1) 7.1 　　(2) 0.91 　　(3) 0.71 　　(4) 0.091 　　(5) 0.071

解 説

題意より音圧レベル $L_p = 91$dB、基準値 $p_0 = 2 \times 10^{-5}$Pa を次式（音圧レベルを求める式）に代入して音圧実効値 p を求めます。

$$L_p = 20 \log \left(\frac{p}{p_0} \right)$$

まず p を求めやすいように上式を変形しておきます。

$$L_p = 20 \log \left(\frac{p}{p_0} \right) = 20 \log p - 20 \log p_0$$

$$20 \log p = L_p + 20 \log p_0$$

次に題意の音圧レベルと基準値の値を上式に代入します。

$$20 \log p = 91 + 20 \log (2 \times 10^{-5}) = 91 + 20 \log 2 + 20 \log 10^{-5}$$

ここで、$\log 2 ≒ 0.3$、$\log 10^{-5} = -5$ だから、

$$20 \log p = 91 + 20 \times 0.3 + 20 \times (-5) = 91 + 6 - 100 = -3$$

$$\log p = -\frac{3}{20} = -0.15$$

ここで、対数の定義より10の-0.15乗が p なので、p は $10^{-0.15} = \dfrac{1}{10^{0.15}}$ を求めればよいことになります。常用対数表より $10^{0.15} ≒ 1.41$ なので、

$$p = 10^{-0.15} = \frac{1}{10^{0.15}} = \frac{1}{1.41} ≒ 0.71$$

したがって、(3)が正解です。

正解 >> (3)

練習問題

平成27・問25

問25 ある機械を夜間の暗騒音レベルが 36 dB の工場内で運転すると、機側 1 m での騒音レベルは 49 dB であった。昼間の暗騒音レベルが 47 dB のときにこの機械を運転すると、機側 1 m の騒音レベルは約何 dB か。

(1) 49 　　(2) 51 　　(3) 53 　　(4) 55 　　(5) 57

解説

問題の状況を図に示します。

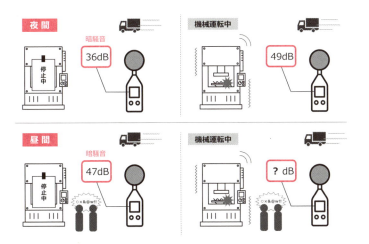

① まず機械のみの騒音レベルを求めます。夜間の暗騒音レベルが36dB、機械運転中が49dBなのでレベル差は13dBになります。レベル差が10dB以上なので暗騒音の影響は無視でき、機械のみの騒音レベルはそのまま49dBということになります(dBの差を参照)。
② 機械のみの騒音レベル49dBと昼間の暗騒音レベル47dBとの和が、機械を運転したときの昼間の騒音レベルとなります。
③ dBの和の補正値(下表)より、47と49のレベル差は2なので49に2を足して51dBとなります。

第1章　騒音・振動の基礎知識

dB の和の補正値（概略値）

レベル差（dB）	0	1	2	3	4	5	6	7	8	9	10 〜
補正値（dB）		3		2				1			0

したがって、(2)が正解です。

正解 >> （2）

練習問題

平成29・問25

問25　複数の機械が同時に稼働する工場内で，ある地点における騒音レベルを測定したところ 84 dB であった。そのうちの 1 台を停止させて同様に測定したところ，騒音レベルは 80 dB に下がった。その 1 台の機械を単独で稼働させたときの騒音レベルは，約何 dB か。ただし，工場内の機械以外による暗騒音は無視できるものとする。

(1)　74　　　　(2)　76　　　　(3)　78　　　　(4)　80　　　　(5)　82

| 解　説 |

「dBの差」に関する計算問題です。機械以外の暗騒音は無視できるとあるので、①特定の1台を含む複数の機械を稼働させたときの騒音レベルと、②特定の1台を停止させたときの騒音レベルとの差を求めれば、③1台を単独で稼働させたときの騒音レベルが求められます。dBの差の補正値(下表)を使って求めます。

①特定の1台を含む複数の機械を稼働させたときの騒音レベルは84dB。

②特定の1台を停止させたときの騒音レベルは80dB。

③1台を単独で稼働させたときの騒音レベルは、下表よりレベル差4、補正値－2より、84－2＝82dB。

dB の差の補正値（暗騒音）

レベル差（dB）	4	5	6	7	8	9	10 〜
補正値（dB）		－2			－1		0

したがって、(5)が正解です。

正解 >> （5）

第2章

騒音・振動の法規制

2-1 騒音関連の環境基準	**2-4**	公害防止管理者法（騒音・振動関係）
2-2 騒音規制法		
2-3 振動規制法		

第 2 章　騒音・振動の法規制

2-1 騒音関連の環境基準

ここでは環境基本法で定められている騒音関係の環境基準について解説します。騒音に関係する3つの環境基準のうち、よく出題される「騒音に係る環境基準」を中心に理解しておきましょう。

※：騒音に係る環境基準について
工場・事業場騒音と自動車騒音について適用される基準。航空機騒音、鉄道騒音及び建設作業騒音には適用されないことになっている（1998(平成10)年9月30日環境庁告示第64号）。

※：航空機騒音に係る環境基準について
飛行場周辺における航空機騒音による被害を防止するための発生源対策、障害防止対策等の各種施策を総合的に推進するに際しての目標となる基準(1973(昭和48)年12月27日環境庁告示第154号)。

※：新幹線鉄道騒音に係る環境基準について
新幹線鉄道沿線地域における新幹線鉄道騒音による被害を防止するための音源対策、障害防止対策、土地利用対策等の各種施策を総合的に推進するに際しての行政上の目標となる基準(1975(昭和50)年7月29日環境庁告示第46号)。

1 騒音関連の3つの環境基準

「**環境基本法**」は、環境の保全についての**基本理念**を定め、環境の保全に関する基本的な施策の方向性を示すものです。法第16条では「大気の汚染、水質の汚濁、土壌の汚染及び**騒音**に係る環境上の条件について、それぞれ、人の健康を保護し、及び生活環境を保全する上で維持されることが望ましい基準」として、環境基準が定められています。環境基準は、「維持されることが望ましい基準」であり、行政上の政策目標です。

騒音関係の環境基準は次の3つが定められています。
①**騒音に係る環境基準について**※
②**航空機騒音に係る環境基準について**※
③**新幹線鉄道騒音に係る環境基準について**※

この環境基準の達成を目標として、騒音規制法などの法令による規制や対策が進められています。なお、**振動には環境基準は設定されていません**。

2 騒音に係る環境基準

●環境基準

騒音に係る環境基準では、地域は**道路に面する地域以外の地域**（一般には「**一般地域**」と呼ばれる）と**道路に面する地域**（特例として幹線交通を担う道路に近接する空間）に分けられ、それぞれ**地域の類型**ごと、**時間の区分**ごとに設定されています。各類型を当てはめる地域を指定するのは、**都道府県知事**（市の区

域内の地域については、市長。)です。

◉基準値の測定・評価

評価は、個別の住居等が影響を受ける**騒音レベル**によること
を基本とします。評価手法は、時間の区分ごとの全時間を通じ
た**等価騒音レベル**[※]によって評価することを原則とします。

測定は、計量法に定められた条件に合格した**騒音計**を用い、
周波数補正回路は**A特性**[※]を用います。

よく出題されるので騒音に係る環境基準の全条文を引用しま
す。表中の一般地域の基準値や下線部分はよく出題される箇所
ですので、必ず覚えておきましょう。

※：等価騒音レベル
ある時間範囲につい
て、変動する騒音の騒
音レベルをエネルギ的
な平均値として表わし
たもの。

※：A特性
騒音計に備えられた、
人間の感覚に近い評価
ができるような周波
数重み付け特性のひ
とつ。A特性を用いて
測定した音圧レベルを
「騒音レベル」という。

騒音に係る環境基準について

環境基本法(平成5年法律第91号)第16条第1項の規定に基づく騒音
に係る環境基準について次のとおり告示する。

環境基本法第16条第1項の規定に基づく、騒音に係る環境上の条件
について生活環境を保全し、人の健康の保護に資する上で維持される
ことが望ましい基準(以下「環境基準」という。)は、別に定めるところ
によるほか、次のとおりとする。

第1　環境基準

1　環境基準は、地域の類型及び時間の区分ごとに次表の基準値の
欄に掲げるとおりとし、<u>各類型を当てはめる地域は、都道府県知
事(市の区域内の地域については、市長。)</u>が指定する。

地域の類型	基準値	
	昼間	夜間
AA	50 デシベル以下	40 デシベル以下
A 及び B	55 デシベル以下	45 デシベル以下
C	60 デシベル以下	50 デシベル以下

(注)　1　時間の区分は、<u>昼間を午前6時から午後10時までの間とし、
夜間を午後10時から翌日の午前6時までの間とする。</u>
　　　2　<u>AA</u>を当てはめる地域は、<u>療養施設、社会福祉施設等が集
合して設置される地域など特に静穏を要する地域</u>とする。
　　　3　<u>A</u>を当てはめる地域は、<u>専ら住居の用に供される地域</u>と
する。
　　　4　<u>B</u>を当てはめる地域は、<u>主として住居の用に供される地
域</u>とする。
　　　5　<u>C</u>を当てはめる地域は、<u>相当数の住居と併せて商業、工
業等の用に供される地域</u>とする。

ただし、次表に掲げる地域に該当する地域（以下「道路に面する地域」という。）については、上表によらず次表の基準値の欄に掲げるとおりとする。

地域の区分	基準値	
	昼間	夜間
A 地域のうち 2 車線以上の車線を有する道路に面する地域	60 デシベル以下	55 デシベル以下
B 地域のうち 2 車線以上の車線を有する道路に面する地域及び C 地域のうち車線を有する道路に面する地域	65 デシベル以下	60 デシベル以下

備考　車線とは、1 縦列の自動車が安全かつ円滑に走行するために
　　　必要な一定の幅員を有する帯状の車道部分をいう。

この場合において、幹線交通を担う道路に近接する空間については、上表にかかわらず、特例として次表の基準値の欄に掲げるとおりとする。

基準値	
昼間	夜間
70 デシベル以下	65 デシベル以下

備考　個別の住居等において騒音の影響を受けやすい面の窓を主と
　　　して閉めた生活が営まれていると認められるときは、屋内へ透
　　　過する騒音に係る基準（昼間にあっては 45 デシベル以下、夜
　　　間にあっては 40 デシベル以下）によることができる。

2　1の環境基準の基準値は、次の方法により評価した場合における値とする。
（1）　評価は、個別の住居等が影響を受ける騒音レベルによることを基本とし、住居等の用に供される建物の騒音の影響を受けやすい面における騒音レベルによって評価するものとする。
　　　この場合において屋内へ透過する騒音に係る基準については、建物の騒音の影響を受けやすい面における騒音レベルから当該建物の防音性能値を差し引いて評価するものとする。
（2）　騒音の評価手法は、等価騒音レベルによるものとし、時間の区分ごとの全時間を通じた等価騒音レベルによって評価することを原則とする。
（3）　評価の時期は、騒音が1年間を通じて平均的な状況を呈する日を選定するものとする。
（4）　騒音の測定は、計量法（平成4年法律第51号）第71条の条件に合格した騒音計を用いて行うものとする。この場合において、周波数補正回路はA特性を用いることとする。

(5) 騒音の測定に関する方法は、原則として日本工業規格Z 8731による。ただし、時間の区分ごとに全時間を通じて連続して測定した場合と比べて統計的に十分な精度を確保し得る範囲内で、騒音レベルの変動等の条件に応じて、実測時間を短縮することができる。当該建物による反射の影響が無視できない場合にはこれを避けうる位置で測定し、これが困難な場合には実測値を補正するなど適切な措置を行うこととする。また、必要な実測時間が確保できない場合等においては、測定に代えて道路交通量等の条件から騒音レベルを推計する方法によることができる。

なお、著しい騒音を発生する工場及び事業場、建設作業の場所、飛行場並びに鉄道の敷地内並びにこれらに準ずる場所は、測定場所から除外する。

3 環境基準の達成状況の地域としての評価は、次の方法により行うものとする。

(1) 道路に面する地域以外の地域については、<u>原則として一定の地域ごとに当該地域の騒音を代表すると思われる地点を選定して評価するものとする。</u>

(2) 道路に面する地域については、<u>原則として一定の地域ごとに当該地域内の全ての住居等のうち1の環境基準の基準値を超過する戸数及び超過する割合を把握することにより評価するものとする。</u>

第2 達成期間等

1 環境基準は、次に定める達成期間でその達成又は維持を図るものとする。

(1) 道路に面する地域以外の地域については、<u>環境基準の施行後直ちに達成され、又は維持されるよう努めるものとする。</u>

(2) 既設の道路に面する地域については、関係行政機関及び関係地方公共団体の協力の下に自動車単体対策、道路構造対策、交通流対策、沿道対策等を総合的に実施することにより、<u>環境基準の施行後10年以内を目途として達成され、又は維持されるよう努めるものとする。</u>

ただし、幹線交通を担う道路に面する地域であって、道路交通量が多くその達成が著しく困難な地域については、対策技術の大幅な進歩、都市構造の変革等とあいまって、<u>10年を超える期間で可及的速やかに達成されるよう努めるものとする。</u>

(3) 道路に面する地域以外の地域が、環境基準が施行された日以降計画された道路の設置によって新たに道路に面することとなった場合にあっては(1)及び(2)にかかわらず当該道路の供用後直ちに達成され又は維持されるよう努めるものとし、

第2章 騒音・振動の法規制

環境基準が施行された日より前に計画された道路の設置に
よって新たに道路に面することとなった場合にあっては(2)を
準用するものとする。

2　道路に面する地域のうち幹線交通を担う道路に近接する空間の
背後地に存する建物の中高層部に位置する住居等において、当該
道路の著しい騒音がその騒音の影響を受けやすい面に直接到達す
る場合は、その面の窓を主として閉めた生活が営まれていると認
められ、かつ、屋内へ透過する騒音に係る基準が満たされたときは、
環境基準が達成されたものとみなすものとする。

3　夜間の騒音レベルが73デシベルを超える住居等が存する地域に
おける騒音対策を優先的に実施するものとする。

第3　環境基準の適用除外について

この環境基準は、航空機騒音、鉄道騒音及び建設作業騒音には適用
しないものとする。

　　附則
この告示は、平成11年4月1日から施行する。

✅ ポイント

①騒音に係る環境基準の条文がほぼそのまま出題され、細かい部分
からの出題も少なくないので全文に目を通しておく。

②騒音に係る環境基準では、地域の類型ごと、時間の区分ごとに基
準値が設定されている。それぞれの類型の内容、時間帯、基準値
も覚えておく。

③各類型を当てはめる地域は、都道府県知事(市の区域内の地域につ
いては、市長。)が指定する。

④騒音の評価方法は、等価騒音レベルによるものとする。

⑤騒音の測定は、計量法の条件に合格した騒音計を用い、周波数補
正回路はA特性を用いる。

騒音・振動の法規制 | 第2章

練習問題

平成25・問1

問1　騒音に係る環境基準に関する記述中，下線を付した箇所のうち，誤っているものはどれか。

地域の類型	基　準　値	
	昼　間	夜　間
AA	50 デシベル以下	40 デシベル以下
A及びB	55 デシベル以下	45 デシベル以下
C	60 デシベル以下	50 デシベル以下

(注) 1　時間の区分は，昼間を午前6時から午後6時までの間とし，夜間を午後6時から翌日の午前6時までの間とする。
(1)　　　　　　　　　　　　　　　　　　　　(1)

　　　2　AAを当てはめる地域は，療養施設，社会福祉施設等が集合して設置される地域など特に静穏を要する地域とする。
(2)

　　　3　Aを当てはめる地域は，専ら住居の用に供される地域とする。
(3)

　　　4　Bを当てはめる地域は，主として住居の用に供される地域とする。
(4)

　　　5　Cを当てはめる地域は，相当数の住居と併せて商業，工業等の用に供される地域とする。
(5)

| 解　説 ▶

　騒音に係る環境基準の第1の第1項の表とその注釈がそのまま出題されています。時間の区分は、昼間は午前6時〜午後10時(16時間)、夜間は午後10時から翌日の午前6時(8時間)です。誤っているものは(1)の「6時」であり、正しくは「10時」です。

　したがって、(1)が正解です。

正解 >> (1)

第 **2** 章 騒音・振動の法規制

練習問題

平成24・問1

問1 「騒音に係る環境基準について」に規定する基準値に係る評価又は環境基準の達
成状況の地域としての評価に関する記述として，誤っているものはどれか。

(1) 基準値に係る評価の時期は，騒音が1年間を通じて平均的な状況を呈する日
を選定するものとする。

(2) 基準値に係る評価についての騒音の測定は，計量法(平成4年法律第51号)
第71条の条件に合格した騒音計を用いて行うものとする。この場合において，
周波数補正回路はA特性を用いることとする。

(3) 基準値に係る評価についての騒音の測定に関する方法は，原則として日本工
業規格Z8731による。ただし，時間の区分ごとに全時間を通じて連続して測
定した場合と比べて統計的に十分な精度を確保し得る範囲内で，騒音レベルの
変動等の条件に応じて，実測時間を短縮することができる。

(4) 環境基準の達成状況の地域としての評価は，道路に面する地域以外の地域に
ついては，100平方メートルごとに当該地域の騒音を代表すると思われる地点
を選定して評価するものとする。

(5) 環境基準の達成状況の地域としての評価は，道路に面する地域については，
原則として一定の地域ごとに当該地域内の全ての住居等のうち環境基準の基準
値を超過する戸数及び超過する割合を把握することにより評価するものとする。

解　説

同じく環境基準の条文がそのまま抜粋されています。誤っているものは(4)の
「100平方メートルごと」であり、正しくは「原則として一定の地域ごと」です(第1
の第3項(1))。

したがって、(4)が正解です。

正解 >> (4)

❸ 航空機騒音に係る環境基準

●環境基準

航空機騒音に係る環境基準は、**地域の類型**ごとに設定されています（表1）。各類型を当てはめる地域を指定するのは**都道府県知事**です。

表1　航空機騒音に係る環境基準

地域の類型	基準値
I	57 デシベル以下
II	62 デシベル以下

（注）　Iを当てはめる地域は専ら住居の用に供される地域とし、IIを当てはめる地域はI以外の地域であって通常の生活を保全する必要がある地域とする。

●基準値の測定・評価

測定は、原則として連続7日間行い、騒音レベルの最大値が暗騒音より10デシベル以上大きい航空機騒音について、**単発騒音暴露レベル（L_{AE}）**[※]を計測します。

評価は、1日（午前0時から午後12時まで）ごとの**時間帯補正等価騒音レベル（L_{den}）**[※]を算出し、全測定日のL_{den}についてパワー平均を算出して行います。また、騒音計の周波数補正回路は**A特性**を、動特性は**遅い動特性**[※]（**SLOW**）を用います。

なお、航空機騒音に係る環境基準は、騒音測定機器が技術的に進歩したことや諸外国の動向を考慮し平成19年に改正され、以前はWECPNL[※]という評価指標が用いられていましたが、改正後は評価指標としてL_{den}が採用されています。

※：L_{AE}

単発的に発生する騒音の全エネルギーと等しいエネルギーをもつ継続時間1秒の定常音騒音レベル。

※：L_{den}

夕方の騒音、夜間の騒音に重み付けを行い評価した1日の等価騒音レベル。個々の航空機騒音のL_{AE}に、夕方（午後7時〜午後10時）のL_{AE}に5デシベル、深夜（午後10時〜翌7時）のL_{AE}に10デシベルを加え、1日の騒音エネルギを加算したのち、1日の時間平均をとって評価した指標。

※：動特性

時間重み付け特性ともいう。JISでは「瞬時音圧の2乗値に重みを付ける、ある規定された時定数で表される時間に対する指数関数」と定義されている。騒音計に組み込まれた動特性回路での時定数で、速い動特性（FAST：時定数0.125s）と遅い動特性（SLOW：時定数1s）がある。FAST特性は耳の時間応答に近似させたもの、SLOW特性は変動する騒音の平均レベルを指示させるためのものである。

※：WECPNL

加重等価平均感覚騒音レベルともいう。改正前は航空機騒音に係る環境基準の評価指標として用いられていた。

第**2**章 騒音・振動の法規制

練習問題

平成25・問9

問9 環境基準に関する騒音源の評価において，2013年4月1日に，「遅い動特性 (SLOW)によるピークレベル(騒音レベルの最大値)」を用いた評価から，「単発騒音暴露レベル」の測定値を用いた評価に変更された騒音源はどれか。

(1) 航空機騒音 (2) 工場騒音 (3) 建設騒音

(4) 道路交通騒音 (5) 新幹線鉄道騒音

| 解 説 |

　航空機騒音に係る環境基準は平成19年に改正され、以前の評価指標WECPNLから、単発騒音暴露レベル(L_{AE})を測定し時間帯ごとに重み付けを行い評価する時間帯補正等価騒音レベル(L_{den})に変更されました。

　したがって、(1)が正解です。

正解 >> (1)

騒音・振動の法規制　第2章

4 新幹線鉄道騒音に係る環境基準

●環境基準

新幹線鉄道騒音に係る環境基準も前項と同じく**地域の類型**ごとに設定されています（表2）。各類型を当てはめる地域を指定するのは**都道府県知事**です。

表2　新幹線鉄道騒音に係る環境基準

地域の類型	基準値
I	70 デシベル以下
II	75 デシベル以下

（注）　Iを当てはめる地域は主として住居の用に供される地域とし、IIを当てはめる地域は商工業の用に供される地域等I以外の地域であって通常の生活を保全する必要がある地域とする。

●基準値の測定・評価

測定は、新幹線鉄道の上り及び下りの列車を合わせて、原則として連続して通過する**20本の列車**について、当該通過列車ごとの**騒音のピークレベル**を読み取って行います。

評価は、そのピークレベルのうちレベルの大きさが**上位半数のものをパワー平均**して行います。

また、騒音計の周波数補正回路は**A特性**を、動特性は**遅い動特性（SLOW）**を用います。

第2章　騒音・振動の法規制

2-2　騒音規制法

　環境基準の達成を目標として、騒音規制法などの法令による規制や対策が進められています。ここでは、工場や建設工事からの騒音などを規制する騒音規制法について解説します。

1 目的

よく
出る！

　法律は一般的に、第1条にその法律の目的が記されています。国家試験でも騒音規制法第1条の条文がよく出題されますので、暗唱できるくらいに覚えておきましょう。

> （目的）
> 第1条　この法律は、工場及び事業場における事業活動並びに建設工事に伴って発生する相当範囲にわたる騒音について必要な規制を行なうとともに、自動車騒音に係る許容限度を定めること等により、生活環境を保全し、国民の健康の保護に資することを目的とする。

　第1条を要約すると、この法律は、

①**工場及び事業場**における事業活動に伴って発生する騒音を規制

②**建設工事**に伴って発生する騒音を規制

③**自動車騒音**に係る許容限度を定める

の3つの施策により、生活環境を保全し、国民の健康を保護することが目的の法律ということになります。

騒音・振動の法規制 | 第2章

練習問題

平成27・問1

問1　騒音規制法に関する記述中，下線を付した箇所のうち，誤っているものはどれか。

　　この法律は，工場及び事業場における事業活動並びに建設工事に伴って発生する相当範囲にわたる騒音について必要な規制を行なうとともに，自動車騒音に係る許容限度を定めること等により，作業環境を保全し，国民の健康の保護に資することを目的とする。
(1)　　　　　　　　　　　　　　　　　　　　(2)　　　　　　　　(3)　　　　　　　　　　　　　(4)　　　　　　　　(5)

解説

　騒音規制法の目的(第1条)の条文がそのまま出題されています。誤っているものは(4)の「作業環境」であり、正しくは「生活環境」です。

　したがって、(4)が正解です。

正解 ≫ （4）

第2章 騒音・振動の法規制

練習問題

平成25・問2

問2 騒音規制法に規定する目的に関する記述中，(ア)〜(オ)の □ の中に挿入すべき語句の組合せとして，正しいものはどれか。

この法律は，│ (ア) │における│ (イ) │並びに建設工事に伴って発生する│ (ウ) │騒音について必要な規制を行うとともに，自動車騒音に係る許容限度を定めること等により，│ (エ) │を保全し，│ (オ) │の健康の保護に資することを目的とする。

	(ア)	(イ)	(ウ)	(エ)	(オ)
(1)	工場及び事業場	事業活動	相当範囲にわたる	周辺環境	地域住民
(2)	特定工場等	生産活動	広範囲に及ぶ	生活環境	地域住民
(3)	工場及び事業場	生産活動	広範囲に及ぶ	周辺環境	国民
(4)	特定工場等	事業活動	相当範囲にわたる	生活環境	地域住民
(5)	工場及び事業場	事業活動	相当範囲にわたる	生活環境	国民

解 説

　騒音規制法の目的(第1条)の条文がそのまま出題されています。正しい語句の組合わせは(5)になります。

　したがって、(5)が正解です。

正解 ≫ (5)

騒音・振動の法規制　第2章

2 特定工場等に関する規制

　ここでは **1 ①** の「工場及び事業場における事業活動に伴って発生する騒音」に関する規制について説明します。公害防止管理者の試験では、ほとんどが **1 ①** の内容から出題されるため、**1 ②** の建設騒音や **1 ③** の自動騒音についての説明は概要程度にとどめます。

　騒音規制法では、工場又は事業場に設置される施設のうち、著しい騒音を発生するものを「**特定施設**」として政令※に定めています。詳しくは後述しますが、たとえば圧延機械や液圧プレスなどの施設が挙げられます。これらの特定施設を設置する工場又は事業場を「**特定工場等**」といいます。

　また、**都道府県知事（市の区域内については、市長。）** は、騒音を防止する必要があると認める地域を規制する地域として指定しなければいけないことになっています。

　この指定された地域内（「**指定地域**」という）に「特定工場等」を設置している者は、**規制基準** を守ることが義務付けられています。

　指定地域内で「特定施設」を設置しようとする者は、**設置の工事開始日** の **30日前** までに、工場の所在地や特定施設の種類・数などの事項を市町村長に届け出なければなりません。

◉特定施設

　騒音規制法に定められる特定施設は表1のとおりです。振動規制法の特定施設や公害防止管理者法の騒音発生施設とともによく出題されるので、それぞれの違いに注意して覚えておきましょう（騒音規制法・振動規制法の比較は92ページ参照）。

> ※：政令
> 特定施設は、政令（騒音規制法施行令）別表1に掲げられている（表1参照）。

49

第 2 章　騒音・振動の法規制

表1　騒音規制法の特定施設

1　金属加工機械
　イ　圧延機械（原動機の定格出力の合計が 22.5 キロワット以上のものに限る。）
　ロ　製管機械
　ハ　ベンディングマシン（ロール式のものであって、原動機の定格出力が 3.75 キロワット以上のものに限る。）
　ニ　液圧プレス（矯正プレスを除く。）
　ホ　機械プレス（呼び加圧能力が 294 キロニュートン以上のものに限る。）
　ヘ　せん断機（原動機の定格出力が 3.75 キロワット以上のものに限る。）
　ト　鍛造機
　チ　ワイヤーフォーミングマシン
　リ　ブラスト（タンブラスト以外のものであって、密閉式のものを除く。）
　ヌ　タンブラー
　ル　切断機（といしを用いるものに限る。）
2　空気圧縮機及び送風機（原動機の定格出力が 7.5 キロワット以上のものに限る。）
3　土石用又は鉱物用の破砕機、摩砕機、ふるい及び分級機（原動機の定格出力が 7.5 キロワット以上のものに限る。）
4　織機（原動機を用いるものに限る。）
5　建設用資材製造機械
　イ　コンクリートプラント（気ほうコンクリートプラントを除き、混練機の混練容量が 0.45 立方メートル以上のものに限る。）
　ロ　アスファルトプラント（混練機の混練重量が 200 キログラム以上のものに限る。）
6　穀物用製粉機（ロール式のものであって、原動機の定格出力が 7.5 キロワット以上のものに限る。）
7　木材加工機械
　イ　ドラムバーカー
　ロ　チッパー（原動機の定格出力が 2.25 キロワット以上のものに限る。）
　ハ　砕木機
　ニ　帯のこ盤（製材用のものにあっては原動機の定格出力が 15 キロワット以上のもの、木工用のものにあっては原動機の定格出力が 2.25 キロワット以上のものに限る。）
　ホ　丸のこ盤（製材用のものにあっては原動機の定格出力が 15 キロワット以上のもの、木工用のものにあっては原動機の定格出力が 2.25 キロワット以上のものに限る。）
　ヘ　かんな盤（原動機の定格出力が 2.25 キロワット以上のものに限る。）
8　抄紙機
9　印刷機械（原動機を用いるものに限る。）
10　合成樹脂用射出成形機
11　鋳型造型機（ジョルト式のものに限る。）

騒音・振動の法規制　第**2**章

練習問題

平成27・問2

問2　騒音規制法の特定施設に該当しないものはどれか。

(1)　金属加工機械のうち，製管機械

(2)　原動機の定格出力が7.5キロワットの土石用又は鉱物用の分級機

(3)　金属加工機械のうち，原動機の定格出力が2.25キロワットのせん断機

(4)　木材加工機械のうち，ドラムバーカー

(5)　合成樹脂用射出成形機

解説

　騒音規制法の特定施設について問われています。該当しないものは(3)です。せん断機は原動機の定格出力が3.75キロワット以上のものが特定施設に該当しますので、「原動機の定格出力が2.25キロワットのせん断機」は該当しません。

　したがって、(3)が正解です。

POINT

　(3)の施設は、振動規制法の特定施設には該当します。振動規制法では、「せん断機（原動機の定格出力が1キロワット以上のものに限る。）」が特定施設として定められています。

　各法律に定める特定施設の出力規模の違いにも注意しておきましょう。

正解 >> （3）

騒音・振動概論

騒音・振動特論

●特定施設の設置の届出※

　特定施設を設置する前の届出であり、工事開始日の**30日前**までに**市町村長**に届け出ることになります。届け出る事項は次に示すとおりです。よく出題されるので届出事項を覚えておきましょう。

> ①**氏名又は名称及び住所並びに法人にあっては、その代表者の氏名**
> ②**工場又は事業場の名称及び所在地**
> ③**特定施設の種類ごとの数**
> ④**騒音の防止の方法**
> ⑤その他環境省令で定める事項
> 　1)**工場又は事業場の事業内容**
> 　2)**常時使用する従業員数**
> 　3)**特定施設の型式及び公称能力**
> 　4)**特定施設の種類ごとの通常の日における使用の開始及び終了の時刻**

　また、届出には特定施設の**配置図**と特定工場等及びその附近の**見取図**を添付しなければなりません(騒音規制法・振動規制法の比較は92ページ参照)。

※：特定施設の設置の届出
騒音規制法第6条、施行規則第4条で規定されている。

●経過措置※

　法令などの改正により、指定地域でなかったところが指定地域になり、その地域に特定施設があった場合、指定地域内のある施設が新たに特定施設として定められた場合には、特定施設を設置している者は、指定地域又は特定施設となった日から**30日以内**に、前述した設置の届出事項を市町村長に届け出なければなりません。

※：経過措置
騒音規制法第7条、施行規則第5条で規定されている。

騒音・振動の法規制 | 第2章

練習問題

平成27・問3

問3 騒音規制法に定める特定施設の設置の届出事項に該当しないものはどれか。

(1) 特定施設の種類ごとの数

(2) 騒音の防止の方法

(3) 特定施設の耐用年数

(4) 常時使用する従業員数

(5) 特定施設の型式及び公称能力

解 説

　騒音規制法に定める特定施設の設置の届出事項について問われています。該当しないものは(3)の「特定施設の耐用年数」です。そのほかは法令に定められている届出事項です。

　したがって、(3)が正解です。

正解 >> (3)

第2章 騒音・振動の法規制

※：特定施設の数等の
変更の届出
騒音規制法第8条、施
行規則第6条で規定さ
れている。

●特定施設の数等の変更の届出※

　届出事項のうち、特定施設の種類ごとの数、騒音の防止の方法を変更しようとするときの届出です。同じく変更工事開始日の**30日前**までに市町村長に届け出ることになります。

　ただし、次の場合は変更の届出をしなくてもよいことになっています。

　　・特定施設の種類ごとの数の変更において、**数を減少する**場合、直近に届け出た数の**2倍以内に数を増加する**場合
　　・騒音の防止の方法の変更において、騒音の大きさの**増加を伴わない**場合

　これらの届け出なくてもよい条件についてもよく出題されるので覚えておきましょう（騒音規制法・振動規制法の比較は92ページ参照）。

騒音・振動の法規制 | 第**2**章

練習問題

平成29・問1

問1　騒音規制法に規定する特定施設の変更の届出が必要なものはどれか。
　(1)　特定工場等において発生する騒音の大きさの増加を伴わない騒音の防止の方法を変更する場合
　(2)　特定施設の種類ごとの数を直近の届出数の2倍に増やす場合
　(3)　特定施設の種類ごとの数を直近の届出数の2分の1に減らす場合
　(4)　特定施設の種類ごとの数を直近の届出数の3倍に増やす場合
　(5)　特定施設の種類ごとの数を直近の届出数の3分の1に減らす場合

解　説

　騒音規制法に規定する特定施設の数等を変更する場合の届出の要否が問われています。

　特定施設の種類ごとの数、騒音の防止の方法の変更において、届出を必要としない条件は次のとおりです。

　・特定施設の数を減少する場合

　・2倍以内に数を増加する場合

　・騒音の大きさの増加を伴わない場合

　(4)は特定施設の種類ごとの数が2倍を超えているので届出が必要になります。そのほかは届出を必要としない条件に当てはまります。

　したがって、(4)が正解です。

正解 >> （4）

●氏名の変更等の届出※

届出事項のうち、①氏名又は名称及び住所並びに法人にあっては、その代表者の氏名、②工場又は事業場の名称及び所在地に変更があったときの届出です。また、特定施設のすべての**使用を廃止したとき**にも届け出ます。これは事後の届出となり、変更・廃止の日から**30日以内**に市町村長に届け出ることになっています。

> ※：氏名の変更等の届出
> 騒音規制法第10条で規定されている。

●承継※

特定施設のすべてを譲り受け、又は借り受けた者等は、特定施設の設置、経過措置の届出をした者の地位を承継します。承継した者は、承継があった日から**30日以内**にその旨を市町村長に届け出なくてはなりません。

> ※：承継
> 騒音規制法第11条で規定されている。

●届出書の提出部数※

特定施設の設置、経過措置、特定施設の数等の変更、氏名の変更等、承継の届出は、届出書の正本に**写し1通**を添えてしなければなりません。

> ※：届出書の提出部数
> 騒音規制法施行規則第3条で規定されている。

●規制基準の設定※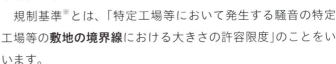

規制基準※とは、「特定工場等において発生する騒音の特定工場等の**敷地の境界線**における大きさの許容限度」のことをいいます。

都道府県知事は、前述の地域の指定とともに、環境大臣が定める基準※の範囲内において、**規制基準**を定めなければなりません。また、**町村**は指定地域で規制基準によって当該地域の住民の生活環境を保全することが十分でないと認めるときは、**条例で**、環境大臣の定める範囲内において、同項の**規制基準に代えて適用すべき規制基準**※を定めることができます。

環境大臣が定める基準(特定工場等において発生する騒音の規制に関する基準)についても条文がよく出題されるので、全

> ※：規制基準の設定
> 騒音規制法第4条で規定されている。
>
> ※：規制基準
> 騒音規制法第2条第2項で「規制基準」が定義されている。
>
> ※：環境大臣が定める基準
> 特定工場等において発生する騒音の規制に関する基準(1968(昭和43)年11月27日各省告示第1号)。

文を引用しておきます。表中の基準値や下線部分は特に重要な箇所なので覚えておきましょう（騒音規制法・振動規制法の比較は92ページ参照）。

※：規制基準に代えて適用すべき規制基準
町村は、指定地域の自然的、社会的条件に応じてより厳しい基準を定めることができる。一般に「上乗せ基準」と呼ばれる。

特定工場等において発生する騒音の規制に関する基準

騒音規制法（昭和43年法律第98号）第4条第1項及び第2項の規定に基づき、特定工場等において発生する騒音の規制に関する基準を次のように定め、昭和43年12月1日から適用する。

（基準）

第1条　騒音規制法（昭和43年法律第98号。以下「法」という。）第4条第1項に規定する時間の区分及び区域の区分ごとの基準は、次の表のとおりとする。ただし、同表に掲げる第2種　区域、第3種区域又は第4種区域の区域内に所在する学校教育法（昭和22年法律第26号）第1条に規定する<u>学校</u>、児童福祉法（昭和22年法律第164号）第7条第1項に規定する<u>保育所</u>、医療法（昭和23年法律第205号）第1条の5第1項に規定する<u>病院</u>及び同条第2項に規定する診療所のうち患者を入院させるための施設を有するもの、図書館法（昭和25年法律第118号）第2条第1項に規定する<u>図書館</u>、老人福祉法（昭和38年法律第133号）第5条の3に規定する<u>特別養護老人ホーム</u>並びに就学前の子どもに関する教育、保育等の総合的な提供の推進に関する法律（平成18年法律第77号）第2条第7項に規定する<u>幼保連携型認定こども園</u>の敷地の周囲おおむね50メートルの区域内における当該基準は、都道府県知事（市の区域内の区域については、市長。）が規制基準として同表の時間の区分及び区域の区分に応じて定める値以下<u>当該値から5デシベルを減じた値以上</u>とすることができる。

区域の区分＼時間の区分	昼間	朝・夕	夜間
第1種区域	45デシベル以上 50デシベル以下	40デシベル以上 45デシベル以下	40デシベル以上 45デシベル以下
第2種区域	50デシベル以上 60デシベル以下	45デシベル以上 50デシベル以下	40デシベル以上 50デシベル以下
第3種区域	60デシベル以上 65デシベル以下	55デシベル以上 65デシベル以下	50デシベル以上 55デシベル以下
第4種区域	65デシベル以上 70デシベル以下	60デシベル以上 70デシベル以下	55デシベル以上 65デシベル以下

備考
1　<u>昼間</u>とは、午前7時又は8時から午後6時、7時又は8時までとし、<u>朝</u>とは、午前5時又は6時から午前7時又は8時までとし、<u>夕</u>とは、午後6時、7時又は8時から午後9時、10時又は11時までとし、<u>夜間</u>とは、午後9時、10時又は11時から翌日の午前5時又は6時までとする。
2　デシベルとは、計量法（平成4年法律第51号）別表第2に定める音圧レベルの計量単位をいう。

第2章 騒音・振動の法規制

3 騒音の測定は、計量法第71条の条件に合格した騒音計を用いて行うものとする。この場合において、周波数補正回路はA特性を、動特性は速い動特性（FAST）を用いることとする。

4 騒音の測定方法は、当分の間、日本工業規格Z 8731に定める騒音レベル測定方法によるものとし、騒音の大きさの決定は、次のとおりとする。

　　（一）騒音計の指示値が変動せず、又は変動が少ない場合は、その指示値とする。

　　（二）騒音計の指示値が周期的又は間欠的に変動し、その指示値の最大値がおおむね一定の場合は、その変動ごとの指示値の最大値の平均値とする。

　　（三）騒音計の指示値が不規則かつ大幅に変動する場合は、測定値の90パーセントレンジの上端の数値※とする。

　　（四）騒音計の指示値が周期的又は間欠的に変動し、その指示値の最大値が一定でない場合は、その変動ごとの指示値の最大値の90パーセントレンジの上端の数値とする。

2 前項に規定する第1種区域、第2種区域、第3種区域及び第4種区域とは、それぞれ次の各号に掲げる区域をいう。

　一 第1種区域　良好な住居の環境を保全するため、特に静穏の保持を必要とする区域

　二 第2種区域　住居の用に供されているため、静穏の保持を必要とする区域

　三 第3種区域　住居の用にあわせて商業、工業等の用に供されている区域であって、その区域内の住民の生活環境を保全するため、騒音の発生を防止する必要がある区域

　四 第4種区域　主として工業等の用に供されている区域であって、その区域内の住民の生活環境を悪化させないため、著しい騒音の発生を防止する必要がある区域

（範囲）

第2条　町村が、法第4条第2項の規定に基づき、同条第1項の規制基準にかえて適用すべき規制基準を定めることができる範囲は、前条第1項に定める時間の区分及び区域の区分ごとの基準の下限値以上とする。

※：90パーセントレンジの上端の数値

90パーセントレンジとは、多数個の騒音レベルの値を大きい順に並べた場合に、最大値と最小値の側からそれぞれ5％ずつ除外したもの（残りは90％）。90パーセントレンジの上端の数値とは、除外して残った値の上端の値を指す。時間率騒音レベルL_{A5}と表されることもある。

　この基準に出てくる「A特性」「動特性」「90パーセントレンジ」などについては後で詳しく解説しますので、ここでは規制基準ではどのようなことが定められているのかを覚えておきましょう。

騒音・振動の法規制 | 第2章

✓ ポイント

①区域の区分、時間の区分ごとに規制基準の値が設定されている。

②区域の区分（第1種区域～第4種区域）の内容を覚える。

③時間の区分（昼間、朝・夕、夜間）の時間帯を覚える。

④騒音の測定は騒音計を用い、周波数補正回路はA特性を、動特性は速い動特性（FAST）を用いる。

⑤騒音の大きさの決定は、騒音計の指示値が

・変動せず、又は変動が少ない場合→その指示値

・周期的に又は間欠的に変動、最大値がおおむね一定の場合→最大値の平均値

・不規則かつ大幅に変動する場合→90パーセントレンジの上端の数値

・周期的に又は間欠的に変動、最大値が一定でない場合→最大値の90パーセントレンジの上端の数値

⑥第2～4種区域の区域内の学校、保育所、病院、診療所、図書館、特別養護老人ホーム、幼保連携型認定こども園の敷地の周囲約50メートルの区域内における規制基準は、5デシベルを減じた値を適用できる。

●時間率騒音レベル・等価騒音レベル

詳しくは後述しますが、規制基準の評価に用いる「時間率騒音レベル」、前述の環境基準の評価に用いる「等価騒音レベル」とその量記号をまとめておきます。

①**時間率騒音レベル**：規制基準において変動騒音の評価に用いられる。

L_{A5}　　90パーセントレンジの上端値（評価値）

L_{A50}　　90パーセントレンジの中央値

L_{A95}　　90パーセントレンジの下端値

※振動の規制基準では80パーセントレンジ

②**等価騒音レベル**：環境基準において変動騒音の評価に用いられる。

L_{Aeq}　　等価騒音レベル

第 2 章　騒音・振動の法規制

練習問題

騒音・振動特論
平成26・問16

問16　「特定工場等において発生する騒音の規制に関する基準」に関する記述として，
誤っているものはどれか。

(1)　騒音の測定は，周波数補正回路A特性を用いる。

(2)　騒音計の指示値が変動せず，又は変動が少ない場合は，その指示値とする。

(3)　騒音計の指示値が周期的又は間欠的に変動し，その指示値の最大値がおおむ
ね一定の場合は，その変動ごとの指示値の最大値の平均値とする。

(4)　騒音計の指示値が不規則かつ大幅に変動する場合は，測定値の90パーセン
トレンジの上端の数値とする。

(5)　騒音計の指示値が周期的又は間欠的に変動し，その指示値の最大値が一定で
ない場合は，等価騒音レベルとする。

解　説

規制基準（特定工場等において発生する騒音の規制に関する基準）に定める騒音の
測定に関する事項が問われています。誤っているものは(5)の「等価騒音レベル」で
あり、正しくは「その変動ごとの指示値の最大値の90パーセントレンジの上端の
数値」です。

したがって、(5)が正解です。

POINT

本問は騒音・振動特論で出題された問題です。騒音・振動特論の測定の分野でも
出題されていますので、規制基準の内容はよく覚えておきましょう。

正解 ≫　(5)

騒音・振動の法規制 | 第2章

●計画変更勧告※

　市町村長は、特定施設の設置、変更の届出があった場合において、特定工場等から発生する騒音が規制基準に適合しないことにより、その特定工場等の周辺の生活環境が損なわれると認めるときは、その届出を受理した日から**30日以内**に、その届出をした者に対し、騒音の防止の方法又は特定施設の使用の方法若しくは配置に関する**計画を変更すべきことを勧告**※することができます。

●改善勧告及び改善命令※

　市町村長は、指定地域内に設置されている特定工場等において発生する騒音が**規制基準に適合しないこと**によりその特定工場等の周辺の生活環境が損なわれると認めるときは、当該特定工場等を設置している者に対し、騒音の防止の方法を改善し、又は特定施設の使用の方法若しくは配置を変更すべきことを**勧告する**ことができます。

　また、上記の勧告を受けた者がその勧告に従わないときは、改善や変更を**命ずる**※ことができます。

●報告及び検査※

　市町村長は、特定施設を設置する者に対し、特定施設の設置状況及び使用の方法並びに騒音の防止の方法について**報告**を求め、特定施設等や関係帳簿書類を**検査**させることができます。

●騒音の測定※

　市町村長は、指定地域について、騒音の大きさを測定することになっています。

●深夜騒音等の規制※

　飲食店営業等に係る深夜における騒音、拡声機を使用する放送に係る騒音等の規制については、**地方公共団体**が、住民の生

※：計画変更勧告
騒音規制法第9条で規定されている。

※：勧告
行政機関が、特定の人や事業者などに対して、ある行為を行うように（又は行わないように）具体的な処置を勧め、又は促す行為。「行政指導」のひとつに該当する。

※：改善勧告及び改善命令
騒音規制法第12条で規定されている。

※：命ずる
ここでは改善命令のこと。行政機関が、法令等に基づいて、特定の者に対して直接にその権利を制限したり義務を課したりする行為。行政指導よりも強制力のある「行政処分」に該当する。

※：報告及び検査
騒音規制法第20条で規定されている。

※：騒音の測定
騒音規制法第21条の2で規定されている。

※：深夜騒音等の規制
騒音規制法第28条で規定されている。

騒音・振動概論

騒音・振動特論

第2章　騒音・振動の法規制

活環境を保全するため必要があると認めるときは、当該地域の自然的、社会的条件に応じて、**営業時間を制限する**こと等により必要な措置を講ずるようにしなければなりません。

※：罰則
騒音規制法第29条〜第33条で規定されている。

●罰則※

次の違反をした者は罰則に処されます。

①改善命令に違反した者→1年以下の懲役又は10万円以下の罰金

②特定施設の設置の届出をせず、又は虚偽の届出をした者→5万円以下の罰金

③経過措置、特定施設の数等の変更の届出をせず、又は虚偽の届出をした者

市町村長が求める報告をせず、虚偽の報告をした者

市町村長が行う検査を拒み、妨げ、忌避した者

→3万円以下の罰金

④氏名の変更等、承継の届出をせず、又は虚偽の届出をした者→1万円以下の過料

なお、①〜③の違反行為をしたときは、行為者を罰するほか、**両罰規定**※により、その法人又は人に対して罰金刑が科されることになります。

※：両罰規定
違反行為によって実際に不当に利益を得るのは法人のため、行為者を処罰するだけでなく、その法人自身を処罰すべきだという考え方から設けられた規定。

また、振動規制法や公害防止管理者法にも罰則が定められていますが、刑罰の重さなどが異なりますので注意しておきましょう（騒音規制法・振動規制法の比較は92ページ参照）。

> **☑ ポイント**
> ①市町村長は、計画変更の勧告、改善勧告、改善命令を行うことができる。
> ②違反行為と罰則の内容を覚える。
> ③両罰規定が設けられている。

騒音・振動の法規制 | 第2章

練習問題

平成26・問1

問1　騒音規制法に関する記述として，誤っているものはどれか。

(1)　「特定施設」とは，工場又は事業場に設置される施設のうち，著しい騒音を発生する施設であって政令で定めるものをいう。

(2)　都道府県知事は，この法律の施行に必要な限度において，政令で定めるところにより，特定施設を設置する者に対し，特定施設の状況その他必要な事項の報告を求め，又はその職員に，特定施設を設置する者の特定工場等に立ち入り，特定施設その他の物件を検査させることができる。

(3)　指定地域内に特定工場等を設置している者は，当該特定工場等に係る規制基準を遵守しなければならない。

(4)　「規制基準」とは，特定施設を設置する工場又は事業場において発生する騒音の特定工場等の敷地の境界線における大きさの許容限度をいう。

(5)　飲食店営業等に係る深夜における騒音，拡声機を使用する放送に係る騒音等の規制については，地方公共団体が，住民の生活環境を保全するため必要があると認めるときは，当該地域の自然的，社会的条件に応じて，営業時間を制限すること等により必要な措置を講ずるようにしなければならない。

解　説

　騒音規制法の全般について問われています。誤っているものは(2)の「都道府県知事」であり、正しくは「市町村長」です。報告を求め、検査をさせることができるのは「市町村長」です。

　したがって、(2)が正解です。

POINT

　行政の手続きとして、市町村長に特定施設の設置の届出をするので、特定施設の状況などの報告を受け、検査を行うのも市町村長と考えるのが妥当です。

正解 ≫　(2)

第2章　騒音・振動の法規制

3 特定建設作業に関する規制

　基本的な規制の枠組みは前述の「特定工場等に関する規制」と同じです。

　指定地域内において**特定建設作業**※を伴う建設作業を施工しようとする者は、市町村長に建設作業開始の**7日前**までに届け出なければなりません。

　環境大臣に定める基準※に適合しないことにより、周辺の生活環境が損なわれると認めるときは、改善勧告や改善命令の対象になります。

4 自動車騒音に関する許容限度等
●許容限度

　環境大臣は自動車騒音の大きさの**許容限度**※を定め、国土交通大臣は自動車騒音の防止を図るため、自動車騒音に係る規制に関する必要な事項を定める場合、この許容限度が確保されるように考慮しなければなりません。

●要請限度

　前述のとおり、市町村長は指定地域において騒音の大きさの測定を行うことになっています。この測定を行った場合、指定地域内における自動車騒音が環境省令で定める限度※（いわゆる「**要請限度**」）を超えていることにより、道路の周辺の生活環境が著しく損なわれると認めるときは、市町村長は都道府県公安委員会に対し、道路交通規制等の措置をとるべきことを要請できます。

※：特定建設作業
騒音規制法施行令第2条、施行令別表第2で規定されている。くい打機を使用する作業、さく岩機を使用する作業など8項目が規定されている。

※：環境大臣が定める基準
特定建設作業に伴って発生する騒音の規制に関する基準（1968（昭和43）年11月27日各省告示第1号）。特定建設作業の騒音の基準（敷地境界線で85dBを超えないこと）や、区域によって作業時間等が定められている。

※：許容限度
自動車騒音の大きさの許容限度（1975（昭和50）年9月4日環境庁告示第53号）。普通自動車、小型自動車などの自動車の種別ごとに許容限度が定められている。

※：環境省令で定める限度
騒音規制法第17条第1項の規定に基づく指定地域内における自動車騒音の限度を定める省令（2000（平成12）年総理府令第15号）。区域や時間の区分ごとに限度（デシベル値）が定められている。騒音の評価手法は等価騒音レベルによる。

騒音・振動の法規制　第 **2** 章

☑ ポイント

　騒音関係の環境基準、規制基準、許容限度等の評価に関するキーワードをまとめると以下のとおり。

基準／限度	キーワード
騒音に係る環境基準	等価騒音レベル（L_Aeq）
航空機騒音に係る環境基準	時間帯補正等価騒音レベル（L_den）
新幹線鉄道騒音に係る環境基準	ピークレベルをパワー平均
特定工場等の規制基準[*1]	騒音レベル（90パーセントレンジの上端値（L_A5）など）
特定建設作業の規制基準[*2]	騒音レベル（90パーセントレンジの上端値（L_A5）など）
自動車騒音の大きさの許容限度	自動車単体から発生する騒音の大きさの限度
自動車騒音の要請限度[*3]	等価騒音レベル（L_Aeq）

＊1　特定工場等において発生する騒音の規制に関する基準
＊2　特定建設作業に伴って発生する騒音の規制に関する基準
＊3　騒音規制法第17条第1項の規定に基づく指定地域内における自動車騒音の限度を定める省令

第2章 騒音・振動の法規制

2-3 振動規制法

　ここでは振動規制法について解説します。法律の枠組みは騒音規制法とよく似ていますが、相違する部分もありますので、両者の違いに注意しながら理解しておきましょう。

1 目的

　法律は一般的に、第1条にその法律の目的が記されています。国家試験でも騒音規制法ほど頻繁ではありませんが、振動規制法第1条の条文が出題されますので、暗唱できるくらいに覚えておきましょう。

> （目的）
> 第1条　この法律は、工場及び事業場における事業活動並びに建設工事に伴って発生する相当範囲にわたる振動について必要な規制を行うとともに、道路交通振動に係る要請の措置を定めること等により、生活環境を保全し、国民の健康の保護に資することを目的とする。

　第1条を要約すると、この法律は、
　①**工場及び事業場**における事業活動に伴って発生する振動を規制
　②**建設工事**に伴って発生する振動を規制
　③**道路交通振動**に係る要請の措置を定める
の3つの施策により、生活環境を保全し、国民の健康を保護することが目的の法律ということになります。

騒音・振動の法規制 第2章

練習問題

平成21・問4

問4 振動規制法に規定する目的に関する記述中，(ｱ)～(ｴ)の ☐ の中に挿入すべき語句の組合せとして，正しいものはどれか。

この法律は，　(ｱ)　における　(ｲ)　並びに建設工事に伴って発生する　(ｳ)　振動について必要な規制を行うとともに，道路交通振動に係る要請の措置を定めること等により，　(ｴ)　を保全し，国民の健康の保護に資することを目的とする。

	(ｱ)	(ｲ)	(ｳ)	(ｴ)
(1)	工場及び事業場	事業活動	広範囲に及ぶ	一般環境
(2)	工場及び事業場	生産活動	広範囲に及ぶ	生活環境
(3)	工場及び事業場	事業活動	相当範囲にわたる	生活環境
(4)	特定施設等	生産活動	相当範囲にわたる	生活環境
(5)	特定施設等	事業活動	相当範囲にわたる	一般環境

解 説

振動規制法の目的(第1条)の条文がそのまま出題されています。正しい語句の組合せは(3)になります。

したがって、(3)が正解です。

正解 >> （3）

騒音・振動概論

騒音・振動特論

2 特定工場等に関する規制

ここでは「工場及び事業場における事業活動に伴って発生する振動」に関する規制について説明します。公害防止管理者の試験では、ほとんどはここの内容から出題されるため、建設振動や道路交通振動についての説明は概要程度にとどめます。

振動規制法では、工場又は事業場に設置される施設のうち、著しい振動を発生するものを「**特定施設**」として政令※に定めています。詳しくは後述しますが、たとえば液圧プレスや機械プレスなどの施設が挙げられます。これらの特定施設を設置する工場又は事業場を「**特定工場等**」といいます。

また、**都道府県知事(市の区域内については、市長。)** は、振動を防止する必要があると認める地域を規制する地域として指定しなければいけないことになっています。

この指定された地域内(「**指定地域**」という)に「特定工場等」を設置している者は、**規制基準**を守ることが義務付けられています。

指定地域内で「特定施設」を設置しようとする者は、**設置の工事開始日の30日前**までに、工場の所在地や特定施設の種類・数などの事項を市長村長に届け出なければなりません。

※：政令
特定施設は、政令(振動規制法施行令)別表1に掲げられている(表1参照)。

●特定施設

振動規制法に定められる特定施設は表1のとおりです。騒音規制法の特定施設や公害防止管理者法の振動発生施設とともによく出題されるので、それぞれの違いに注意して覚えておきましょう(騒音規制法・振動規制法の比較は92ページを参照)。

騒音・振動の法規制　第2章

表1　振動規制法の特定施設

1　金属加工機械
　イ　液圧プレス（矯正プレスを除く。）
　ロ　機械プレス
　ハ　せん断機（原動機の定格出力が1キロワット以上のものに限る。）
　ニ　鍛造機
　ホ　ワイヤーフォーミングマシン（原動機の定格出力が37.5キロワット以上のものに限る。）
2　圧縮機（原動機の定格出力が7.5キロワット以上のものに限る。）
3　土石用又は鉱物用の破砕機、摩砕機、ふるい及び分級機（原動機の定格出力が7.5キロワット以上のものに限る。）
4　織機（原動機を用いるものに限る。）
5　コンクリートブロックマシン（原動機の定格出力の合計が2.95キロワット以上のものに限る。）並びにコンクリート管製造機械及びコンクリート柱製造機械（原動機の定格出力の合計が10キロワット以上のものに限る。）
6　木材加工機械
　イ　ドラムバーカー
　ロ　チッパー（原動機の定格出力が2.2キロワット以上のものに限る。）
7　印刷機械（原動機の定格出力が2.2キロワット以上のものに限る。）
8　ゴム練用又は合成樹脂練用のロール機（カレンダーロール機以外のもので原動機の定格出力が30キロワット以上のものに限る。）
9　合成樹脂用射出成形機
10　鋳型造型機（ジョルト式のものに限る。）

第2章 騒音・振動の法規制

練習問題

平成27・問4

問4 振動規制法に定める特定施設に該当しないものはどれか。

(1) 金属加工機械のうち，圧延機械（原動機の定格出力が22.5キロワット以上のものに限る。）

(2) 金属加工機械のうち，液圧プレス（矯正プレスを除く。）

(3) 金属加工機械のうち，鍛造機

(4) 圧縮機（原動機の定格出力が7.5キロワット以上のものに限る。）

(5) 土石用又は鉱物用の分級機（原動機の定格出力が7.5キロワット以上のものに限る。）

| 解　説 ▶

　振動規制法の特定施設について問われています。該当しないものは(1)です。圧延機械は振動規制法の特定施設には該当しません。

　したがって、(1)が正解です。

| POINT ▶

　(1)の施設は、騒音規制法の特定施設には該当します。(2)〜(4)の施設は騒音規制法、振動規制法に共通する特定施設です（(4)の圧縮機は騒音規制法では空気圧縮機及び送風機）。それぞれの法律に定める特定施設の違いに注意しましょう。

正解 >> （1）

●特定施設の設置の届出※

※：特定施設の設置の届出
振動規制法第6条、施行規則第4条で規定されている。

　特定施設を設置する前の届出であり、工事開始日の **30日前**までに**市町村長**に届け出ることになります。届け出る事項は次に示すとおりです。よく出題されるのでしっかり覚えておきましょう。

　①**氏名又は名称及び住所並びに法人にあっては、その代表者の氏名**
　②**工場又は事業場の名称及び所在地**
　③**特定施設の種類及び能力ごとの数**
　④**振動の防止の方法**
　⑤**特定施設の使用の方法**
　⑥その他環境省令で定める事項
　　1) **工場又は事業場の事業内容**
　　2) **常時使用する従業員数**
　　3) **特定施設の型式**

　また、届出には特定施設の**配置図**と特定工場等及びその付近の**見取図**を添付しなければなりません（騒音規制法・振動規制法の比較は92ページを参照）。

第2章 騒音・振動の法規制

練習問題

平成24・問4

問4 振動規制法に規定する指定地域内の工場又は事業場(特定施設が設置されていないものに限る。)に特定施設を設置するに当たり，届出事項に該当しないものはどれか。

(1) 特定施設及びその他振動を発生する施設の種類及び能力ごとの数

(2) 特定施設の型式

(3) 振動の防止の方法

(4) 常時使用する従業員数

(5) 特定工場等及びその付近の見取図

解説

振動規制法の特定施設の設置の届出事項について問われています。該当しないものは(1)です。(1)には特定施設だけでなく「その他振動を発生する施設」が含まれているため，届出事項には該当しません。

したがって、(1)が正解です。

正解 >> (1)

騒音・振動の法規制 | 第2章

●経過措置※

　法令などの改正により、指定地域ではなかったところが指定地域になり、その地域に特定施設があった場合、指定地域内のある施設が新たに特定施設として定められた場合には、特定施設を設置している者は、指定地域又は特定施設となった日から**30日以内**に、前述した設置の届出事項を市町村長に届け出なければなりません。

●特定施設の数等の変更の届出※

　届出事項のうち、①特定施設の種類及び能力ごとの数、②振動の防止の方法、③特定施設の使用の方法を変更しようとするときの届出です。同じく変更工事開始日の**30日前まで**に市町村長に届け出ることになります。

　ただし、次の場合は変更の届出をしなくてもよいことになっています。

・特定施設の種類及び能力ごとの数において、**数を増加しない**場合

・振動の防止の方法において、振動の大きさの**増加を伴わない**場合

・特定施設の使用の方法において、特定施設の**使用開始時刻の繰上げ**又は**使用終了時刻の繰下げを伴わない**場合

　これらの届け出なくてもよい条件についてもよく出題されるので覚えておきましょう（騒音規制法・振動規制法の比較は92ページを参照）。

※：経過措置
振動規制法第7条、施行規則第5条で規定されている。

※：特定施設の数等の変更の届出
振動規制法第8条、施行規則第6条で規定されている。

騒音・振動概論

騒音・振動特論

73

第2章 騒音・振動の法規制

練習問題

平成25・問4

問4 振動規制法に規定する特定施設の変更の届出に関する記述中、下線を付した箇所のうち、誤っているものはどれか。

特定施設の設置の届出又は経過措置による届出をした者は、その届出に係る<u>特定施設の種類及び能力ごとの数</u>，<u>特定施設の使用の方法</u>，<u>常時使用する従業員数</u>
(1)　　　　　　　　　　　　　　　　　　　(2)　　　　　　　　　　　　(3)
の変更をしようとするときは，当該事項の変更に係る工事の開始の日の<u>30日前</u>
(4)
までに，環境省令で定めるところにより，その旨を<u>市町村長</u>に届け出なければな
(5)
らない。ただし，その変更が環境省令で定める軽微なものであるときは，この限りでない。

| 解　説 ▶

　振動規制法の特定施設の変更の届出について問われています。誤っているものは(3)です。「常時使用する従業員数」を変更する場合、届出の必要はありません。届出が必要なのは、

　・特定施設の種類及び能力ごとの数
　・振動の防止の方法
　・特定施設の使用の方法
を変更する場合です。

　したがって、(3)が正解です。

正解 >> (3)

騒音・振動の法規制 | 第2章

●氏名の変更等の届出※

届出事項のうち、①氏名又は名称及び住所並びに法人にあっては、その代表者の氏名、②工場又は事業場の名称及び所在地に変更があったときの届出です。また、特定施設のすべての**使用を廃止したとき**にも届け出ます。これは事後の届出となり、変更・廃止の日から**30日以内**に市町村長に届け出ることになっています。

※：氏名の変更等の届出
振動規制法第10条で規定されている。

●承継※

特定施設のすべてを譲り受け、又は借り受けた者等は、特定施設の設置、経過措置の届出をした者の地位を承継します。承継した者は、承継があった日から**30日以内**にその旨を市町村長に届け出なくてはなりません。

※：承継
振動規制法第11条で規定されている。

●届出書の提出部数※

特定施設の設置、経過措置、特定施設の数等の変更、氏名の変更等、承継の届出は、届出書の正本に**写し1通**を添えてしなければなりません。

※：届出書の提出部数
振動規制法施行規則第3条で規定されている。

第 2 章　騒音・振動の法規制

練習問題

平成26・問5

問5　振動規制法に定める特定施設の設置等の届出に関する記述として，誤っているものはどれか。

(1)　特定施設の設置の届出は，特定施設の種類及び能力ごとの数を届け出なければならない。

(2)　特定施設の設置の届出には，特定施設の配置図，特定工場等及びその付近の見取図を添付しなければならない。

(3)　特定施設の設置の届出は，届出書の正本にその写し1通を添えて届け出なければならない。

(4)　振動の防止の方法を変更する場合であって，その変更が当該特定工場等において発生する振動の大きさの増加を伴わない場合には，特定施設の変更等の届出を行う必要はない。

(5)　特定工場等に設置する特定施設のすべての使用を廃止したときは，市町村長への届出は必要ない。

解説

　振動規制法の特定施設の設置等の届出に関して問われています。誤っているものは（5）です。特定施設のすべての使用を廃止したときは、30日以内にその旨を市町村長に届けなければなりません。

　したがって、（5）が正解です。

正解 ≫　（5）

騒音・振動の法規制 第2章

◉規制基準の設定※

規制基準※とは、「特定工場等において発生する振動の特定工場等の**敷地の境界線**における大きさの許容限度」のことをいいます。

都道府県知事は、前述の地域の指定とともに、環境大臣が定める基準※の範囲内において、**規制基準**を定めなければなりません。また、**町村**は指定地域で規制基準によって当該地域の住民の生活環境を保全することが十分でないと認めるときは、**条例**で、環境大臣の定める範囲内において、同項の**規制基準に代えて適用すべき規制基準**※を定めることができます。

環境大臣が定める基準（特定工場等において発生する振動の規制に関する基準）についても条文がよく出題されるので、全文を引用しておきます。表中の基準値や下線部分は特に重要な箇所なので覚えておきましょう（騒音規制法・振動規制法の比較の92ページを参照）。

※：**規制基準の設定**
振動規制法第4条で規定されている。

※：**規制基準**
振動規制法第2条第2項で「規制基準」が定義されている。

※：**環境大臣が定める基準**
特定工場等において発生する振動の規制に関する基準（1976(昭和51)年11月10日環境庁告示第90号）。

※：**規制基準に代えて適用すべき規制基準**
指定地域内には、自然的、社会的条件に特別の事情があるため、町村はより厳しい基準を定めることができる。一般に「上乗せ基準」と呼ばれる。

特定工場等において発生する振動の規制に関する基準

振動規制法(昭和51年法律第64号)第4条第1項及び第2項の規定に基づき、特定工場等において発生する振動の規制に関する基準を次のように定め、昭和51年12月1日から適用する。
(基準)
第1条　振動規制法(以下「法」という。)第4条第1項に規定する時間の区分及び区域の区分ごとの基準は、次の表のとおりとする。ただし、学校教育法(昭和22年法律第26号)第1条に規定する学校、児童福祉法(昭和22年法律第164号)第7条第1項に規定する保育所、医療法(昭和23年法律第205号)第1条の5第1項に規定する病院及び同条第2項に規定する診療所のうち患者を入院させるための施設を有するもの、図書館法(昭和25年法律第118号)第2条第1項に規定する図書館、老人福祉法(昭和38年法律第133号)第5条の3に規定する特別養護老人ホーム並びに就学前の子どもに関する教育、保育等の総合的な提供の推進に関する法律(平成18年法律第77号)第2条第7項に規定する幼保連携型認定こども園の敷地の周囲おおむね50メートルの区域内における当該基準は、都道府県知事(市の区域内の区域につ

いては、市長。）が規制基準として同表の時間の区分及び区域の区分に応じて定める値以下当該値から5デシベルを減じた値以上とすることができる。

時間の区分 区域の区分	昼間	夜間
第 1 種区域	60 デシベル以上 65 デシベル以下	55 デシベル以上 60 デシベル以下
第 2 種区域	65 デシベル以上 70 デシベル以下	60 デシベル以上 65 デシベル以下

備考
1　第 1 種区域及び第 2 種区域とは、それぞれ次の各号に掲げる区域をいう。ただし、必要があると認める場合は、それぞれの区域を更に 2 区分することができる。
　一　第 1 種区域　良好な住居の環境を保全するため、特に静穏の保持を必要とする区域及び住居の用に供されているため、静穏の保持を必要とする区域
　二　第 2 種区域　住居の用に併せて商業、工業等の用に供されている区域であって、その区域内の住民の生活環境を保全するため、振動の発生を防止する必要がある区域及び主として工業等の用に供されている区域であって、その区域内の住民の生活環境を悪化させないため、著しい振動の発生を防止する必要がある区域
2　昼間とは、午前 5 時、6 時、7 時又は 8 時から午後 7 時、8 時、9 時又は10 時までとし、夜間とは、午後 7 時、8 時、9 時又は 10 時から翌日の午前5 時、6 時、7 時又は 8 時までとする。
3　デシベルとは、計量法（平成 4 年法律第 51 号）別表第 2 に定める振動加速度レベルの計量単位をいう。
4　振動の測定は、計量法第 71 条の条件に合格した振動レベル計を用い、鉛直方向について行うものとする。この場合において、振動感覚補正回路は鉛直振動特性を用いることとする。
5　振動の測定方法は、次のとおりとする。
　一　振動ピックアップ※の設置場所は、次のとおりとする。
　　イ　緩衝物がなく、かつ、十分踏み固め等の行われている堅い場所
　　ロ　傾斜及びおうとつがない水平面を確保できる場所
　　ハ　温度、電気、磁気等の外囲条件の影響を受けない場所
　二　暗振動の影響の補正は、次のとおりとする。
　　測定の対象とする振動に係る指示値と暗振動（当該測定場所において発生する振動で当該測定の対象とする振動以外のものをいう。）の指示値の差が 10 デシベル未満の場合は、測定の対象とする振動に係る指示値から次の表の上欄（編注：左欄）に掲げる指示値の差ごとに同表の下欄（編注：右欄）に掲げる補正値を減ずるものとする。

指示値の差	補正値
3 デシベル	3 デシベル
4 デシベル	2 デシベル
5 デシベル	
6 デシベル	1 デシベル
7 デシベル	
8 デシベル	
9 デシベル	

※：振動ピックアップ
JIS ではピックアップは「測定する機械的運動（例えば、ある方向の加速度）を、容易に測定又は記録できる量に変換する装置」と定義されている。通常、増幅器や振動レベル計本体と接続して使用する。

騒音・振動の法規制　第2章

6　振動レベルの決定は、次のとおりとする。

　一　測定器の指示値が変動せず、又は変動が少ない場合は、その指示値とする。

　二　測定器の指示値が周期的又は間欠的に変動する場合は、その変動ごとの指示値の最大値の平均値とする。

　三　測定器の指示値が不規則かつ大幅に変動する場合は、5秒間隔、100個又はこれに準ずる間隔、個数の測定値の80パーセントレンジの上端の数値※とする。

（範　囲）

第2条　町村が、法第4条第2項の規定に基づき、同条第1項の規制基準に代えて適用すべき規制基準を定めることができる範囲は、前条に定める時間の区分及び区域の区分ごとの基準の下限値以上とする。

※：80パーセントレンジの上端の数値

80パーセントレンジとは、多数個の振動レベルの値を大きい順に並べた場合に、最大値と最小値の側からそれぞれ10％ずつ除外したもの（残りは80％）。80パーセントレンジの上端の数値とは、除外して残った値の上端の値を指す。時間率振動レベルL_{10}と表されることもある。

✅ ポイント

①区域の区分、時間の区分ごとに規制基準の値が設定されている。

②区域の区分(第1種区域、第2種区域)の内容を覚える。

③時間の区分(昼間、夜間)の時間帯を覚える。

④振動の測定は振動レベル計を用い、鉛直方向について行う。振動感覚補正回路は鉛直振動特性を用いる。

⑤振動ピックアップの設置場所

　・緩衝物がなく、かつ、十分踏み固め等の行われている堅い場所

　・傾斜及びおうとつがない水平面を確保できる場所

　・温度、電気、磁気等の外囲条件の影響を受けない場所

⑥暗振動の補正値を覚えておく。

⑦振動レベルの決定

　・測定器の指示値が変動せず、又は変動が少ない場合→その指示値

　・測定器の指示値が周期的又は間欠的に変動する場合→その変動ごとの指示値の最大値の平均値

　・測定器の指示値が不規則かつ大幅に変動する場合→5秒間隔、100個又はこれに準ずる間隔、個数の測定値の80パーセントレンジの上端の数値とする。

⑧区域内の学校、保育所、病院、診療所、図書館、特別養護老人ホーム、幼保連携型認定こども園の敷地の周囲約50メートルの区域内における規制基準は、5デシベルを減じた値を適用できる。

第2章 騒音・振動の法規制

◉時間率振動レベル・等価振動レベル

詳しくは後述しますが、規制基準の評価に用いる「時間率振動レベル」、等価騒音レベルと同じように変動振動の平均値を表す「等価振動レベル」とその量記号をまとめておきます。

①**時間率振動レベル**：規制基準において変動振動の評価に用いられる。

L_{10}　　80パーセントレンジの上端値（評価値）

L_{50}　　80パーセントレンジの中央値

L_{90}　　80パーセントレンジの下端値

※騒音の規制基準では90パーセントレンジ

②**等価振動レベル**：振動エネルギーの時間平均値。

L_{veq}　　等価振動レベル

80

騒音・振動の法規制 | 第2章

練習問題

平成27・問5

問5 特定工場等において発生する振動の規制に関する基準に係る記述として，誤っているものはどれか。

(1) 第1種区域とは，良好な住居の環境を保全するため，特に静穏の保持を必要とする区域及び住居の用に供されているため，静穏の保持を必要とする区域をいう。

(2) 第2種区域とは，住居の用に併せて商業，工業等の用に供されている区域であって，その区域内の住民の生活環境を保全するため，振動の発生を防止する必要がある区域及び主として工業等の用に供されている区域であって，その区域内の住民の生活環境を悪化させないため，著しい振動の発生を防止する必要がある区域をいう。

(3) 振動の測定は，計量法に定める条件に合格した振動レベル計を用い，鉛直方向について行うものとする。

(4) 測定の対象とする振動に係る指示値と暗振動（当該測定場所において発生する振動で当該測定の対象とする振動以外のものをいう。）の指示値の差が3デシベルの場合は，補正値は3デシベルとする。

(5) 振動レベルの決定は，測定器の指示値が不規則かつ大幅に変動する場合は，5秒間隔，100個又はこれに準ずる間隔，個数の測定値の90パーセントレンジの上端の数値とする。

解説

特定工場等において発生する振動の規制に関する基準について問われています。誤っているものは (5) の「90パーセントレンジの上端の数値」であり、正しくは「80パーセントレンジの上端の数値」です。

したがって、(5)が正解です。

正解 >> (5)

第2章　騒音・振動の法規制

※：計画変更勧告
振動規制法第9条で規定されている。

※：勧告
行政機関が、特定の人や事業者などに対して、ある行為を行うように（又は行わないように）具体的な措置を勧め、又は促す行為。「行政指導」のひとつに該当する。

● 計画変更勧告※

　市町村長は、特定施設の設置、変更の届出があった場合において、特定工場等から発生する振動が**規制基準に適合しないこと**により、その特定工場等の周辺の生活環境が損なわれると認めるときは、その届出を受理した日から **30 日以内**に、その届出をした者に対し、騒音の防止の方法又は特定施設の使用の方法若しくは配置に関する**計画を変更すべきことを勧告**※することができます。

※：改善勧告及び改善命令
振動規制法第12条で規定されている。

※：命ずる
ここでは改善命令のこと。行政機関が、法令等に基づいて、特定の者に対して直接にその権利を制限したり義務を課したりする行為。行政指導よりも強制力のある「行政処分」に該当する。

● 改善勧告及び改善命令※

　市町村長は、指定地域内に設置されている特定工場等において発生する振動が**規制基準に適合しないこと**により、その特定工場等の周辺の生活環境が損なわれると認めるときは、当該特定工場等を設置している者に対し、騒音の防止の方法を改善し、又は特定施設の使用の方法若しくは配置を変更すべきことを**勧告する**ことができます。

　また、上記の勧告を受けた者がその勧告に従わないときは、改善や変更を**命ずる**※ことができます。

※：報告及び検査
振動規制法第17条で規定されている。

● 報告及び検査※

　市町村長は、特定施設を設置する者に対し、特定施設の設置状況及び使用の方法並びに騒音の防止の方法について**報告**を求め、特定施設等や関係帳簿書類を**検査**させることができます。

※：振動の測定
振動規制法第19条で規定されている。

● 振動の測定※

　市町村長は、指定地域について、振動の大きさを測定することになっています。

※：罰則
振動規制法第24条〜第28条で規定されている。

● 罰則※

　次の違反をした者は罰則に処されます。

　①改善命令に違反した者→ 1 年以下の懲役又は 50 万円以下

騒音・振動の法規制　第2章

の罰金

②特定施設の設置の届出をせず、又は虚偽の届出をした者

　→ 30 万円以下の罰金

③経過措置、特定施設の数等の変更の届出をせず、又は虚偽

　の届出をした者

　市町村長が求める報告をせず、虚偽の報告をした者

　市町村長が行う検査を拒み、妨げ、忌避した者

　　→ 10 万円以下の罰金

④氏名の変更等、承継の届出をせず、又は虚偽の届出をした

　者→ 3 万円以下の過料

　なお、①～③の違反行為をしたときは、行為者を罰するほか、**両罰規定**※により、その法人又は人に対して罰金刑が科されることになります。

　なお、騒音規制法や公害防止管理者法にも罰則が定められていますが、刑罰の重さなどが異なりますので注意しておきましょう。振動規制法の罰金額は、騒音規制法よりも高い額が設定されています（騒音規制法・振動規制法の比較は 92 ページを参照）。

※：**両罰規定**

違反行為によって実際に不当に利益を得るのは法人のため、行為者を処罰するだけでなく、その法人自身を処罰すべきだという考え方から設けられた規定。

騒音・振動概論

騒音・振動特論

83

第2章 騒音・振動の法規制

練習問題

平成26・問4

問4 振動規制法に関する記述として，誤っているものはどれか。

(1) 都道府県知事(市の区域内の地域については，市長。)は，住居が集合している地域，病院又は学校の周辺の地域その他の地域で振動を防止することにより住民の生活環境を保全する必要があると認めるものを指定しなければならない。

(2) 市町村長は，指定地域について，振動の大きさを測定するものとする。

(3) 指定地域内に特定工場等を設置している者は，当該特定工場等に係る規制基準を遵守しなければならない。

(4) 特定施設の設置者は，敷地の境界線において振動の大きさを測定するものとする。

(5) 地方公共団体が，指定地域内に設置される特定工場等において発生する振動に関し，当該地域の自然的，社会的条件に応じて，この法律とは別の見地から，条例で必要な規制を定めることを妨げるものではない。

解 説

振動規制法の全般について問われています。誤っているものは(4)です。振動規制法では、特定施設の設置者が敷地の境界線において振動の大きさを測定する義務は定められていません。

したがって、(4)が正解です。

POINT

騒音規制法でも騒音の大きさを測定する義務は定められていません。また、公害防止管理者法でも騒音・振動関係公害防止管理者の業務として、騒音・振動の測定は義務付けられていません。ただし、騒音・振動の防止対策のためには、必然的に測定の実施は必要になります。

正解 ≫ (4)

騒音・振動の法規制 | 第2章

3 特定建設作業に関する規制

　基本的な規制の枠組みは前述の「特定工場等に関する規制」と同じです。

　指定地域内において特定建設作業[※]を伴う建設作業を施工しようとする者は、市町村長に建設作業開始の**7日前**までに届け出なければなりません。

　環境省令で定める基準[※]に適合しないことにより、周辺の生活環境が損なわれると認めるときは、改善勧告や改善命令の対象になります。

4 道路交通振動に係る要請

　市町村長は、指定地域内における道路交通振動が環境省令で定める限度[※]を超えていることにより、道路の周辺の生活環境が著しく損なわれていると認めるときは、道路管理者に対し、舗装、維持、修繕の措置をとることを要請します。

※：特定建設作業
振動規制法施行令第2条、施行令別表第2で規定されている。くい打機を使用する作業、鋼球を使用して建築物を破壊する作業など4項目が規定されている。

※：環境省令で定める基準
振動規制法施行規則第11条、別表第1で規定されている。特定建設作業の振動の基準（敷地境界線で75dBを超えないこと）や、区域によって作業時間等が定められている。

※：環境省令で定める限度
振動規制法施行規則第12条、別表第2で規定されている。時間、区域の区分ごとに限度の値が設定されている。

騒音・振動概論

騒音・振動特論

85

2-4 公害防止管理者法（騒音・振動関係）

公害防止管理者法の騒音・振動に関する内容について解説します。法律の枠組みは公害総論の範囲ですので、ここでは騒音・振動関係の内容を中心に理解しておきましょう。

1 特定工場

公害防止管理者法※では公害防止組織の設置が義務付けられている工場を「**特定工場**」※といいます。騒音・振動関係における特定工場は、①製造業（物品の加工業を含む）、②電気供給業、③ガス供給業、④熱供給業に属し、かつ、政令※で定める**騒音発生施設**、**振動発生施設**が設置されている工場のうち、**騒音規制法**、**振動規制法**それぞれに定められた**指定地域内**にある工場です。

公害防止管理者法では、騒音発生施設、振動発生施設として次の施設が定められています。

●**騒音発生施設**
　①**機械プレス**（呼び加圧能力が980キロニュートン以上のものに限る。）
　②**鍛造機**（落下部分の重量が1トン以上のハンマーに限る。）

●**振動発生施設**
　①**液圧プレス**（矯正プレスを除くものとし、呼び加圧能力が2941キロニュートン以上のものに限る。）
　②**機械プレス**（呼び加圧能力が980キロニュートン以上のものに限る。）
　③**鍛造機**（落下部分の重量が1トン以上のハンマーに限る。）

国家試験では騒音発生施設、振動発生施設がよく問われますの

※：**公害防止管理者法**
正式名称は「特定工場における公害防止組織の整備に関する法律」である。本文中は「公害防止管理者法」という略称を用いる。

※：**特定工場**
公害防止管理者法で定める「特定工場」は、騒音規制法や振動規制法で定める「特定工場等」とは異なることに注意する。

※：**政令**
騒音発生施設は公害防止管理者法施行令第4条に、振動発生施設は施行令第5条の2に規定されている。

騒音・振動の法規制 | 第2章

で、それぞれの違いに注意して覚えておきましょう。また、騒音規制法、振動規制法の特定施設とも混同しないように注意してください。

2 市町村が処理する事務※

特定工場を設置している者を「**特定事業者**」といいます。特定事業者は、公害防止統括者、公害防止主任管理者、公害防止管理者を選任し、都道府県知事（又は政令で定める市の長）に届け出なければいけません。ただし、公害防止管理者法では、**騒音発生施設**又は**振動発生施設**のみが設置されている工場に係る事務は**市町村長が行う**とされています。

つまり、都道府県知事等が行うとされている届出の受付け、公害防止統括者等の解任命令の発出、報告の徴収、検査などは、騒音・振動に限り市町村長が行うということです。

3 公害防止統括者等の業務

よく出る！

騒音・振動関係の公害防止統括者、公害防止管理者の業務は、次のように定められています。業務についてもよく出題されますので、しっかり覚えておきましょう。業務に関しては、それぞれ騒音と振動で同じ内容が定められています。

◉公害防止統括者の業務※

公害防止統括者は、次の業務を統括管理する者です。
①騒音発生施設の**使用の方法**及び**配置**その他騒音の防止の措置
②振動発生施設の**使用の方法**及び**配置**その他振動の防止の措置

◉公害防止管理者の業務※

公害防止管理者は、次の技術的事項についての業務を管理する者です。

※：市町村が処理する事務
公害防止管理者法第14条、施行令第14条に規定されている。

※：公害防止統括者の業務
公害防止管理者法第3条第1項第3号、第6号に規定されている。

※：公害防止管理者の業務
公害防止管理者法第4条第1項第3号、第6号、施行規則第6条第3項、第6項に規定されている。

①騒音発生施設の**配置の改善**／振動発生施設の**配置の改善**

②騒音発生施設の**点検**／振動発生施設の**点検**

③騒音発生施設の**操作の改善**／振動発生施設の**操作の改善**

④騒音を防止するための施設の**操作、点検**及び**補修**／振動を
防止するための施設の**操作、点検**及び**補修**

✅ ポイント

①騒音発生施設、振動発生施設に定められている施設を覚えておく。

②公害防止統括者、公害防止管理者の業務を覚えておく。

騒音・振動の法規制　第2章

練習問題

平成26・問6

問6　特定工場における公害防止組織の整備に関する法律に規定する騒音・振動関係
公害防止管理者が管理する業務として，定められていないものはどれか。
(1)　騒音・振動発生施設の配置の改善
(2)　騒音・振動発生施設の点検
(3)　騒音・振動発生施設の操作の改善
(4)　騒音・振動を防止するための施設の操作，点検及び補修
(5)　事故時における騒音・振動レベルの測定の実施

解　説

　公害防止管理者が管理する業務について問われています。定められていないもの
は(5)です。そのほかは業務として定められています。
　したがって、(5)が正解です。

POINT

　事故時に限らず、騒音レベルや振動レベルを測定することは公害防止管理者の業
務として法律で定められていません。ただし、騒音・振動防止対策のためには必然
的に必要になります。

正解 ≫　(5)

騒音・振動概論

騒音・振動特論

89

第 2 章　騒音・振動の法規制

練習問題

平成27・問6

問6　特定工場における公害防止組織の整備に関する法律に規定する特定工場に係る
騒音・振動発生施設に関する記述として，誤っているものはどれか。

(1)　騒音発生施設又は振動発生施設のみが設置されている特定工場に係る事務は，
市町村長が処理することとしている。

(2)　騒音発生施設とは，液圧プレス(矯正プレスを除くものとし，呼び加圧能力
が2941キロニュートン以上)，機械プレス(呼び加圧能力が980キロニュート
ン以上)及び鍛造機(落下部分の重量が1トン以上のハンマー)をいう。

(3)　振動発生施設とは，液圧プレス(矯正プレスを除くものとし，呼び加圧能力
が2941キロニュートン以上)，機械プレス(呼び加圧能力が980キロニュート
ン以上)及び鍛造機(落下部分の重量が1トン以上のハンマー)をいう。

(4)　騒音発生施設が設置されている特定工場とは，騒音規制法の規定により指定
された地域内にあるものをいう。

(5)　振動発生施設が設置されている特定工場とは，振動規制法の規定により指定
された地域内にあるものをいう。

| 解　説 |

　騒音・振動発生施設について問われています。誤っているものは(2)です。「液圧
プレス」は振動発生施設に定められていますが、騒音発生施設には定められていま
せん。

　したがって、(2)が正解です。

正解 >> （2）

騒音・振動の法規制 **第2章**

練習問題

平成29・問6

問6　特定工場における公害防止組織の整備に関する法律に規定する振動発生施設に
関する記述として，誤っているものはどれか。

(1)　機械プレス(呼び加圧能力が980キロニュートン以上のものに限る。)は，振
動発生施設にあたる。

(2)　鍛造機(落下部分の重量が1トン以上のハンマーに限る。)は，振動発生施設
にあたる。

(3)　液圧プレス(矯正プレスを含み，呼び加圧能力2941キロニュートン以上のも
のに限る。)は，振動発生施設にあたる。

(4)　振動発生施設の配置の改善は，騒音・振動関係公害防止管理者の業務にあた
る。

(5)　振動発生施設の操作の改善は，騒音・振動関係公害防止管理者の業務にあた
る。

解　説

　振動発生施設について問われています。誤っているものは(3)です。「液圧プレス」
は振動発生施設に定められていますが、「矯正プレスは除く」とされています。矯正
プレスは含まれません。

　したがって、(3)が正解です。

POINT

　本問のように、騒音・振動発生施設については細かい内容を問われることがあり
ます。発生施設の名前だけでなく、条件も一緒に覚えておきましょう。

正解 >> （3）

第2章　騒音・振動の法規制

◆騒音規制法・振動規制法の比較

ここでは騒音規制法、振動規制法で定められている特定施設（公害防止管理者法の騒音・振動発生施設）、届出項目、規制基準、罰則などの比較を表に示しました。いずれもよく出題されるものですので、それぞれに共通するもの、個別のもの、条件が異なるものなどに注意して覚えておきましょう (太字は特に重要な箇所)。

表1　特定施設と騒音・振動発生施設の比較

騒音規制法の特定施設		振動規制法の特定施設		公害防止管理者法	
号	施設名	号	施設名	騒音発生施設	振動発生施設
1	**金属加工機械**	1	金属加工機械		
イ	**圧延機械**（原動機の定格出力の合計が 22.5 キロワット以上のものに限る。）				
ロ	**製管機械**				
ハ	**ベンディングマシン**（ロール式のものであって、原動機の定格出力が 3.75 キロワット以上のものに限る。）				
ニ	**液圧プレス**（矯正プレスを除く。）	イ	液圧プレス（矯正プレスを除く。）		液圧プレス（矯正プレスを除くものとし、呼び加圧能力が 2941 キロニュートン以上のものに限る。）
ホ	**機械プレス**（呼び加圧能力が 294 キロニュートン以上のものに限る。）	ロ	機械プレス	機械プレス（呼び加圧能力が 980 キロニュートン以上のものに限る。）	機械プレス（呼び加圧能力が 980 キロニュートン以上のものに限る。）
ヘ	**せん断機**（原動機の定格出力が **3.75 キロワット以上**のものに限る。）	ハ	せん断機（原動機の定格出力が **1 キロワット以上**のものに限る。）		
ト	**鍛造機**	ニ	鍛造機	鍛造機（落下部分の重量が 1 トン以上のハンマーに限る。）	鍛造機（落下部分の重量が 1 トン以上のハンマーに限る。）
チ	**ワイヤーフォーミングマシン**	ホ	ワイヤーフォーミングマシン（原動機の定格出力が **37.5 キロワット以上**のものに限る。）		
リ	ブラスト（タンブラスト以外のものであって、密閉式のものを除く。）				
ヌ	タンブラー				
ル	切断機（といしを用いるものに限る。）				
2	**空気圧縮機及び送風機**（原動機の定格出力が 7.5 キロワット以上のものに限る。）	2	圧縮機（原動機の定格出力が 7.5 キロワット以上のものに限る。）		
3	土石用又は鉱物用の破砕機、摩砕機、ふるい及び分級機（原動機の定格出力が 7.5 キロワット以上のものに限る。）	3	土石用又は鉱物用の破砕機、摩砕機、ふるい及び分級機（原動機の定格出力が 7.5 キロワット以上のものに限る。）		
4	織機（原動機を用いるものに限る。）	4	織機（原動機を用いるものに限る。）		

騒音・振動の法規制　第2章

騒音規制法の特定施設		振動規制法の特定施設		公害防止管理者法	
号	施設名	号	施設名	騒音発生施設	振動発生施設
5	建設用資材製造機械				
	イ コンクリートプラント（気ほうコンクリートプラントを除き、混練機の混練容量が 0.45 立方メートル以上のものに限る。）				
	ロ アスファルトプラント（混練機の混練重量が 200 キログラム以上のものに限る。）				
		5	コンクリートブロックマシン（原動機の定格出力の合計が 2.95 キロワット以上のものに限る。）並びにコンクリート管製造機械及びコンクリート柱製造機械（原動機の定格出力の合計が 10 キロワット以上のものに限る。）		
6	穀物用製粉機（ロール式のものであって、原動機の定格出力が 7.5 キロワット以上のものに限る。）				
7	木材加工機械	6	木材加工機械		
	イ ドラムバーカー		イ ドラムバーカー		
	ロ チッパー（原動機の定格出力が 2.25 キロワット以上のものに限る。）		ロ チッパー（原動機の定格出力が 2.2 キロワット以上のものに限る。）		
	ハ 砕木機				
	ニ 帯のこ盤（製材用のものにあっては原動機の定格出力が 15 キロワット以上のもの、木工用のものにあっては原動機の定格出力が 2.25 キロワット以上のものに限る。）				
	ホ 丸のこ盤（製材用のものにあっては原動機の定格出力が 15 キロワット以上のもの、木工用のものにあっては原動機の定格出力が 2.25 キロワット以上のものに限る。）				
	ヘ かんな盤（原動機の定格出力が 2.25 キロワット以上のものに限る。）				
8	抄紙機				
9	**印刷機械**（原動機を用いるものに限る。）	7	**印刷機械**（原動機の定格出力が **2.2 キロワット以上**のものに限る。）		
		8	**ゴム練用又は合成樹脂練用のロール機**（カレンダーロール機以外のもので原動機の定格出力が 30 キロワット以上のものに限る。）		
10	合成樹脂用射出成形機	9	合成樹脂用射出成形機		
11	鋳型造型機（ジョルト式のものに限る。）	10	鋳型造型機（ジョルト式のものに限る。）		

第 2 章 騒音・振動の法規制

表2 届出事項・添付書類の比較

騒音規制法	振動規制法
①氏名又は名称及び住所並びに法人にあっては、その代表者の氏名 ②工場又は事業場の名称及び所在地 ③特定施設の種類ごとの数※ ④騒音の防止の方法※ ⑤その他環境省令で定める事項 　1）工場又は事業場の事業内容 　2）常時使用する従業員数 　3）特定施設の型式及び公称能力 　4）特定施設の種類ごとの通常の日における使用の開始及び終了の時刻	①氏名又は名称及び住所並びに法人にあっては、その代表者の氏名 ②工場又は事業場の名称及び所在地 ③特定施設の種類及び能力ごとの数※ ④振動の防止の方法※ ⑤特定施設の使用の方法※ ⑥その他環境省令で定める事項 　1）工場又は事業場の事業内容 　2）常時使用する従業員数 　3）特定施設の型式
特定施設の配置図、特定工場等及びその付近の見取図	特定施設の配置図、特定工場等及びその付近の見取図

※：変更するときに届出が必要になる届出事項

表3 特定施設の数等の変更の届出不要な条件の比較

騒音規制法		振動規制法	
特定施設の種類ごとの数の変更	・数を減少する場合 ・**2倍以内**の数に増加する場合	特定施設の種類及び能力ごとの数	・数を増加しない場合
騒音の防止の方法	・騒音の大きさの増加を伴わない場合	振動の防止の方法	・振動の大きさの増加を伴わない場合
		特定施設の使用の方法	・使用開始時刻の繰上げ又は使用終了時刻の繰下げを伴わない場合

表4 罰則の比較

罰則の対象者	騒音規制法	振動規制法
①改善命令に違反した者	1年以下の懲役又は**10万円以下**の罰金	1年以下の懲役又は**50万円以下**の罰金
②特定施設の設置の届出をせず、又は虚偽の届出をした者	**5万円以下の罰金**	**30万円以下の罰金**
③経過措置、特定施設の数等の変更の届出をせず、又は虚偽の届出をした者 市町村長が求める報告をせず、虚偽の報告をした者 市町村長が行う検査を拒み、妨げ、忌避した者	3万円以下の罰金	10万円以下の罰金
④氏名の変更等、承継の届出をせず、又は虚偽の届出をした者	1万円以下の過料	3万円以下の過料

騒音・振動の法規制 | 第2章

表5 規制基準の比較

項目		特定工場等において発生する騒音の規制に関する基準			特定工場等において発生する振動の規制に関する基準	
区域	第1種区域	良好な住居の環境を保全するため、特に静穏の保持を必要とする区域			第1種区域	良好な住居の環境を保全するため、特に静穏の保持を必要とする区域
	第2種区域	住居の用に供されているため、静穏の保持を必要とする区域				住居の用に供されているため、静穏の保持を必要とする区域
	第3種区域	住居の用にあわせて商業、工業等の用に供されている区域であって、その区域内の住民の生活環境を保全するため、騒音の発生を防止する必要がある区域			第2種区域	住居の用に併せて商業、工業等の用に供されている区域であって、その区域内の住民の生活環境を保全するため、振動の発生を防止する必要がある区域
	第4種区域	主として工業等の用に供されている区域であって、その区域内の住民の生活環境を悪化させないため、著しい騒音の発生を防止する必要がある区域				主として工業等の用に供されている区域であって、その区域内の住民の生活環境を悪化させないため、著しい振動の発生を防止する必要がある区域
時間	昼間	午前7時又は8時から午後6時、7時又は8時まで			昼間	午前5時、6時、7時又は8時から午後7時、8時、9時又は10時まで
	朝・夕	朝：午前5時又は6時から午前7時又は8時まで				
		夕：午後6時、7時又は8時から午後9時、10時又は11時まで			夜間	午後7時、8時、9時又は10時から翌日の午前5時、6時、7時又は8時まで
	夜間	午後9時、10時又は11時から翌日の午前5時又は6時まで				

基準値	時間の区分 / 区域の区分	昼間	朝・夕	夜間	時間の区分 / 区域の区分	昼間	夜間
	第1種区域	45dB以上 50dB以下	40dB以上 45dB以下	40dB以上 45dB以下	第1種区域	60dB以上 65dB以下	55dB以上 60dB以下
	第2種区域	50dB以上 60dB以下	45dB以上 50dB以下	40dB以上 50dB以下			
	第3種区域	60dB以上 65dB以下	55dB以上 65dB以下	50dB以上 55dB以下	第2種区域	65dB以上 70dB以下	60dB以上 65dB以下
	第4種区域	65dB以上 70dB以下	60dB以上 70dB以下	55dB以上 65dB以下			

測定	騒音計	周波数補正回路は**A特性**を、動特性は**速い動特性**（FAST）を用いる	振動レベル計	**鉛直方向**の振動を測定。振動感覚補正回路は鉛直振動特性を用いる
	騒音の大きさの決定	①騒音計の指示値が変動せず、又は変動が少ない場合は、その指示値とする。	振動の大きさの決定	①測定器の指示値が変動せず、又は変動が少ない場合は、その指示値とする。
		②騒音計の指示値が周期的又は間欠的に変動し、その指示値の最大値がおおむね一定の場合は、その変動ごとの指示値の最大値の平均値とする。		②測定器の指示値が周期的又は間欠的に変動する場合は、その変動ごとの指示値の最大値の平均値とする。
		③騒音計の指示値が不規則かつ大幅に変動する場合は、測定値の**90パーセントレンジ**の上端の数値とする。		③測定器の指示値が不規則かつ大幅に変動する場合は、5秒間隔、100個又はこれに準ずる間隔、個数の測定値の**80パーセントレンジ**の上端の数値とする。
		④騒音計の指示値が周期的又は間欠的に変動し、その指示値の最大値が一定でない場合は、その変動ごとの指示値の最大値の**90パーセントレンジ**の上端の数値とする。		

95

第3章

騒音の現状と施策

3-1 騒音公害の現状

3-2 主要な音源

第3章 騒音の現状と施策

3-1 騒音公害の現状

ここでは騒音という公害の特徴と苦情件数などの現状を解説します。後述する振動との違いに注意しながら理解しておきましょう。

1 騒音公害の現状

第1章でも述べましたが、騒音とは「**好ましくない音**」「**不快な音**」とされる音の総称です。音の大きさは、音の強さ（単位：W/m²）、音圧（単位：Pa）として表すことができますが、人の音の感じ方は音の強さ・音圧の対数にほぼ比例するため、一定の基準に対する常用対数をとって表します。騒音の分野では「**音圧レベル**」（単位：デシベル（dB））で表します。

環境基準や規制基準等の基準値には、人の感覚を考慮して周波数ごとに補正（周波数重み付け特性A）した音圧レベルを用

※：騒音の目安
図1でのデシベルの値は、騒音に係る環境基準の評価指標でもある「等価騒音レベル」である。

図1 騒音の目安（都心・近郊部用）※

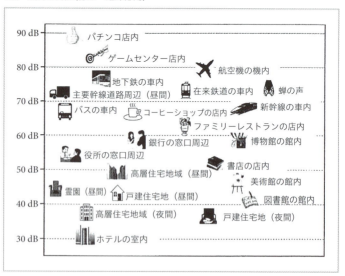

い、これを「**騒音レベル**」と呼びます。

　何デシベルがどれくらいの騒音にあたるのかという目安を取りまとめたものを図1に示します。それぞれのデシベル値と場所のおおよその関係を理解しておきましょう。

2 騒音公害の特徴

◉騒音は個人の主観による

　「好ましくない音」などと漠然とした言葉で定義されるところに騒音公害の特徴があります。会話、車内アナウンス、音楽などの例を挙げるまでもなく、音自体は我々の生活にとって欠くことができないものですが、時として騒音公害を引き起こす可能性があります。同じ音でも「好ましくない音」と判断されれば騒音になります。そして、その判断は**個人の主観**にゆだねられます。

◉局所的・多発的な公害

　水質や大気の汚染に比べ、騒音公害は極めて**局所的・多発的**です。工場騒音などの場合、音源となりうる工場などは、小規模なものから大規模なものまで全国各地に数多く存在します。また、航空機騒音など特別な場合を除き、音源である工場などから被害者までの距離は近く、近隣から騒音の苦情が寄せられ問題となることが多いのです。

◉減衰、消失性をもつ

　音という現象は、人体に悪影響を及ぼす化学物質とは違い、**空気中の物理的変化**により起こります。そのため、音は音源から距離が離れるほど**減衰**するという特徴をもちます。また、有害な物質を処理したあとに汚泥などが発生する汚水処理などに対し、騒音の場合はいくら消音器などで強い音を減衰させてもあとに残るものはありません。

第 3 章 騒音の現状と施策

3 騒音の苦情等の現状

典型七公害の種類別の苦情件数の推移を図2に示します。騒音は他の公害とは異なり、直接的に人間が感知でき、住民の生活環境にも関係が深いため、苦情の件数が多いことが特徴です。ここ5年ほどの傾向をみると、ほかの公害の苦情件数は減少傾向にあるものの、騒音は増加傾向にあり、平成26年度は「大気汚染」を抜いて**「騒音」が最も多く**なりました。

平成26年度の典型七公害の苦情受付件数51,912件のうち、

図2　典型七公害の種類別苦情件数の推移

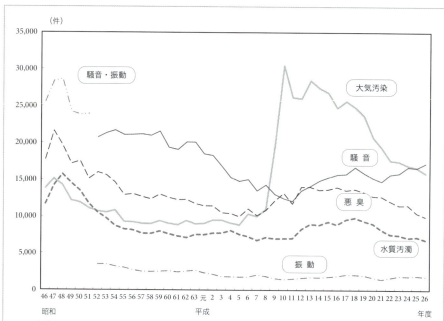

注1)「土壌汚染」及び「地盤沈下」は苦情件数が少ないため、表示していない。
注2)「騒音」と「振動」は、昭和51年度以前の調査においては、「騒音・振動」としてとらえていた。
注3)平成6年度から調査方法を変更したため、件数は不連続となっている。
注4)平成22年度の調査結果には、東日本大震災の影響により報告の得られなかった地域（青森県、岩手県、宮城県及び福島県内の一部市町村）の苦情件数が含まれていない。

［公害等調整委員会：平成26年度公害苦情調査報告書（2015）］

図3 騒音の苦情件数の発生源別の推移

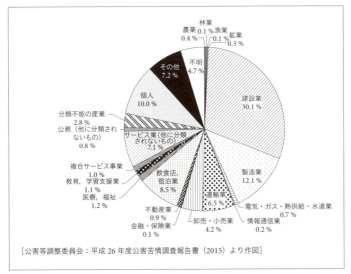

[公害等調整委員会：平成26年度公害苦情調査報告書（2015）より作図]

騒音が**17,202件**、振動が**1,830件**となっています。おおよその件数も把握しておきましょう。

次に騒音の苦情の内訳をみてみましょう。発生源別の構成比を図3に示します。図に示すように苦情件数の多い業種としては、**建設業**、**製造業**、**飲食店・宿泊業**の順に割合が高いことがわかります。この苦情の多い業種の順番はよく出題されますので覚えておきましょう。ちなみに振動の発生源別の構成比の順番も同じです。

苦情件数などのデータは毎年集計・公表されていますので、受験にあたっては「公害苦情調査結果」（公害等調整委員会）、『新・公害防止の技術と法規』（別売）のデータを確認しておきましょう。

4 騒音公害防止に関する施策
●助成措置
騒音規制法等による規制を事業者が遵守できるように、国は

金銭面や税制面で援助を行っています。たとえば、長期低利での融資、土地・設備の税金の軽減措置、公害防止のための設備（遮音壁など）に対する金銭的な助成などです。

◉土地利用の適正化

騒音公害の発生する可能性の高い地域は住宅と工場が混在する地域です。そのため、**工場と住宅を分離する**ことを基本原則した土地利用が進められています。都市計画法では、都市計画区域を用途別(住居専用地域、商業地域、工業地域など)に分け、土地利用の適正化を図っています。

> **☑ ポイント**
>
> ①「騒音」は一般的に「好ましくない音」「不快な音」などと定義されている(具体的な数値などは定められていない)。
> ②騒音・振動の苦情件数を覚えておく。
> ③苦情件数の多い業種を覚えておく。

騒音の現状と施策 | 第 **3** 章

練習問題

平成26・問8

問8　騒音の一般的な定義として，最も適切なものはどれか。

(1)　不快な音，又は好ましくない音

(2)　音の大きさのレベルが 60 phon を超える音

(3)　環境基本法による環境基準を超える音

(4)　騒音レベルが 55 dB を超える音

(5)　騒音規制法による規制基準を超える音

解　説

　騒音の一般的な定義について問われています。騒音の一般的な定義は「好ましくない音」や「不快な音」などとされ、法律的にも明確な数値を挙げて定義されてはいません。

　したがって、(1)が正解です。

正解 >> (1)

練習問題

平成28・問7

問7 下図は、公害等調整委員会の平成25年度「公害苦情調査結果報告書」に基づいて算出された騒音の主な発生源別構成比のうち、「運輸業」、「建設業」、「製造業」、「卸売・小売業」、「飲食店・宿泊業」の推移を表したものである。「製造業」を表す折れ線は(ア)〜(オ)のどれか。

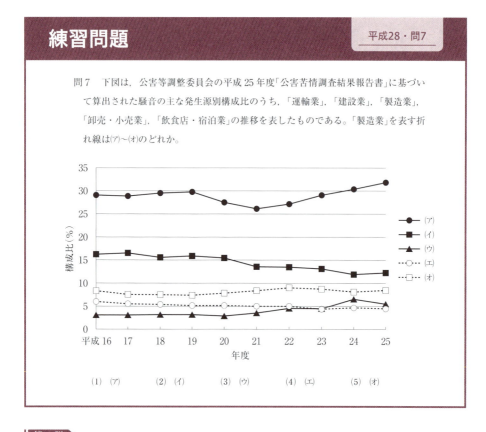

(1) (ア)　　(2) (イ)　　(3) (ウ)　　(4) (エ)　　(5) (オ)

解説

騒音の苦情の発生源別の構成比について問われています。平成25年度は騒音の苦情件数は、多い順に①建設業、②製造業、③飲食店・宿泊業でしたので、「製造業」を表す折れ線は(イ)になります。

したがって、(2)が正解です。

POINT

苦情件数のデータは毎年更新されますので、受験にあたっては『新・公害防止の技術と法規』(別売)やウェブで公開されている公害苦情調査報告書(公害等調整委員会)で確認しておきましょう。

正解 >> (2)

騒音の現状と施策　第3章

3-2　主要な音源

　ここでは騒音の音源について解説します。騒音の原因となる工場の施設や、建設作業、自動車、鉄道、航空機による騒音、近隣騒音について理解しておきましょう。

1 騒音源の分類

騒音源を分類するとおおむね次のようになります。

①**工場・事業場騒音**：機械プレス機など、工場及び事業場の事業活動に伴う騒音

②**建設作業騒音**：くい打機、さく岩機など、建設作業に伴う騒音

③**自動車騒音**：幹線道路周辺等における自動車の走行に伴う騒音

④**鉄道騒音**：鉄道沿線における新幹線鉄道及び在来線鉄道に伴う騒音

⑤**航空機騒音**：空港周辺等における航空機の運航に伴う騒音

⑥**深夜騒音**：飲食店、遊技場、カラオケボックス等の深夜営業に伴う騒音

⑦**拡声機騒音**：街頭宣伝等に使用される拡声機による騒音

⑧**近隣（生活）騒音**：家庭から発生する空調機器、音響機器、生活活動、ペットの鳴き声等

　騒音規制法では、これらの騒音のうち①工場・事業場騒音、②建設作業騒音、③自動車騒音について規制の措置を講じています。

2 工場・事業場騒音

　工場・事業場の騒音源となる機械は、生産するものによってさまざまです。時間変動の観点からみても、プレス機械※や鍛

※：プレス機
プレス機は機械プレスと液圧プレスに大別できる。機械的機構により回転運動を直線運動に変え加圧するものが機械プレス。油もしくは水をポンプでシリンダーに送りその圧力を利用して加圧を行うものが液圧プレス。

図1 主要機械の騒音レベル

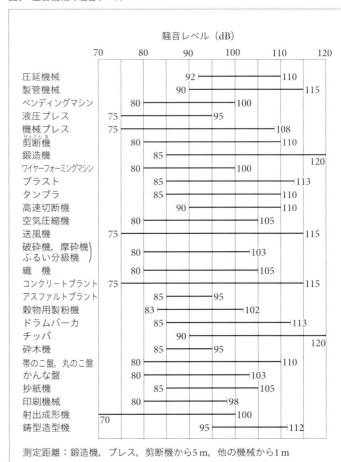

測定距離：鍛造機，プレス，剪断機から5m，他の機械から1m

※：鍛造機
工具、金型などを用い、固体材料の一部又は全体を圧縮又は打撃することによって、成形及び鍛錬を行う機械。主な鍛造機にはエアハンマ、ドロップハンマなどがある。

造機※のように周期的、単発的に発生する騒音、モータのように変動が少ない騒音、不規則かつ大幅に変動する騒音など、発生する騒音にもさまざまな特徴があります。

図1は騒音規制法の特定施設のおおよその騒音レベルを示しています。測定距離1m、5mで90dB以上となる機械が多く、特定施設のある工場内は相当の騒音レベルになると考えられま

す。

　そのため、労働安全衛生法では、労働者の聴力保護の観点から、屋内作業場における定期的な**作業環境騒音の測定**を義務付けられています。また、騒音障害防止対策を講ずることにより、騒音作業に従事する労働者の騒音障害を防止することを目的として、「騒音障害防止のためのガイドライン」[※]が策定されています。

3 建設作業騒音

　道路等の土木工事や建設、解体工事は一過性の作業ですが、それに伴い大きな騒音が発生します。最近は低騒音型の建設機械の導入や工法の進歩などにより、騒音の低減は進んでいますが、住居と近接した場所での作業が多いため、騒音に関する苦情は少なくありません。

　大きな騒音を発生する建設作業は屋外で行われていることが多く、現在の技術では騒音の防止が極めて困難です。そのため、作業工程ごとに使用する機械の騒音レベルの予測、低騒音型の機械や代替工法の導入、時間の制限、塀や遮音シートで境界線を囲うなど、種々の対策が必要になります。いずれにしても近隣の理解を得ることが最も重要であり、余裕をもった工程計画の下で定められた時間帯を厳守するとともに、積極的な低騒音型の機械や工法の導入が望まれます。

　騒音規制法では、さく岩機等の特に大きな騒音を発生する8種類の作業を**特定建設作業**と定めています。特定建設作業については、作業開始の**7日前**までに市町村長へ届け出ることになっています。また、敷地の境界線における騒音が「**85デシベルを超える大きさのものでないこと**」と規制基準値が設定され、作業の時間帯、日数及び曜日等の規制を行っています（第2章参照）。

※：騒音障害防止のためのガイドライン

平成4年10月1日通達基発第546号。ガイドラインでは、作業環境測定基準に基づく等価騒音レベルの測定を6か月以内ごとに1回1測定点で10分間行うことなどが定められている。

4 自動車騒音

　日本の自動車保有台数がここ40年間で3倍程度に増加したことや、高速道路や幹線道路の整備等により、昼夜を問わず自動車の走行に伴う騒音が発生し、自動車騒音による生活環境への影響は、都市部のみならず全国に共通する課題となっています。

5 鉄道騒音

　鉄道騒音は、新幹線鉄道及び在来線鉄道沿線周辺の生活環境に影響を与えています。在来線鉄道の沿線は住居が近距離に密集していることが多いため、軌道構造、運行時間及び土地利用の問題等が課題となっています。

　鉄道騒音の主要な発生源は、車輪とレールの摩擦及び衝撃、レールの継目やポイントにおける衝撃、軌道敷や鉄橋、高架橋等の振動です。また、高速の新幹線鉄道では、空力音(パンタグラフ、空調換気装置等の凹凸箇所から発生)の影響等により**高い周波数成分を含んだ騒音**が発生します。さらに、鉄道騒音はその発生が**間欠的**であることが特徴です。

6 航空機騒音

　民間及び基地周辺及び離着陸空路下で航空機のエンジン音やエンジンテスト音等が住民の生活環境に大きな影響を与えています。また、空港周辺以外でも低空で飛行するヘリコプタや軍用機等に起因する騒音も問題となっています。

　航空機騒音は非常に強大であり、上空で発生するため、その影響も**広い範囲**にわたります。航空機は大別して旅客機、貨物輸送機、軍用機等に分けられますが、民間空港や特殊飛行場(自衛隊、米軍)によって、発着する航空機の機種(プロペラ機、ジェット機、ヘリコプタ)、エンジンの種類(ターボプロップ、ターボジェット、ターボファン等)、発着回数や飛行経路等の運行形態はさまざまです。航空機騒音もその発生が**間欠的**であることが特徴です。

7 近隣騒音

近隣騒音（生活騒音ともいう）とは、家庭用エアコン室外機等の**設備音**、自家用車等の**エンジン音**、掃除機・洗濯機等の**家電器音**、テレビやステレオ等の**音響機器音**、ピアノ等の**楽器音**、**ペットの鳴き声**、公園等で遊ぶ**子供の声**などです。

また、集合住宅では、ドアや窓の開閉音、階段や床を歩く足音、給排水音等の生活活動音が発生します。地域と生活に密着した音が音源となっている場合が多いため、近隣騒音は被害者・発生源の両方となり得るという特徴があります。

☑ ポイント

①工場・事業場騒音、建設作業騒音、自動車騒音、鉄道騒音、航空機騒音、近隣騒音の特徴を理解する。

②プレス機や鍛造機などの騒音源から発生する騒音の程度を把握する。

③労働者の騒音障害防止のため「騒音障害防止のためのガイドライン」が策定されている。

第 3 章 騒音の現状と施策

練習問題

平成25・問8

問8 主要な騒音発生源に関する記述として，誤っているものはどれか。

(1) 新幹線鉄道騒音に係る環境基準は，地域の類型Ⅰでは 70 dB 以下である。

(2) 近隣騒音は，生活に密着した音などが音源となっている場合が多い。

(3) 工場内の騒音は，聴力保護の観点から 8 時間当たりの許容される等価騒音レベルで 85 dB 未満と決められている。

(4) 航空機騒音に係る環境基準は，時間帯補正等価騒音レベルで評価し，地域の類型Ⅰでは 57 dB 以下である。

(5) 特定建設作業の騒音は，敷地境界線において騒音レベル 80 dB 以下に定められている。

解 説

　騒音源について問われていますが、内容は第2章の法令に関することがほとんどです。誤っているものは(5)の「80dB」であり、正しくは「85dB」です。

　したがって、(5)が正解です。(3)の内容については後述しますが、日本産業衛生学会の騒音レベルの許容基準についての説明です。

POINT

　国家試験の出題では、本問のように各選択肢が広範囲にわたることもありますので、本書全体を通して学習することが重要です。

正解 >> （5）

第 4 章

騒音の感覚

4-1 耳の構造と可聴範囲

4-2 音の感覚

4-1 耳の構造と可聴範囲

　感覚公害である騒音問題では、人の聴覚について知ることも重要になります。ここでは音を聞く器官である耳の構造や機能、周波数による音の分類について学びます。

1 耳の構造と働き

　聴覚は人の基本的感覚のひとつです。耳の働きには、音声・言葉の理解、音楽の鑑賞・演奏、周囲の音の知覚、空間の認知などがあります。人の耳の構造を図1に示します。耳は大別して「**外耳**」「**中耳**」「**内耳**」から成りますが、それぞれの機能は次のようになります。

図1　耳の構造

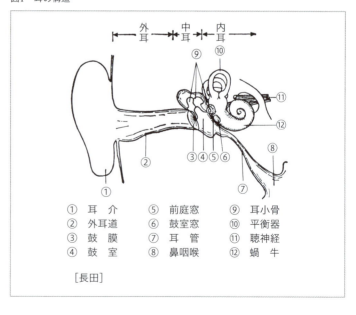

●外耳

外耳は**耳介**[※]と**外耳道**[※]から成ります。音は耳介で集められ外耳道に送り込まれます。外耳道は音を中耳に伝える部分です。外耳道は一種の共鳴管として働き、**音を増幅**させます。音は共鳴周波数を含む約2kHz〜5kHzの幅広い周波数範囲で約10dB〜15dB程度増幅され、外耳道の一番奥にある**鼓膜**[※]に達します。鼓膜は適度に湿ったしなやかな膜で、振動膜としての特性が非常に優れています。

●中耳

中耳は**鼓室**[※]、**耳小骨**[※]、**耳管**[※]などから成ります。鼓膜の振動を内耳に伝達する働きをします。鼓膜の振動は耳小骨連鎖を介し、27dB以上も**増幅**されて内耳に伝達されます。

●内耳

内耳はかたい骨で囲まれた複雑な器官で、**蝸牛**[※]、**前庭**[※]、**三半規管**[※]、**聴神経**などから成ります。前庭と三半規管は体の平衡感覚器であり、前庭は蝸牛につながっています。蝸牛が**音の感覚**をつかさどります。前庭に近い位置ほどより高い周波数に、蝸牛孔に近い位置ほどより低い周波数に対応しており、蝸牛内にある基底膜で粗い**周波数分析**がなされ、聴神経を経て大脳皮質の**聴覚野**に伝わります。

●聴神経から聴覚野

聴神経においては両耳音情報（時間差、強度差など）が加わり、聴覚野へと上行するほど、音の周波数の変化、音の始めと終わり、音の組合せなど、音の特徴抽出がより詳細に行われます。このような経過をたどり、音は聴覚野において初めて音として感じられます。

聴覚系は非常に優れた**周波数分解能**を有します。これは基底膜での粗い周波数分析から、これに続く聴神経系でのより細か

※：耳介
一般に「耳」と呼ばれる身体部位。耳介の集音効果は大きくはない。

※：外耳道
やや「くの字型」に曲がった長さ約3cmの洞穴状の管。

※：鼓膜
外耳道の一番奥にある厚さ約0.1mmの非常に薄い膜。長径約9mm程度の楕円形で、真中が約2mmへこんだ漏斗状の形状をしている。

※：鼓室
鼓膜のすぐ裏の空気の入った空間。耳菅を通して咽喉とつながっている。

※：耳小骨
耳小骨は鼓室内にあり、つち骨、きぬた骨、あぶみ骨の3つが順につながって耳小骨を形成している。3つのつながりを「耳小骨連鎖」と呼ぶ。

※：耳管
鼓室と咽喉をつなぐ菅。通常閉じているが、つばを飲み込むと空気が出入りする。

※：蝸牛
約2回転半巻かれた管状のカタツムリ形の器官で、内部は複雑な構造となっている。迷路とも呼ばれる。

※：前庭
蝸牛と三半規管の間にある器官で、卵形嚢・球形嚢のふたつがある。

第4章 騒音の感覚

※：三半規管
「前半規管」「後半規管」
「外半規管」の3つの半
規管からなる平衡感覚
をつかさどる器官。

い分析を経て、聴覚野で全体的に統合され、詳細かつ総合的に音が知覚されているのです。

2 周波数と可聴範囲

●可聴音

人の耳に聞こえる音を**可聴音**といいます。人の可聴範囲は、おおむね周波数で**20Hz ～ 20000Hz**、音圧レベルで**0dB ～ 120dB**の範囲にあるとされています。周波数20Hzを**最小可聴周波数**といい、聞こえる音の最小の音圧レベル0dBを**最小可聴値**といいます。

また、周波数によって異なりますが、最大可聴値（おおむね120dB）付近では、痛み、触覚（くすぐったい感じ）、不快感（音が大きすぎて耐えられない）など、音以外の感覚が起こります。なお、痛みの生じる感覚閾を**痛閾**といい、聴力障害の危険性が大幅に増大することが知られています。

●超低周波音・低周波音・超音波音

可聴音以外の音に関しては、周波数によって次のように分けられます。

- ・1Hz ～ 20Hz **超低周波音**
- ・1Hz ～ 100Hz **低周波音**
- ・20kHz以上 **超音波音**

おおむね20Hz以下の音は、耳のまわりの圧迫感や振動感など、音とは一種異なる感覚として知覚されます。

☑ **ポイント**

①耳の各器官と音の伝達経路を理解しておく。
②可聴音、超低周波音、低周波音、超音波音の周波数範囲を覚える。

騒音の感覚 | 第 **4** 章

4-2 音の感覚

　ここでは「音の感覚の三要素」とされる「音の大きさ」「音の高さ」「音色」について解説します。異なる周波数の音が感覚的に同じ大きさに聞こえる音圧レベルを示す等ラウドネス曲線やその考え方を中心に理解しておきましょう。

■ 音の大きさ

　「**音の大きさ**」「**音の高さ**」「**音色**」は「**音の感覚の三要素**」と呼ばれています。ここでは音の大きさ（ラウドネス）について説明します。

　音の物理的な強弱に対し、音の大きさの感覚を「**音の大きさ**」（**ラウドネス**）といいます。音圧レベル以外の条件が同じであれば、音圧レベルが大きいほど感覚的にも大きな音として感じられます。しかし、音圧レベルが同じであっても周波数が異なればラウドネスは異なることになります。

◉等ラウドネス曲線

　等ラウドネス曲線とは、さまざまな周波数の音が感覚的に同じ大きさ（ラウドネス）に聞こえる音圧レベルを示したものです（図1）。

　図中の曲線と数値は**音の大きさのレベル（ラウドネスレベル）**を示しています。**純音**※について音の強さを一定に保ったまま周波数を変化させると、感覚的な音の大きさであるラウドネスレベルは大きく変化することがわかります。

　ラウドネスレベルは、1kHzの純音の音圧レベル（dB）と同じ大きさに聞こえるレベルを**フォン（phone）**という単位で表したものです。たとえば、ある音が周波数1kHz、音圧レベル40dBの純音と同じ大きさに聞こえたとすれば、その音のラウドネスレベルは40phonということになります。

※：純音
一つの周波数の正弦波から成る音。サイン波ともいう。単一の周波数成分しか含まないため、最も基本的な音と考えられている。時報の音や音叉の音は純音の身近な例。

騒音・振動概論

騒音・振動特論

115

図1 純音の等ラウドネス曲線

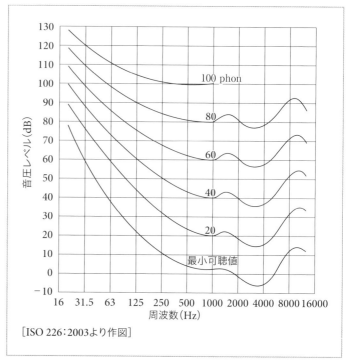

［ISO 226：2003より作図］

　また、騒音レベルは人間の聴覚を考慮したA特性と呼ばれる周波数補正特性を用いて測定されていることは前述しましたが、このA特性は等ラウドネスレベル曲線の40phon曲線に準拠してつくられた特性です。

●音の大きさ(sone)
　ラウドネスレベルは感覚量の変化には対応していません。たとえば80phonの音は40phonと比べると、2倍ではなく約16倍の大きさに聞こえます。こうした感覚量の変化に比例する単位として**ソーン(sone)**が設定されました。1kHz・40dBの純音を1soneと定義し、これと同じ大きさに聞こえる大きさを1sone、2倍に聞こえる大きさを2soneと表します。つまりsoneは、あ

る音が基準音に比べて何倍の大きさに聞こえるかという比率尺度です。

ここで音の大きさ S（sone）とラウドネスレベル L_S（phone）には、L_S が $40 \sim 120$phone の範囲のとき、次の関係が成り立ちます。

$$L_S = 33.2 \log S + 40$$

たとえば $S = 1$ ならば、L_S は 40phone になりますので、1sone ＝ 40phone ＝ 40dB（1kHz）ということになります。同じように 2sone ≒ 50phone ＝ 50dB（1kHz）になります。

2 音の高さ

周波数に対応する「音の高さ」（ピッチともいう）は、周波数が高いほど感覚的にも高い音に感じられます。音の高さの心理尺度には**メル（mel）**というものがあります。音圧レベル 1kHz・40dB の純音を基準音とした比率尺度で、基準音の高さを 1000mel として、n 倍の音の高さを $1000n$ メルと表します。現在は周波数そのものを用いることが多く、メルはほとんど用いられていません。

3 音色

「音色」は音の波形そのものに対応する質的な感覚です。笛やピアノなど楽器音はそれぞれに音質が異なりますが、それが楽器の音色です。音色の感覚は非常に複雑で、量的な解析は困難とされています。

☑ ポイント

①音の感覚の三要素は「音の大きさ」「音の高さ」「音色」である。
②等ラウドネス曲線の意味、phone と sone の関係を理解する。

第 **4** 章 騒音の感覚

練習問題

平成29・問9

問9　周波数 1 kHz の次の純音のうち，音圧が最大であるものはどれか。

(1)　音の大きさが 1 sone

(2)　音の大きさのレベルが 1 phon

(3)　音圧レベルが 1 dB

(4)　騒音レベルが 1 dB

(5)　音圧が 1 Pa

解　説

音の諸量について問われています。周波数1kHzの純音のうち、音圧が最大であるものを選びます。ここでは音圧が問われていますが、音圧レベルで比較しても同じことなので、計算が簡単な音圧レベル(dB)の大小で比較します。

(1)1kHz・40dBの純音は1soneです。よって、1soneは40dBです。

(2)1soneは40phonです。よって、1phonは1/40soneであり、1dBです。

(3)設問のとおり1dBです。

(4)音圧レベルに周波数補正をしたものが騒音レベルになります。周波数1kHzの補正値は0dBですので、音圧レベルも1dBになります。

(5)音圧レベルを求める式に題意の音圧 $p = 1$Pa、基準音圧 $p_0 = 2 \times 10^{-5}$ を代入します。

$$L_p = 20 \log \frac{p}{p_0}$$

$$= 20 \log \frac{1}{2 \times 10^{-5}}$$

$$= 20 \log 1 - 20 \log (2 \times 10^{-5})$$

$$= 20 \log 1 - (20 \log 2 + 20 \log 10^{-5})$$

$$= 20 \log 1 - (20 \log 2 - 100 \log 10)$$

$$(\log 1 = 0, \ \log 2 \fallingdotseq 0.3, \ \log 10 = 1)$$

$$= 0 - (20 \times 0.3 - 100 \times 1) = 0 - (6 - 100) = 94\text{dB}$$

したがって、(5)が正解です。

正解 >> （5）

第 **5** 章

騒音の影響・評価

5-1 騒音の影響

5-2 等価騒音レベル

第5章 騒音の影響・評価

5-1 騒音の影響

　ここでは騒音の人への影響について解説します。聴覚障害のひとつ難聴に関する影響・評価、聴力検査、ガイドラインなどの概要を理解しておきましょう。

■1 騒音の直接的影響と間接的影響

　騒音は心理的・情緒的な影響を与える心理公害のひとつです。一方で聴力に直接影響して難聴を引き起こすことも知られています。騒音の影響は直接的影響と間接的影響に大別できます。

●直接的影響

　騒音の直接的な影響としては、次のようなものが挙げられます。

　①**心理的妨害**：聴覚系だけの心理的妨害

　②**聴取妨害**：テレビ、ラジオ、会話、電話等の音声聴取の妨害

　③**聴力低下**：一時性難聴、永久性難聴など

●間接的影響

　騒音の間接的な影響としては、次のようなものが挙げられます。

　①**情緒的妨害**：うるさい、不快だ、わずらわしい、迷惑だなどの総合的な心理的妨害

　②**生活妨害**：睡眠妨害、仕事・読書などができないなど

　③**身体的影響**：自律神経系、内分泌系への生理的影響、頭痛・耳鳴りなどの身体症状

120

騒音の影響・評価 | 第5章

2 聴力低下

ここでは直接的影響である「聴力低下」について解説します。音を感じる能力が低下した状態を「**難聴**」又は「**聴力障害**」といいます。

●一過性閾値上昇から永久性閾値上昇へ

騒音に暴露されると一時的に聴力が低下することを**一過性閾値上昇**（**TTS**）[※]といいます。一過性閾値上昇はしばらく静かな状態にいれば聴力は回復しますが、これが繰り返し長時間暴露されると**永久性閾値上昇**（**PTS**）[※]に移行します。これは回復しない聴力障害です。

●騒音性難聴

一過性閾値上昇以外を一般的には「難聴」と呼びますが、ある職業に従事して業務上の原因で永久的に聴力の低下が起こった場合は職業性難聴といいます。そのうち、騒音に長時間暴露され次第に進行するものを「騒音性難聴」といい、職業性難聴の大半はこの騒音性難聴だとされています。

●症状の特徴

騒音性難聴の現れ方は、暴露される騒音の音圧レベル、周波数成分、衝撃性、暴露時間などによって異なりますが、音圧レベルが大きいほど、また暴露時間が長いほど聴力の低下は大きくなります。

騒音性難聴の初期段階の特徴は、**高音域の聴力の低下**として現れ、特に**4kHz付近**の聴力が低下します。このことを「**c⁵ dip**」[※]（シーご・ディップ）又は「**4kHz dip**」といいます。

そのほか、騒音性難聴には次のような特徴があります。

①両耳の難聴

②騒音暴露の就労環境から離れれば難聴の進行が止まり固定化する

※：一過性閾値上昇（TTS）

TTS：Temporary Threshold Shift。一過性閾値移動、一過性閾値変化、一過性難聴、一過性聴力損失ともいう。一過性閾値上昇は通常は静穏下において1〜2時間で回復するが、個人差があり、少なくとも10日以内に回復するものを一過性閾値上昇としている。

※：永久性閾値上昇（PTS）

PTS：Permanent Threshold Shift。永久性難聴、永久性聴力損失ともいう。騒音性難聴ともいわれ、1日の作業で起こる一時的閾値上昇が十分に回復しないうちに再び騒音暴露を受けることを繰り返すうちに起こる。

※：c⁵ dip

十二平均律のオクターブ表記より、音階c⁵の周波数は4186Hzである。したがってc⁵ dipとは4000Hz周辺がdip（下がる）という意味。

③聴力の回復が期待できない

④音の大きさの補充現象※がある人が大半

⑤耳鳴りから難聴が始まり、耳鳴りに苦しむ例が大半

> ※：補充現象
> 補充現象とは、音の大きさの感覚異常である。わずかな音量変化にも敏感になるため、音圧レベルが低いときには聴こえなかった音も、レベルが上昇するに従って急激に聴こえるようになり、異常にうるさく感じるようになる。

●加齢性難聴・老人性難聴

騒音の暴露にかかわらず、50代後半からは加齢性の聴力低下が現われます。これを**加齢性難聴**といい、特に老人の場合は**老人性難聴**といいます。加齢性難聴・老人性難聴の特徴は、騒音性難聴と同じく**高音域から聴力低下**が始まることにあります。

３ 聴力検査

聴力とは耳によって音を聞き取る能力のことであり、通常、気導聴力※により知ることができます。聴力を検査するために使用される機器を**オージオメータ**といい、その性能はJISで規定されています。

一般的に聴力検査は、ヘッドホンを両耳にあて、異なる周波数の純音をさまざまな強さで聴き、聴こえる最も小さな音の大きさを調べます。

> ※：気導聴力
> 音が外耳道の空気を通して内耳に伝えられることを気導といい、気導聴力は外耳・鼓膜・中耳・内耳の全体の聴力のこと。一方、骨導聴力とは音が頭蓋骨から内耳に伝わる音のみの聴力のことをいう。通常の聴力検査は気導聴力検査であり、外耳から脳に至る全体の聴力を調べる。

４ 聴力の評価

●主な聴力レベル算出法

聴力検査では、会話音域の気導純音聴力レベルを測定することで評価されます。

会話に必要な音声の周波数範囲はおおむね100Hz 〜 6kHzであり、その主要周波数範囲はおおむね300Hz 〜 4kHzです。

我が国における純音平均聴力（閾値）レベルの算出法は、主として次の4通りがあります。主要会話音域にある4つの純音周波数500Hz、1kHz、2kHz、4kHzの各聴力レベルの値をそれぞれ順にA、B、C、Dとして次式により求めます。

騒音の影響・評価　第5章

$$三分法平均聴力レベル = \frac{A+B+C}{3} : 騒音障害防止のためのガイドライン・国際的評価法$$

$$四分法平均聴力レベル = \frac{A+2B+C}{4} : 身体障害者自立支援法・通常の評価法$$

$$六分法平均聴力レベル = \frac{A+2B+2C+D}{6} : 労災保険の評価法$$

$$新四分法平均聴力レベル = \frac{A+B+C+D}{4} : 新評価法$$

　上記の「騒音障害防止のためのガイドライン」では、三分法平均聴力レベルと4kHzの聴力レベルとを組み合わせて評価することになっています。

　ガイドラインでは、まず**選別聴力検査**(オージオメータにより、1kHzについては30dB、4kHzについては40dBの音圧の純音が聞こえるかどうかの検査)を行い、所見があった場合に、各周波数の**気導純音聴力レベル**を測定し、会話音域の聴き取り能力の程度を把握するために**三分法平均聴力レベル**を求めます。

　聴力検査結果から防音保護具の使用など必要な措置を講じることになりますが、会話音域の三分法平均聴力レベルと高音域の4kHzの聴力レベルがともに**30dB未満**の場合を「健常者」(つまり正常な聴力)としています。

●難聴の分類

　なお、日本聴覚医学会は難聴の程度分類[※]を以下のように示しています。

- ・軽度難聴　　25dB以上40dB未満
- ・中等度難聴　40dB以上70dB未満
- ・高度難聴　　70dB以上90dB未満
- ・重度難聴　　90dB以上

※：**難聴の程度分類**
日本聴覚医学会難聴対策委員会：「難聴(聴覚障害)の程度分類について」(2014年7月1日)

123

第**5**章 騒音の影響・評価

5 聴力保護の基準

　騒音による職業性難聴を防止するために、労働安全衛生法などにより規制がされています。同法では著しい騒音を発する屋内作業場を定め、産業医の選任、聴力検査、作業環境測定の実施などを義務付けています。

●騒音障害防止のためのガイドライン

　また、労働者の騒音障害を防止することを目的として「**騒音障害防止のためのガイドライン**」※が策定されました。ガイドラインでは、事業者は作業環境の測定（等価騒音レベル）を行い、管理区分ごとに対策をすることが定められています（表1）。たとえば作業環境測定の結果、表1の第Ⅲ管理区分に評価された場合には、事業者は、騒音作業を行う労働者に防音保護具を使用させ、その使用についての掲示を行うことなどが定められています。また、第Ⅰ管理区分（つまり、A測定・B測定ともに85dB未満）に評価されれば、「当該場所における作業環境の継続的維持に努めること」とされ、特別な措置は必要とされません。

※：騒音障害防止のためのガイドライン
労働安全衛生法令に基づく措置を含め騒音障害防止対策を講ずることにより、騒音作業に従事する労働者の騒音障害を防止することを目的として策定された（1992（平成4）年10月1日基発第546号）。

表1　作業環境測定結果の評価

A 測定平均値	B 測定		
	85 dB 未満	85 ～ 90dB	90 dB 以上
85 dB 未満	第Ⅰ管理区分	第Ⅱ管理区分	第Ⅲ管理区分
85 ～ 90 dB	第Ⅱ管理区分	第Ⅱ管理区分	第Ⅲ管理区分
90 dB 以上	第Ⅲ管理区分	第Ⅲ管理区分	第Ⅲ管理区分

（注）　1　A測定平均値は測定値を算術平均して求めること
　　　　2　A測定平均値の算定には80dB未満の測定値は含めないこと
　　　　3　A測定のみを実施した場合は、表中のB欄は85dB未満の欄を用いて評価を行うこと
　　　　4　作業場内の騒音は10分間以上の等価騒音レベルにより評価する。騒音測定にはA測定とB測定があり、A測定では作業場内の騒音を平均的に評価するために、床面を6m以下の等間隔メッシュで区切り、各交点（高さ1.2～1.5m）を測定点として等価騒音レベルを測定し、その平均値を求める。また、B測定では、音源に近接する作業場所で、騒音レベルが最高となる時間帯の等価騒音レベルを測定する。

騒音の影響・評価 **第5章**

●日本産業衛生学会の騒音の許容基準[※]

日本産業衛生学会では、聴力保護の立場から常習的な暴露に対する騒音の許容基準を定めています。

この許容基準は騒音の周波数分析を行うことを原則していますが、周波数分析を必要としない場合の簡易法として、騒音計のA特性で測定した値を用いる場合の許容基準も合わせて定められています（表2）。表に示される許容騒音レベルは**等価騒音レベル**の値です。この表をみると、1日8時間の許容騒音レベルは**85dB**であり、4時間では88dB、2時間では91dBとなることがわかります。つまり、暴露される等価騒音レベルが3dB増えるごとに、許容される暴露時間は半分になります。

※：日本産業衛生学会の騒音の許容基準

「許容濃度等の勧告について」は、職場における労働者の健康障害を予防するための手引きに用いられることを目的として、日本産業衛生学会が毎年勧告している。騒音、衝撃騒音をはじめ、有害物質の許容濃度、生物学的許容値、高温、寒冷、全身振動、手腕振動、電場・磁場及び電磁場、紫外放射の各許容基準が掲げられている。

表2　騒音レベル（A特性音圧レベル）による許容基準

暴露時間（min）	許容騒音レベル（dB）
〜480	85
〜240	88
〜120	91
〜60	94
〜30	97

［日本産業衛生学雑誌 58（5）、181−212（2016）］

☑ ポイント

①難聴の概要を覚えておく。
②難聴（騒音性・加齢性）の初期症状の特徴は4kHz付近の聴力低下。
③聴力検査の概要、4つの算出手法を覚えておく。
④「騒音障害防止のためのガイドライン」や日本産業衛生学会の「許容基準」の概要を押さえる。

第5章　騒音の影響・評価

練習問題

平成26・問12

問12　強大な騒音下で長期間就労することにより起こる難聴の特徴として，誤っているものはどれか。

(1)　4 kHz 付近の聴力が低下する。

(2)　両耳の聴力がともに低下する。

(3)　音の大きさの補充現象を伴うことが多い。

(4)　耳鳴りを伴うことが多い。

(5)　騒音暴露の就労環境から離れることで十分に回復する。

| 解　説 |

　騒音性難聴の特徴について問われています。騒音性難聴は就労環境から離れても回復しません。回復する難聴は一過性閾値上昇、一過性難聴などと呼ばれます。

　したがって、(5)が正解です。

正解 >>　(5)

騒音の影響・評価 | 第5章

練習問題

平成27・問12

問12 下表は，ある勤続40年の工場従業員の純音聴力検査の結果である。この結果に関する記述として，誤っているものはどれか。

周波数(Hz)	250	500	1000	2000	4000	8000
聴覚閾値レベル(dB)	10	15	20	35	55	40

(1) 三分法平均聴力レベルは，$\dfrac{20 + 35 + 55}{3} \fallingdotseq 37$ dB である。

(2) 六分法平均聴力レベルは，$\dfrac{15 + 20 \times 2 + 35 \times 2 + 55}{6} = 30$ dB である。

(3) 騒音性難聴の疑いがある。

(4) 加齢性難聴の疑いがある。

(5) 選別聴力検査でも難聴が疑われる聴力である。

解説

聴力検査について問われています。三分法平均聴力レベルは、500Hzの聴覚閾値レベルをA、1000Hzの聴覚閾値レベルをB、2000Hzの聴覚閾値レベルをCとすると、$(A + B + C) \div 3$で求められるので、題意より$(15 + 20 + 35) \div 3 \fallingdotseq 23$dBとなります。(1)は誤った周波数(1000Hz、2000Hz、4000Hz)のレベルの値が算出に用いられています。したがって、(1)が正解です。

(2)は六分法律平均聴力レベルの算出法($(A + 2B + 2C + D) \div 6$)によって求められています(Dは4000Hzの聴覚閾値レベル)。また、設問の表より4000Hz付近の聴力閾値レベルが高く、聴力の低下が認められますので、(3) 〜 (5)も正しい記述です。

正解 >> （1）

5-2 等価騒音レベル

環境基準などの評価に用いられる等価騒音レベルの算出方法について解説します。計算問題の出題も多いので、与えられた値から等価騒音レベルを求める方法を理解しておきましょう。

1 等価騒音レベルとは

等価騒音レベルは、時間的に大きく変動する騒音レベルを評価するために用いられます。図1に示すように、ある測定時間内で時間とともに騒音レベルが大きく変動する多数の測定値が得られたとき、エネルギ的な平均値として表した量が「等価騒音レベル」です。

等価騒音レベルは環境騒音や道路交通騒音などの評価に広く使用されており、以下のような特徴があります。

① 騒音のエネルギの時間平均に基づく評価量であり、理論的予測計算に適している。
② 種々の音源の騒音、及び複合音源に適用できる。

図1　変動騒音レベルと等価騒音レベルの概念図

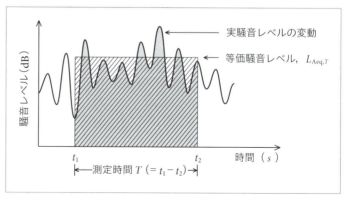

③主観的評価や住民反応との対応が優れている。
④短時間の騒音のみならず、長時間、長期間(たとえば、10分、1時間、8時間、1日、1年などの)騒音の評価にも適している。
⑤等エネルギ則に従う評価量である。

2 等価騒音レベルの定義

JISでは等価騒音レベルは、「ある時間範囲Tについて、変動する騒音の騒音レベルをエネルギー的な平均値として表した量」と定義されています。量記号は$L_{\mathrm{Aeq},T}$が用いられ、添え字のAはA特性音圧レベルであること、Tは平均化時間がTであることを表しています。等価騒音レベルは次式で与えられます。

$$L_{\mathrm{Aeq},t} = 10\log\left[\frac{1}{T}\int_{t_1}^{t_2}\frac{p_\mathrm{A}^2(t)}{p_0^2}\mathrm{d}t\right] = 10\log\left[\frac{1}{T}\int_{t_1}^{t_2}10^{L_A/10}\mathrm{d}t\right]$$

ここに、$L_{\mathrm{Aeq},T}$　：時刻t_1から時刻t_2までの時間T(s)における等価騒音レベル(dB) ($T = t_2 - t_1$)
　　　　$p_\mathrm{A}(t)$　：瞬時A特性音圧実効値(Pa)
　　　　p_0　：基準音圧(20 μPa)
　　　　L_A　：瞬時A特性音圧レベル(dB)

上式のp_A^2とp_0^2が音のエネルギに比例する量であることに注目すると、等価騒音レベル$L_{\mathrm{Aeq},T}$は、時間T(s)内の騒音の総エネルギ(エネルギの積分値)を時間Tで割り、騒音のエネルギ(時間)平均値を求めることを意味しています。ここで、時間単位は秒(s)であることに注意しましょう。

3 等価騒音レベルの算出法

実際の測定値から等価騒音レベルを算出する際には、次式が用いられます。これは第1章の「dBの平均」を求める式の元の式になります。

$$L_{\mathrm{Aeq},T} = 10 \log \left[\frac{\Delta t}{T} \Sigma 10^{L_{\mathrm{A}i}/10} \right] = 10 \log \left[\frac{1}{n} \Sigma 10^{L_{\mathrm{A}i}/10} \right]$$

ここに、$L_{\mathrm{A}i}$：瞬時A特性音圧レベル(dB)

Δt：測定時間間隔(s)　　　T：$n\Delta t$　　　n：測定数

対数の公式より上式は次のように表すことができます。

$$L_{\mathrm{Aeq},T} = 10 \log \Sigma 10^{L_{\mathrm{A}i}/10} - 10 \log n$$

上式の$10 \log \Sigma 10^{L_{\mathrm{A}i}/10}$は、それぞれのレベル値の和を意味しますので、第1章の「dBの平均」を求める次式が導かれます。

暗 記

$$\overline{L} = \underbrace{10 \log \left(10^{\frac{L_1}{10}} + 10^{\frac{L_2}{10}} + \cdots + 10^{\frac{L_n}{10}} \right)}_{L=\text{レベル値の和}} - 10 \log n$$

$$\overline{L} = L - 10 \log n$$

ここに、$\overline{L}$：レベル値の平均(dB)　　　L：レベル値の和(dB)
n：個数

また、ある騒音の総暴露エネルギが等しい場合は、等価騒音レベルと平均化時間との間には次式が成立します。

暗 記

$$L_{\mathrm{Aeq},T} = L_{\mathrm{Aeq},t} + 10 \log \left(\frac{t}{T} \right)$$

ここに、$L_{\mathrm{Aeq},T}$：等価騒音レベル (dB)　　　T：平均化時間 (s)
$L_{\mathrm{Aeq},t}$：個々の等価騒音レベル (dB)　　　t：個々の平均化時間 (s)

国家試験では等価騒音レベルを求める計算問題がよく出題されます。この2つの式は等価騒音レベルを求める際に必要になりますので、必ず覚えておきましょう。

騒音の影響・評価 | 第5章

練習問題

平成26・問11

問11 等価騒音レベルの特徴に関する記述として，誤っているものはどれか。

(1) 騒音のエネルギーの時間平均に基づく評価量であり，理論的予測計算に適している。

(2) 種々の音源の騒音，及び複合音源に適用できる。

(3) 周囲の暗騒音や残響に影響されない評価量である。

(4) 主観的反応や住民反応との対応が優れている。

(5) 短時間の騒音のみならず，長時間(例えば8時間)の騒音の評価にも適している。

解 説

等価騒音レベルの特徴について問われています。(3)の周囲の暗騒音や残響に影響されない評価量とされているのが誤りです。測定に使用する騒音計の特性から、等価騒音レベルの測定では暗騒音や残響の影響を受けることは避けられません。そのため、10dB未満の指示値の差があった場合は暗騒音による補正を行うことになっています(詳しくは後述)。

したがって、(3)が正解です。

正解 >> (3)

第 5 章　騒音の影響・評価

練習問題

平成25・問12

問12　ある地点の騒音は，1回の動作で発生する単発騒音暴露レベルが 70 dB である機械による騒音が主である。この機械が毎分 10 回動作するとき，この地点における 10 分間の等価騒音レベルはおよそ何 dB となるか。

(1)　54　　　　(2)　62　　　　(3)　70　　　　(4)　80　　　　(5)　90

| 解　説 ▶

　等価騒音レベルを求める計算問題です。単発騒音暴露レベルとは、単発的に発生する騒音の全エネルギと等しいエネルギをもつ継続時間1秒間の定常音の騒音レベルのことです。

　設問より機械が1分間に10回動作するので、10分間では100回動作することになります。単発騒音暴露レベルは継続時間1秒間の騒音レベルなので、単発騒音の延べ時間は100秒間と考えられます。100秒間平均のエネルギ平均値を10分（600秒）間平均のエネルギ平均値に換算すればよいので、等価騒音レベルと平均化時間の関係式に $L_{\mathrm{Aeq},t} = 70\mathrm{dB}$、$t = 100\mathrm{s}$、$T = 10\mathrm{min} = 600\mathrm{s}$ を代入して求めます。

$$L_{\mathrm{Aeq}.\,T} = L_{\mathrm{Aeq}.\,t} + 10 \log\left(\frac{t}{T}\right)$$

$$L_{\mathrm{Aeq},600} = 70 + 10 \log\left(\frac{100}{600}\right)$$

$$= 70 + 10 \log\frac{1}{6} = 70 + 10 \log 1 - 10 \log 6 \quad (\log 6 \fallingdotseq 0.8)$$

$$= 70 + 0 - 8 = 62\mathrm{dB}$$

したがって、(2)が正解です。

| POINT ▶

　計算過程が理解できない場合は、第1章の対数の定義や常用対数表を参照しましょう。

正解 ≫　(2)

騒音の影響・評価 | **第5章**

練習問題

平成26・問25

問25 一定の時間間隔で騒音レベルを10回測定し，以下の結果を得た。この測定時間における等価騒音レベルは約何 dB か。

測定回数	1	2	3	4	5	6	7	8	9	10
騒音レベル (dB)	45	50	63	63	63	63	63	49	46	43

(1) 55　　　(2) 58　　　(3) 60　　　(4) 63　　　(5) 66

| 解 説 ▶

　等価騒音レベルを求める計算問題です。一定の時間間隔で測定しているため、等価騒音レベルはすべての測定値のエネルギ平均値を求めればよいことになります。等価騒音レベルを求める式を変形した「dBの平均」を求める式は次式で表すことができます。

$$\overline{L} = L - 10 \log n$$

ここで、$\overline{L}$：レベルの平均（dB）　　L：レベルの和（dB）　　n：測定回数

　まずdBの和の補正値を使って騒音レベルの和を求めます。

dB の和の補正値（概略値）

レベル差（dB）	0	1	2	3	4	5	6	7	8	9	10〜
補正値（dB）	3		2				1				0

①63　63　→ レベル差0、補正値3　→ 63 + 3 = 66dB

②66　63　→ レベル差3、補正値2　→ 66 + 2 = 68dB

③68　63　→ レベル差5、補正値1　→ 68 + 1 = 69dB

④69　63　→ レベル差6、補正値1　→ 69 + 1 = 70dB

⑤以降はレベル差10以上につき省略

　また、同じレベル値63dBを5つ合成するので、次式を用いても求められます（1-3「dBの計算」参照）。

$$L_n = L + 10 \log n$$

第 5 章 騒音の影響・評価

ここで、L_n：n個のレベル値の和（dB）　　L：レベル値（dB）　　n：個数

$L_5 = 63 + 10 \log 5$ 　$(\log 5 \fallingdotseq 0.7)$

$L_5 = 63 + 10 \times 0.7 = 70\text{dB}$

次に騒音レベルの和 $L = 70\text{dB}$、測定回数 $n = 10$ を「dB の平均」を求める式に代入します。

$\overline{L} = L - 10 \log n$

$= 70 - 10 \log 10 = 70 - 10 = 60\text{dB}$

したがって、（3）が正解です。

POINT

dB の和、dB の平均の求め方については第1章を参照しましょう。

正解 >> （3）

第 6 章

音の性質

6-1 音に関する基礎量と単位		**6-4** 音波の反射・屈折・回折・干渉	
6-2 音波の発生と音源の性質		**6-5** 超低周波音・低周波音	
6-3 音波の伝搬と減衰			

第6章 音の性質

6-1 音に関する基礎量と単位

ここでは音に関する量について解説します。音圧レベル、騒音レベル、音響パワーレベルなどの関係を理解しておきましょう。

1 音波

空気中を伝わる波※を**音波**といいます。音源が振動することにより周辺の空気に疎密が生じ、その疎密が空気中を伝わっていきます。媒質である空気は波の進行方向に平行な方向に振動します。このような波を**縦波**と呼びます（**疎密波**ともいう）。図1(a)は大気中を伝搬する正弦音波※を模式的に示したものです。

空気が密になれば圧力が上がり、疎になれば下がるので、音波は伝搬する空気圧の波ともいえます。図1(b)は大気圧を基準とした空気の圧力変動を示しています。大気圧からの圧力変動のことを**音圧**と呼びます。

※：波
弾性体に変位が加わるとその変位は弾性波として弾性体内の媒質を振動させながら伝搬する。弾性波には体積変化を伴う「体積波」と、形状変化は生じるが体積変化は伴わない「等体積波」に大別される。波の進行方向に平行に振動する波は体積波で縦波と呼ばれ、波の進行方向に垂直に振動する波は等体積波で横波と呼ばれる。流体（気体、液体）の場合は縦波だけが生じ、横波は生じない。

※：正弦音波
音圧が正弦的に変化する音波（図1(b)のように周期的な波形になる）。正弦波の波形をもつ音を純音という。実際の音は複雑な波形をもつことが多い。

図1 正弦音波

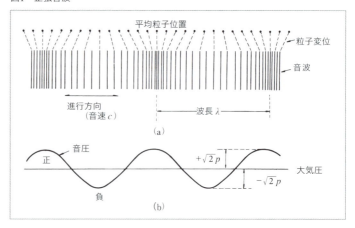

2 周波数

周波数（振動数ともいう）は、媒質の疎密が繰り返す周期的現象が毎秒に繰り返される圧力変化の回数のことで、その値は周期の逆数になります（図1(b)）。これを式で表すと次のようになります。

> **暗記**
>
> $$f = \frac{1}{T}$$
>
> ここで、f：周波数(Hz)　T：周期(s)

3 波長

図1のように、媒質中を進行する周期的な波において、1周期だけ位相差がある2つの波面の距離が波長です。つまり波長は、圧力変化の大きいところと、その次の大きいところとの長さを指します。波長は次式によって求められます。

> **暗記**
>
> $$\lambda = \frac{c}{f} \quad f = \frac{c}{\lambda} \quad c = f\lambda$$
>
> ここで、λ：波長(m)　c：音速(m/s)　f：周波数(Hz)

音速cは**温度**により変化しますが、騒音の問題では多くの場合は常温で考えます。したがって、$c = $ **340m/s**（約15℃における音速）を用います。

たとえば$c = 340$m/sとして可聴範囲の周波数における波長を計算すると、20Hzで17m、20kHzで0.017m（1.7cm）になります。

4 音圧

　音圧とは、音波によって生じる媒質内圧力の静圧からの変化分であり、表示の仕方として瞬時値と実効値があります。実効値とは、時間的に変化する信号の大きさを表す場合に用いられる量で、音圧の2乗の時間平均値の平方根（root mean square）として表されるので、実効値は **rms値** とも呼ばれます。通常は実効値を用います。

　可聴範囲の音圧はおおよそ2×10^{-5}Pa～20Paです。大気圧の101300Pa（≒10^5Pa）と比べると1/50億～1/5000程度の極めて微小な圧力変動といえます。

●実効値

　騒音・振動で用いられる実効値は、電気における交流の電圧が、直流の電力と実効的に同じ仕事をする電圧として表現されていることと考え方は同じです。瞬時値を2乗したものを時間平均して平方根（$\sqrt{}$）で表したものが実効値になります。

　実効値の定義式や考え方については、振動の解説の中で説明したほうがわかりやすいので（国家試験でも振動の分野として出題されることが多い）、詳しくは9-2 ❸「振動加速度レベルと実効値」を参照してください。

●音圧の実効値と粒子速度の実効値との関係

　音圧の実効値、粒子速度の実効値、特性インピーダンスには次の関係があります。

　　　$p = \rho c v$

ここで、p：音圧の実効値（Pa）　　ρ：媒質の密度（kg/m^3）
　　　　c：音速（m/s）　　v：粒子速度（m/s）

　式中のρcは、**特性インピーダンス**と呼ばれ、媒質の密度と音速の積で示されます。常温の空気では$\rho = 1.2$kg/m^3、$c = 340$m/sなので、$\rho c = 408$Pa・s/m（N・s/m^3）となります。

音の性質 | 第 6 章

5 音圧レベル

音圧レベルは、音圧実効値の2乗を基準音圧の2乗で除した値の常用対数の10倍と定義され、次式で与えられます。

暗 記

$$L_p = 10 \log \frac{p^2}{p_0^2} = 20 \log \frac{p}{p_0}$$

ここで、L_p：音圧レベル(dB)（L は Level、p は pressure の意味）
p：音圧実効値(Pa)
p_0：基準音圧($20 \mu Pa = 2 \times 10^{-5} Pa$)

p_0は基準となる音圧で、人が聞くことができる最も小さい値であり、「$2 \times 10^{-5} Pa$」を用います。この音圧レベルを求める式と基準音圧の値は必ず覚えておきましょう。式は計算で使いやすい$20 \log (p/p_0)$のほうを覚えておくと便利です。

6 音の強さ（音響インテンシティ）

音の強さ（音響インテンシティ）は、ある点における音の進行方向に垂直な単位面積($1m^2$)を1秒間に通過するエネルギを表す物理量です。音の強さは音圧レベルがもつ情報に加え、音の方向性に関する情報が含まれます。つまり、音の強さは方向をもったベクトル量※です。

音の強さは次式で与えられます（平面波の場合）。

$$I = \frac{p^2}{\rho c}$$

ここで、I：音の強さ(W/m^2)　　p：音圧の実効値(Pa)
ρ：媒質の密度(kg/m^3)　　c：音速(m/s)
ρc：特性インピーダンス（$=408Pa \cdot s/m$）

※：ベクトル量
大きさと方向をもつ量のこと。一方、大きさのみの量のことをスカラー量といい、音圧はスカラー量のひとつである。

騒音・振動概論

騒音・振動特論

第6章 音の性質

7 音圧レベルと音の強さの関係

　音の強さ（音響インテンシティ）の定義式から、音の強さは音圧の2乗に比例することがわかります。したがって、音の強さのレベル（音響インテンシティのレベル）は次式で表すことができます。

暗記

$$L_I = 10 \log \frac{I}{I_0}$$

ここで、L_I：音の強さのレベル(dB)　　I：音の強さ(W/m²)
I_0：基準の音の強さ($= 10^{-12}$W/m²)

　ここで音の強さの定義式を変形させると、

$$I = \frac{p^2}{\rho c}$$

$$p^2 = \rho c I \qquad p = \sqrt{\rho c I}$$

となります。一例として、この式に音の強さ $I = 10^{-6}$W/m²、特性インピーダンス $\rho c = 408$Pa·s/m を代入して音圧 p を求めます。

$$p = \sqrt{\rho c I} = \sqrt{408 \times 10^{-6}} \fallingdotseq 2 \times 10^{-2}\,\text{Pa}$$

　算出された音圧 2×10^{-2}Pa から音圧レベルを求めると

$$L_p = 20 \log \frac{p}{p_0} = 20 \log \frac{2 \times 10^{-2}}{2 \times 10^{-5}} = 20 \log 10^3 = 60\text{dB}$$

となります。また、音の強さ $I = 10^{-6}$W/m² から音の強さのレベルを求めると、

$$L_I = 10 \log \frac{I}{I_0} = 10 \log \frac{10^{-6}}{10^{-12}} = 10 \log 10^6 = 60\text{dB}$$

となり、音圧レベル L_p と音の強さのレベル L_I は同じ値になります。

　以上のように音圧レベルと音の強さのレベルはほぼ一致しま

すが、音速は温度に影響され、したがって音圧も**温度**に影響されますので、測定状況によってはレベルに違いが生じることがあります。

8 音響出力

音圧が大気中の圧力変化であるのに対して、**音響出力**は音源から単位時間に放射される音のエネルギ量を表します。つまり、音圧は測定する位置や気温により変化するのに対して、音響出力は測定環境に無関係であり**音源に固有の量**です。音源の運転条件が変わらない限り音響出力の値は変わりません。

9 音響出力と音の強さとの関係

音源からすべての方向へ一様に音が放射している場合を考えます(図2)。このとき、音源は全指向性※の**点音源**(あたかも1点から音波を放射していると見なせる音源)であり、**自由空間**(等方性、かつ、均質の媒質中で境界の影響を無視できる音場)内にあると仮定します。

ここで、音響出力をP(単位:W)として、点音源の中心から

※:**全指向性**
空間的にあらゆる方向に一様な強さの音波を放射すること。無指向性ともいう。

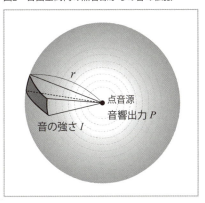

図2 自由空間内の点音源からの音の伝搬

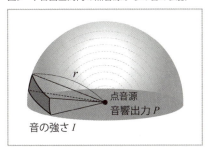

図3 半自由空間内の点音源からの音の伝搬

r(m)離れた点の音の強さI(W/m²)は次式で表すことができます。$4\pi r^2$は球の表面積を示しています。

$$I = \frac{P}{4\pi r^2}$$

また図3のように、音源が地上や床面上のように滑らかな平面上(半自由空間)にあるときには、音のエネルギが半球面上に放射されるので、音の強さIは次式で表すことができます。$2\pi r^2$は半球の表面積を示しています。

$$I = \frac{P}{2\pi r^2}$$

10 音響パワーレベル

音響出力を基準値に対するレベルとして表した量を**音響パワーレベル**といい、次式で表します。

> **暗記**
>
> $$L_W = 10 \log \frac{P}{P_0}$$
>
> ここで、L_W：音響パワーレベル(dB)　P：音響出力(W)
> P_0：音響出力の基準値($= 10^{-12}$W)

11 音響パワーレベルと音圧レベルとの関係

音響パワーレベルと音圧レベルには次の関係があります。

【自由空間の場合】

$$L_p = L_W - 20 \log r - 11$$

【半自由空間の場合】

$$L_p = L_W - 20 \log r - 8$$

ここで、L_p：音圧レベル(dB)　　L_W：音響パワーレベル(dB)
　　　　r：音源からの距離(m)

上式は全指向性の点音源の場合の音響パワーレベルと、音源からの距離r(m)における音圧レベルとの関係を示しています。これらの関係を使うと、音圧レベルから音響パワーレベルを求め、さらに音響出力も求めることができます。

また、上記以外の音場の音圧レベルと音響パワーレベルとの関係は次式で表すことができます。

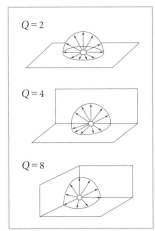

図4　反射面による方向係数

$$L_p = L_W - 20 \log r - (11 - 10 \log Q)$$

ここで、Qは音源の**方向係数**と呼ばれるものです。音源の方向係数Qは次の場合にそれぞれ適用します（図4）。

① $Q = 1$は自由空間
② $Q = 2$は半自由空間（地表面、床面などの反射面上に音源があるとき）
③ $Q = 4$は1/4自由空間（地面と建物の壁の交線上に音源があるような場合）
④ $Q = 8$は1/8自由空間（地面とそれぞれ直交する二つの壁面の隅角部に音源があるような場合）

Qの値を上式に代入すると、音圧レベルと音響パワーレベルとの関係は次のように表すことがきます。

① $Q = 1$では、$L_p = L_W - 20 \log r - 11$
② $Q = 2$では、$L_p = L_W - 20 \log r - 8$
③ $Q = 4$では、$L_p = L_W - 20 \log r - 5$
④ $Q = 8$では、$L_p = L_W - 20 \log r - 2$

第6章 音の性質

12 A特性音響パワーレベルと騒音レベルとの関係

　騒音レベル(＝A特性音圧レベル)と同じように、音響パワーレベルもA特性音響パワーレベルを用いることがあります。騒音レベルとA特性音響パワーレベルとの関係は次式で表すことができます。

【自由空間の場合】

$$L_{pA} = L_{WA} - 20 \log r - 11$$

【半自由空間の場合】

$$L_{pA} = L_{WA} - 20 \log r - 8$$

ここで、L_{pA}：騒音レベル(dB)

　　　　L_{WA}：A特性音響パワーレベル(dB)

　　　　r：音源からの距離(m)

> ✓ **ポイント**
>
> ①計算問題がよく出題されるので、音圧レベル、音の強さのレベル、音響パワーレベルなどの定義式、基準値を覚えておく。
> ②それぞれのレベルの関係を理解し、換算できるようにする。
> ③各レベルをまとめると以下のとおり。

レベル	量	基準値	定義式
音圧レベルL_p (dB)	音圧p (Pa)	$p_0 = 2 \times 10^{-5}$Pa	$L_p = 20\log\dfrac{p}{p_0}$
音の強さのレベルL_I (dB)	音の強さI (W/m²)	$I_0 = 10^{-12}$W/m²	$L_I = 10\log\dfrac{I}{I_0}$
音響パワーレベルL_W (dB)	音響出力P (W)	$P_0 = 10^{-12}$W	$L_W = 10\log\dfrac{P}{P_0}$

音の性質 | 第**6**章

練習問題

平成27・問14

問14　周波数が 500 Hz，音圧が 1 Pa の純音の平面波の諸量について，誤っているものはどれか。ただし，音の速さは 340 m/s，空気の特性インピーダンスは 400 Pa·s/m とする。

- (1)　粒子速度　　　2.5 mm/s
- (2)　周期　　　　　2 ms
- (3)　波長　　　　　0.34 m
- (4)　角周波数　　　3.14 krad/s
- (5)　音の強さ　　　2.5 mW/m²

┃ 解　説 ▶

音の諸量について問われています。

(1)粒子速度 v (m/s)、音圧 p (Pa)、空気の特性インピーダンス ρ (Pa·s/m)との間には次の関係が成り立ちます。

$$p = \rho c v$$

この式に題意の音圧1Pa、空気の特性インピーダンス400Pa·s/mを代入すれば粒子速度が求められます。

$$v = \frac{p}{\rho c} = \frac{1}{400} = 0.0025\,\mathrm{m/s} = 2.5\,\mathrm{mm/s}$$

(2)周期 T (s)と周波数 f (Hz)との間には次の関係が成り立ちます。

$$f = \frac{1}{T}$$

この式に題意の周波数500Hzを代入すれば周期が求められます。

$$T = \frac{1}{f} = \frac{1}{500} = 0.002\,\mathrm{s} = 2\,\mathrm{ms}$$

(3)波長 λ (m)、音速 c (m/s)、周波数 f (Hz)との間には次の関係が成り立ちます。

$$\lambda = \frac{c}{f}$$

この式に題意の音速340m/s、周波数500Hzを代入すれば波長が求められます。

$$\lambda = \frac{c}{f} = \frac{340}{500} = 0.68\,\text{m}$$

したがって、波長0.34mは誤りです。

(4)各周波数 ω (rad/s)と周波数 f (Hz)との間には次の関係が成り立ちます。

$$\omega = 2\pi f$$

この式に題意の周波数500Hzを代入すれば角周波数が求められます。

$$\omega = 2\pi f = 2 \times 3.14 \times 500 = 3140\,\text{rad/s} = 3.14\,\text{krad/s}$$

本設問は振動の範囲になりますので詳しくは後述します。

(5)音の強さ I (W/m²)、音圧 p (Pa)、空気の特性インピーダンス ρc (Pa·s/m)との間には次の関係が成り立ちます。

$$I = \frac{p^2}{\rho c}$$

この式に題意の音圧1Pa、空気の特性インピーダンス400Pa·s/mを代入すれば音の強さが求められます。

$$I = \frac{p^2}{\rho c} = \frac{1^2}{400} = 0.0025\,\text{W}/\text{m}^2 = 2.5\,\text{mW}/\text{m}^2$$

したがって、(3)が正解です。

正解 >> (3)

音の性質 | 第6章

練習問題

平成25・問14

問14　音の諸量に関する次の関係式

$$I = \frac{p^2}{\rho c}, \qquad p = \rho c v$$

に関する記述として，誤っているものはどれか。ただし，（　）内に単位記号を示す。
また，v は粒子速度(m/s)である。

(1)　c は音速(m/s)である。

(2)　I は音の強さ(W/m²)である。

(3)　ρ は空気の密度(kg/m³)である。

(4)　p は音圧の瞬時値(Pa)である。

(5)　ρc は空気の特性インピーダンス(Pa·s/m)である。

| 解　説 |

音の諸量に関する式について問われています。音の強さは次式で表すことができます。

$$I = \frac{p^2}{\rho c}$$

ここで、I：音の強さ(W/m²)　　p：音圧の実効値(Pa)

ρ：媒質の密度(kg/m³)　　c：音速(m/s)

ρc：特性インピーダンス(＝408Pa·s/m)

また、音圧の実効値は次式で表すことができます。

$$p = \rho c v$$

ここで、p：音圧の実効値(Pa)　　ρ：媒質の密度(kg/m³)　　c：音速(m/s)

v：粒子速度(m/s)

(4)は音圧の瞬時値(Pa)ではなく、正しくは音圧の実効値(Pa)です。

したがって、(4)が正解です。

正解 >> （4）

騒音・振動概論

騒音・振動特論

147

第6章 音の性質

6-2 音波の発生と音源の性質

ここでは音波の発生のメカニズムや共鳴について解説します。振動体と共振周波数を中心に学習しておきましょう。

1 音波の発生

音波の発生メカニズムは次の2つに大別できます。

①**振動する物体**に接する空気にその振動が伝わって音波が発生する場合

②**物体の振動を伴わず**、何らかの原因で短時間に空気中の密度変化が生じる場合

①の代表例としては、太鼓の膜、弦楽器の胴の部分が挙げられます。また、機械音や作業音なども、打撃、衝突、回転、摩擦、電磁力などを要因として①のメカニズムにより発生することが多くなります。②の例としては、気流の噴出、爆発、燃焼、沸騰、翼の回転などが挙げられます。

2 共鳴現象

よく出る！

※：固有振動数
外部から与えられる力を取り去った後に持続しているときの振動数（周波数）のこと。

個々の物体がもつ固有振動数※と同じ振動数の揺れを外から加えると物体が振動を始める現象を**共振**といいます。共振現象のうち、音の場合は**共鳴**といいます。つまり共鳴とは、騒音源から伝搬する経路で共振されて大きな音を放射することです。放射された音の強さが大きく増幅されやすい周波数を**共振周波数**といいます。

各種振動体の基本音の周波数と共振周波数の関係を表1に示します。

表中では基本音の周波数と上音（複合音において基本音以外の部分音）との関係を示しています。**倍音**とは、周期的な複合

音の各成分中、基本音以外の音が基本音の周波数と**整数倍**の関係にあることを示しています。

表からは次のような関係があることがわかります。

①弦や膜のようなそれ自体は形を保たずに張力によって形を保つ振動体では、張力の大小により基本音の周波数が決まる。

②棒や板のような振動体では、ヤング率※や寸法で基本音の周波数が決まる。

③弦の横振動や棒の縦振動の場合、上音の周波数は**倍音**（基本音周波数の整数倍の関係）であるが、棒の横振動や膜や板の振動では、上音は倍音にはならない。

④弦の横振動では、基本音の周波数は長さに**反比例**、棒の横振動では長さの**2乗に反比例**する。

> **※：ヤング率**
> 物体を引っ張ったときの「応力」（単位面積当たりに作用する力）と「ひずみ」（外力により形状が変化した場合のその割合）の関係を表したもの。ヤング率の値が大きい場合は変形しにくい材料、ヤング率の値が小さい場合は変形しやすい材料といえる。

表1　振動体と共振周波数

振動体	基本音の周波数	上音の関係	備考
弦の横振動	$\dfrac{1}{2l}\sqrt{\dfrac{T}{\rho_t}}$	倍音	l：長さ T：張力 ρ_t：線密度 E：ヤング率 ρ：密度 K_1：定数 t：厚さ（角棒）又は直径（丸棒） c：音の伝搬速度開口は長さ l に開口端補正を要す ρ_A：面密度 a：半径
棒の縦振動	$\dfrac{1}{2l}\sqrt{\dfrac{E}{\rho}}$	倍音	
棒の横振動	$\dfrac{K_1 t}{l^2}\sqrt{\dfrac{E}{\rho}}$	倍音とはならない	
両端開口又は閉口管内の空気柱	$\dfrac{c}{2l}$	倍音	
一端開口、他端閉口管内の空気柱	$\dfrac{c}{4l}$	倍音（奇数次のみ）	
円形膜	$\dfrac{0.7}{2a}\sqrt{\dfrac{T}{\rho_A}}$	倍音とはならない	
周辺固定円盤	$\dfrac{K_2 t}{a^2}\sqrt{\dfrac{E}{\rho(1-\mu^2)}}$	倍音とはならない	

✅ ポイント

①音波の発生のメカニズムを理解する。

②振動体の基本音の周波数の式、共振周波数の関係を覚えておく。

第6章 音の性質

練習問題

平成27・問16

問16 振動体と共振周波数に関する説明として，誤っているものはどれか。

(1) 棒の縦振動では，ヤング率，長さ及び密度で基本音の周波数が決まる。

(2) 膜の振動では，上音の周波数は基本音の周波数の整数倍である。

(3) 弦の横振動では，基本音の周波数は，張力の大小により変化する。

(4) 弦の横振動では，上音の周波数は基本音の周波数の整数倍である。

(5) 棒の横振動では，基本音の周波数は長さに反比例しない。

| 解 説 |

振動体と共振周波数の関係について問われています。表1に示したとおり、(2)膜の振動では上音の周波数は基本音の周波数の整数倍(つまり倍音)とはなりません。

したがって、(2)が正解です。

正解 >> (2)

音の性質 第6章

練習問題

平成26・問15

問15 一端開口，他端閉口管内の空気柱の共鳴に関する記述中，(ア)～(エ)の ☐ の中に挿入すべき数値及び語句の組合せとして正しいものはどれか。ただし，開口端補正は無視するものとする。

基本音の周波数は，音の伝搬速度を c(m/s)，管の長さを l(m)とすると $\dfrac{c}{(ア) \; l}$(Hz)である。また，その倍音は，(イ) 倍の周波数を持つ。管内の温度が高くなるほど音の伝搬速度は (ウ) なるので，共鳴音の周波数は (エ) なる。

	(ア)	(イ)	(ウ)	(エ)
(1)	2	偶数	速く	高く
(2)	2	奇数	遅く	低く
(3)	4	偶数	速く	低く
(4)	4	奇数	遅く	高く
(5)	4	奇数	速く	高く

解 説

振動体と共振周波数について問われています。表1に示したとおり、一端開口、他端閉口管内の空気柱の基本音の周波数は(ア)$c/4l$で表され、その倍音は(イ)奇数倍の周波数です。管内の温度が高いほど音の伝搬速度は(ウ)速くなり(次節参照)、つまりcが大きくなるため、共鳴音の周波数は(エ)高くなります。

したがって、(5)が正しい組合せです。

正解 >> (5)

第6章 音の性質

6-3 音波の伝搬と減衰

　ここでは音波の伝搬と減衰について解説します。音速と温度の関係式、音の減衰の関係式を使った計算問題が出題されますので、それらを中心に理解しておきましょう。

1 音の伝搬速度

　音の伝搬速度（つまり音速）は、温度、気圧、風などの影響を受けます。音速と温度と関係は次式で表すことができます。温度0℃で無風の場合、音速は331.5m/sです。

$$c = 331.5\sqrt{\frac{T}{273}}$$

$$\fallingdotseq 331.5 + 0.61\theta$$

ここで、c：音速（m/s）　　T：絶対温度（K）　　θ：摂氏温度（℃）

　絶対温度と摂氏温度の関係は$T = 273 + \theta$です。上式より、摂氏温度θが1℃上がるごとに音速cは約0.61m/s増加することがわかります。つまり、**温度が高いほど**音速は高くなります。

　なお、空気中の音の伝搬速度は約**340m/s**（15℃の場合）ですが、液体や固体中の音の伝搬速度は空気中に比べて大きく、例えば水では約1500m/s、鉄では約6000m/s、ガラスでは約5400m/sとなっています。

2 音の減衰

　一般的に音は、発生源から距離が離れるほど小さく聞こえます。これは、伝搬を妨げる障害物がなくても、伝搬した距離によって音波が減衰するからです。この**減衰**にはいろいろな原因がありますが、

　①音波の発散による減衰

　②空気の吸収による減衰

③地面の吸収による減衰

などがその主なものです。

●音波の発散による減衰

騒音の伝搬では一般的に、音源として次の点音源、線音源、面音源の3つを考えます。

① **点音源**：発生音波の波長と比べて十分に小さい寸法の音源を点音源※といい、点音源から放射された音波は自由空間では球面状に伝搬する。

② **線音源**：点音源が線上にすきまなく並んでいるような音源のことを線音源※といい、線音源から放射された音波は自由空間では円筒状に伝搬する。

③ **面音源**：点音源が平面状にすきまなく並んでいるような音源のことを面音源※といい、面音源から放射された音波は自由空間では平面状に伝搬する。

点音源からの音波の発散による減衰は、次式で表すことができます（図1）。

$$L_{r1} - L_{r2} = 20 \log \frac{r_2}{r_1}$$

ここで、$L_{r1} - L_{r2}$：減衰量（dB）

　　　　L_{r1}：r_1における音圧レベル（dB）

　　　　L_{r2}：r_2における音圧レベル（dB）

　　　　r_1, r_2：音源からの距離（m）（ただし $r_1 < r_2$）

図1　点音源

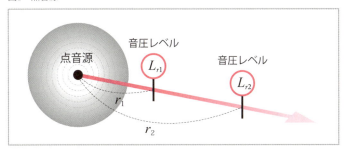

※：点音源
音源から離れれば、ほとんどの音の発生源は点音源と見なすことができる。

※：線音源
工場のダクト、自動車が定常走行している直線道路、軌道近くからみた列車などは線音源として扱われることが多い。

※：面音源
建物内部の騒音が壁を透過して外部に伝搬するような場合などは面音源として扱われることが多い。

図2　線音源

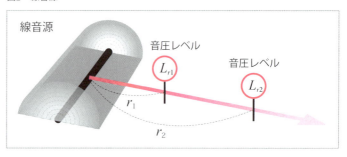

図3　面音源

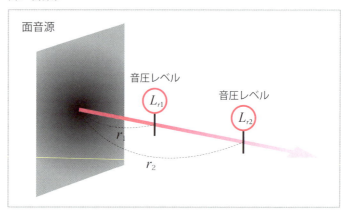

※：DD
Double Distanceの略。倍距離ともいう。場合によっては－(マイナス)を略して x dB/DDとだけ表すこともある。

　　上式より、点音源からの距離r_1とr_2が2倍の場合、つまり$r_2/r_1=2$では減衰量は**6dB**になります。このことを**-6dB/DD**※と表します。

　線音源からの音波の発散による減衰は、次式で表すことができます(図2)。

$$L_{r1}-L_{r2}=10\log\frac{r_2}{r_1}$$

　　上式より、線音源からの距離r_1とr_2が2倍の場合、つまり$r_2/r_1=2$では減衰量は**3dB**になります。

　面音源では、無限に広い面と考える場合、音波の発散による

音の性質　第6章

減衰はないものとして扱います(図3)。

　実際の音源で考えれば点音源といっても大きさがあり、線音源、面音源といっても線の長さや面の広さも有限ですから、上式から導かれる減衰量と必ずしも一致するわけではありません。

例題 1

　点音源から3m離れた点の音圧レベルを測定したところ90dBであった。このとき6m離れた点では何dBとなるか。なお、音場は自由空間にあるものとする。

≫ 答え

　点音源からの減衰量は次式で表すことができる。

$$L_{r1} - L_{r2} = 20 \log \frac{r_2}{r_1}$$

ここで、$L_{r1} - L_{r2}$：減衰量(dB)
　　　　L_{r1}：r_1における音圧レベル(dB)
　　　　L_{r2}：r_2における音圧レベル(dB)
　　　　r_1, r_2：音源からの距離(m)(ただし$r_1 < r_2$)
　題意の$r_1 = 3$m、$L_{r1} = 90$dB、$r_2 = 6$mを上式に代入し、L_{r2}を求める。

$$90 - L_{r2} = 20 \log \frac{6}{3} = 20 \log 2 \quad (\log 2 \fallingdotseq 0.3)$$

$$90 - L_{r2} = 20 \times 0.3 = 6$$
$$L_{r2} = 90 - 6 = 84 \text{dB}$$

　したがって、答えは84dBとなる。この例題のように、点音源からの距離が2倍になると−6dBとなることも覚えておこう(線音源の場合は−3dB/DD)。

● **空気の吸収による減衰**

　音源からの距離が長い場合、空気の吸収による減衰を考える必要があります。音波が空気中を伝搬するときの減衰量(dB)は距離に比例しますが、**周波数**、**温度**、**湿度**によっても大きく変化します。一般的に**周波数**が高いほど減衰は大きくなります。

騒音・振動概論

騒音・振動特論

155

●地面の吸収による減衰

　地面が草地、畑などのように吸音性をもつ場合、地面の吸収による音波の減衰を考える必要があります。草地の場合、草の種類、草の丈、密集状態などが音波の減衰に関係しますが、いずれの場合にも**高周波数**で特にその影響が大きくなります（つまり高い周波数で減衰は大きくなる）。また、地面の凸凹も音波を散乱させるため、減衰が生じることがあります。地面による音波の減衰は**地面近く**で大きく、地上高が5m以上になると、その影響は小さくなります。また、騒音が**樹木の間**を伝搬する場合にも減衰が生じます。

> ### ☑ ポイント
> ①音速と温度の関係を理解する。
> ②点音源、線音源、面音源からの音波の減衰を理解する。
> ③点音源では倍距離で6dB、線音源では倍距離で3dB減衰する。

練習問題

平成27・問15

問15 次の記述中, (ア)〜(エ)の □ の中に挿入すべき数値の組合せとして, 正しいものはどれか。

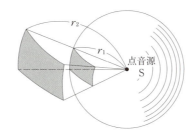

図に示すような出力 $P(\mathrm{W})$ の点音源 S がある。この音源が自由空間内ですべての方向に一様に音を発している場合, 音源の中心から r_1, $r_2(\mathrm{m})$ 離れた点における音の強さは, それぞれ

$$\frac{P}{\boxed{(ア)}\ \pi r_1^2},\ \frac{P}{\boxed{(ア)}\ \pi r_2^2}\ (\mathrm{W/m^2})\ \text{である}。$$

両地点の音圧レベルの差は, $\boxed{(イ)} \log \dfrac{r_2}{r_1}$ (dB) である。

また, 同じ音源が滑らかな平面上(半自由空間)にある場合, 音源の中心から r_1, $r_2(\mathrm{m})$ 離れた点における音の強さは, それぞれ

$$\frac{P}{\boxed{(ウ)}\ \pi r_1^2},\ \frac{P}{\boxed{(ウ)}\ \pi r_2^2}\ (\mathrm{W/m^2})\ \text{である}。$$

両地点の音圧レベルの差は, $\boxed{(エ)} \log \dfrac{r_2}{r_1}$ (dB) である。

	(ア)	(イ)	(ウ)	(エ)
(1)	2	10	2	10
(2)	2	20	4	20
(3)	4	10	2	10
(4)	4	20	4	20
(5)	4	20	2	20

第 **6** 章 音の性質

解 説

点音源からの音の強さと減衰について問われています。自由空間における点音源Sからr_1(m)、r_2(m)離れた点におけるそれぞれの音の強さは次式で表されます。

$$\frac{P}{4\pi r_1^2} \quad (\text{W/m}^2) \qquad \frac{P}{4\pi r_2^2} \quad (\text{W/m}^2)$$

よって（ア）には4が入ります（6-1参照）。

次に両地点の音圧レベルの差（減衰量）は次式で表されます。

$$L_{r1} - L_{r2} = 20 \log \frac{r_2}{r_1} \quad (\text{dB})$$

よって（イ）には20が入ります。

半自由空間においては、r_1(m)、r_2(m)離れた点におけるそれぞれの音の強さ、両地点の音圧レベルの差は次式で表されます。

$$\frac{P}{2\pi r_1^2} \quad (\text{W/m}^2) \qquad \frac{P}{2\pi r_2^2} \quad (\text{W/m}^2)$$

$$L_{r1} - L_{r2} = 20 \log \frac{r_2}{r_1} \quad (\text{dB})$$

よって（ウ）には2が、（エ）には20が入ります。

したがって、正しい数値の組合せは（5）になります。

正解 >> （5）

音の性質 | 第**6**章

練習問題

平成28・問16

問16　空気や地面などによる音波の吸収に関する記述として，誤っているものはどれか。

(1)　空気の吸収による音の減衰量は，気温と湿度によって変化する。

(2)　空気の吸収による音の減衰量は，周波数が高いほど大きい。

(3)　草地や畑などの吸音性の地面による減衰は，低い周波数で特にその影響が大きい。

(4)　地面による音波の減衰は地面近くで大きく，地上高が5m以上になると，その影響は小さくなる。

(5)　音波が樹木の間を伝搬する場合にも，減衰が生じる。

| 解　説 ▶

　空気や地面などによる音波の吸収について問われています。誤っているのは(3)であり、吸音性の地面による減衰は、周波数が高いほど大きくなります。

　したがって、(3)が正解です。

正解 >> （3）

6-4 音波の反射・屈折・回折・干渉

ここでは音波の基本的な性質である反射・屈折・回折・干渉について解説します。反射での入射角と反射角の関係、気温による音の屈折、音波の回折・干渉の概要について理解しておきましょう。

1 音波の反射

波が境界面(反射面)に当って反射する場合、入射角と反射角は必ず等しくなります。これを反射の法則といいますが、音波の場合も**反射**の法則が成り立ちます(図1)。ただし、音波の周波数、反射面の材質や形状などによって反射の程度は異なります。

図1 反射の法則

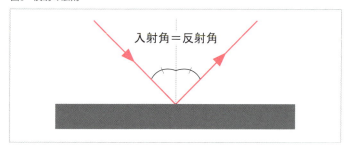

2 音波の屈折

音波の伝わる速さは媒質によって異なるため、媒質と媒質の境界面で音波の進行方向が変わることを音波の**屈折**といいます。

●音速と屈折角

音波が媒質1から媒質2の中へ屈折して伝搬するとき、入射

図2 音波の屈折

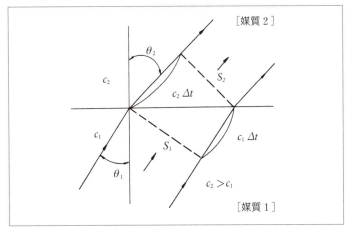

角 θ_1 と屈折角 θ_2、媒質1中の音速 c_1 と媒質2中の音速 c_2 の間には次の関係が成り立ちます（図2）。

$$\frac{\sin \theta_1}{\sin \theta_2} = \frac{c_1}{c_2}$$

● 気温の影響

空気中を伝わる音の速さ（音速）は温度※が高くなるほど速くなります。地表の気温より上空の気温が低い場合（たとえば太陽光によって地表が温められる昼間）、上空にいくほど音速が

※：温度
空気中の温度が高いと空気分子が激しく動き回り、隣の分子に音波を速く伝達する。温度が低ければ隣の分子への伝達は遅くなる。

図3 気温による屈折

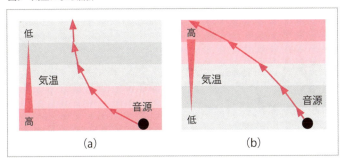

小さくなり、音は図3(a)のように屈折し、遠方へは伝搬しません。逆に、地表の気温より上空の気温が高い場合(たとえば地表が冷やされる夜間)、上空にいくほど音速は大きくなり、音は図3(b)のように屈折し、遠方へ伝搬します。

3 音波の回折

音波は、障害物があるとその後ろに回り込んで伝搬します。これを音の**回折**といいます。波長が長いほど、つまり**周波数が低い**音波ほど、回折が大きくなります(音がよく回り込む)。

4 音波の干渉

複数の音波の重ね合わせによって、音が強め合ったり弱め合ったりする現象を**干渉**といいます。図4は逆方向に伝搬する同振幅、同周波数の2つの音波が重ね合わさった波形※を示しています。この図からは次のことがわかります。

① 位相が等しくなる位置では**2倍**の音圧になる(図4(a))。
② 音圧が大きくなる位置と小さくなる位置は、音波の伝搬方向に1/4波長間隔に交互に生じる(図4(a))。
③ **180°**位相がずれる位置では、音波が互いに打ち消し合い音圧は0になる(図4(b))。

※:波形
音波は縦波なので圧力の変化を繰り返すが、図4では音波が重ね合わせられ圧力が大きくなるところを正、圧力が小さくなるところを負としたときの波形を示している。

図4 音波の干渉

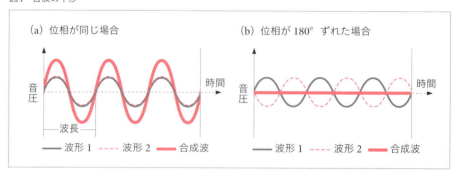

音の性質 | 第6章

●うなり

周波数（振動数）がわずかに異なる2つの音波（振動）が合わさったとき、干渉によって振幅が大きくなったり小さくなったりする現象を**うなり**※といいます。1秒間に生じるうなりの数は、元の音波の**周波数の差**に等しくなります。例えば、120Hzと123Hzの音波が重なると3回/sのうなりが生じます。

※：うなり

音の場合では、音の高さがわずかに異なる2つの音が鳴っている場合、同じ周期で音が大きくなったり小さくなったりするように聞こえる。これはうなりの現象によるものである。

ポイント

①音波の反射では、入射角と反射角は等しくなる。
②気温の影響により、音は昼間よりも夜間のほうが遠方へ伝搬する。
③干渉の原理を理解する。

騒音・振動概論

騒音・振動特論

163

第 6 章　音の性質

練習問題

平成29・問16

問16　振幅が等しく逆方向に伝搬する二つの音波の重ね合わせに関する記述として，
誤っているものはどれか。

(1)　周波数が等しい場合，位相が200°ずれる位置ではお互いに打ち消しあって
音圧が0になる。

(2)　周波数が等しい場合，位相が等しくなる位置では音圧が2倍になる。

(3)　周波数が等しい場合，音圧が大きくなる位置と小さくなる位置は，音波の伝
搬方向に1/4波長間隔に交互に生じる。

(4)　周波数が等しい場合，音波の干渉によって，ある点において音波を打ち消す
ことができる。

(5)　周波数がわずかに異なる場合，その差が1秒間に生じるうなりの数である。

解　説

　音波の干渉について問われています。誤っているものは(1)です。振幅、周波数
が等しい場合、位相が180°ずれると音波は互いに打ち消しあい音圧は0になります。
「200°」ではありません。

　したがって、(1)が正解です。

正解 >>　(1)

音の性質 | 第6章

6-5 超低周波音・低周波音

ここでは超低周波音、低周波音について解説します。超低周波音、低周波音の周波数範囲や発生源について理解しておきましょう。

1 定義

低い周波数の音波は、窓をがたつかせたり、人間に圧迫感など生理的、心理的影響をもたらすなど、新たな騒音問題として注目されるようになりました。これは我が国の経済成長に伴い、機械の大型化や交通機関の高速・大量輸送などの社会発展に伴い発生するようになったものです。

超低周波音、低周波音は一般に次のように定義されています。

- **超低周波音　20Hz以下**
- **低周波音　　100Hz以下**

2 発生源

超低周波音、低周波音の発生する可能性のある音源としては、**ディーゼル機関**、**往復式圧縮機**、**真空ポンプ**、**送風機**、**振動ふるい機**、**ボイラーなどの燃焼装置**、高速道路等の橋梁、新幹線トンネル、ダム・堰、発破音、**ヒートポンプ**、**風力発電機**などがあります。

3 評価・影響

◉G特性音圧レベル

人は低周波音を感じる場合、音として感じるのではなく、圧迫感などの感覚特性を通じて感じています。低周波音の人体感覚を評価するための周波数補正特性として、ISO 7196に規定された**G特性**（音圧レベル）があります。この特性は10Hzを

図1　G特性の周波数特性

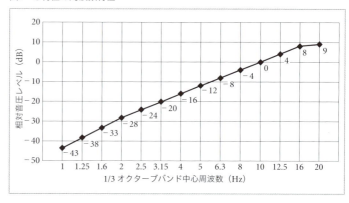

※：oct
オクターブ(octave)を表す。1オクターブ高い音は周波数が倍に、1オクターブ低い音は周波数が半分になる。12dB/octとは、1オクターブ(周波数が倍になる)ごとに12dB上昇するということ。

0dBとして、1〜20Hzにおいておよそ**12dB/oct**※の傾斜をもちます(図1)。

◉感覚閾値

感覚閾値(人が感知できる最小限度の刺激量)については多くの研究や実験によって異なっていますが、図2に示す実験例では10Hzでおおむね**90dB〜105dB**となっています。

◉睡眠影響

低周波音の音圧レベルと周波数を変化させた場合の睡眠深度別の覚醒の割合(環境庁調べ)では、浅い眠りの場合10Hzで**100dB**、20Hzで**95dB**あたりから影響が出始めるという結果が得られています。

◉物への影響

低周波音問題で一番顕著に表れるのが建具の**がたつき**です。音を感じないのに戸や窓がガタガタする、置物が移動するといったことが苦情に発展します。建具ががたつき始める音圧レベルは、揺れやすい建具ではおおよそ5Hzで70 dB、10Hzで73dB、20Hzで80dBあたりからがたつきが始まるという結果

図2　感覚・聴感閾値

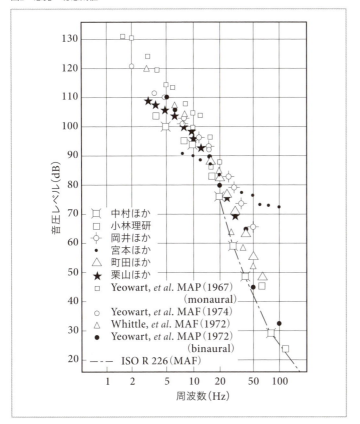

が得られています（環境庁調べ）。つまり、建具は**周波数が低い**ほど小さな音圧レベルでがたつきやすいことがわかります。

4 低減対策
●音源対策

　超低周波音、低周波音の対策は発生源によって異なりますが、次のような対策が挙げられます。
　①気体の容積変動に伴うもの：容積が徐々に変化するように調整
　②空気な急激な圧縮・開放によるもの：圧力変化の緩衝装置

を設置

③板や膜の振動を伴うもの：振動面積を小さくする、水膜形成の防止、共鳴の防止

④気体の非定常変動によるもの：旋回失速防止装置、整流板、ダクト補強、共鳴の防止

◉消音器による対策

発生源で対策できない場合は消音器などの取り付けが必要となります。消音器は大別すると、①吸音ダクト形消音器（ダクト内部にグラスウールなどの吸音材を張った消音器）と、②**膨張形、共鳴形、干渉形**を総称した**リアクティブ形消音器**があります。

騒音対策にはこれらを組み合わせて用いますが、低周波音の対策では**グラスウール**などの吸音材はほとんど効果がないため、波長の**干渉、共鳴**などを利用した**リアクティブ形消音器**が主なものとなります（消音器については後述）。

☑ ポイント

①超低周波音、低周波音の定義を覚える。

②G特性の内容を理解する。

③感覚閾値、睡眠影響、がたつきの発生するおおよその周波数、レベル値を覚える。

④低減対策の概要を理解する。

音の性質 | **第6章**

練習問題

平成25・問25

問25　低周波音に関する記述中，(ア)～(ウ)の ☐ の中に挿入すべき数値および語句の組合せとして，正しいものはどれか。

低周波音の人体感覚を評価するための周波数補正特性は (ア) 特性と呼ばれ，この特性は 1 ～ 20 Hz においておよそ (イ) dB/oct の傾斜を持つ。低周波音により建具ががたつき始める音圧レベルは揺れやすい建具でおよそ (ウ) dB あたりからである。

	(ア)	(イ)	(ウ)
(1)	G	12	70
(2)	G	12	80
(3)	A	6	70
(4)	A	6	80
(5)	A	12	70

| 解　説 ▶

　低周波音の評価や影響について問われています。低周波音の人体感覚を評価するための周波数補正特性は(ア)「G特性」と呼ばれ、この特性は1 ～ 20Hzにおいておよそ(イ)「12」dB/octの傾斜を持ちます。低周波音により建具ががたつき始める音圧レベルは揺れやすい建具でおよそ(ウ)「70」dBあたりからです。

　したがって、正しい組合せは(1)です。

正解 >> （1）

騒音・振動概論

騒音・振動特論

第6章　音の性質

練習問題

平成24・問25

問25　低周波音に関する記述として，誤っているものはどれか。

(1)　低周波音問題が発生する可能性のある音源として，往復式圧縮機があげられる。

(2)　人体は低周波音に対して感覚特性を有している。

(3)　低周波音による建具のがたつきは，周波数が高くなるほどがたつきにくくなる。

(4)　低周波音の低減対策では，グラスウールの吸音材はほとんど効果がない。

(5)　10 Hz では音圧レベル約 70 dB が閾値である。

解　説

　低周波音の音源や対策について問われています。誤っているのは(5)です。閾値は10Hzではおおよそ90 ～ 105dBであり、約70dBではありません。

　したがって、(5)が正解です。

正解 >> （5）

第 **7** 章

振動の現状と施策

7-1 振動公害の現状

7-2 振動の発生源

第7章 振動の現状と施策

7-1 振動公害の現状

　ここからは振動についての解説です。振動公害の特徴と苦情件数などの現状を解説します。騒音との違いに注意しながら理解しておきましょう。

1 振動の定義と振動レベル

　振動とは、物体がある基準位置を中心にして時間とともに上下又は左右に位置の変化を繰り返す現象をいいます。その時間変化で一定時間ごと同じ状態を繰り返す振動を**周期振動**といい、任意の時刻における大きさや周期が正確に予知できない振動を**不規則振動**といいます。

　公害振動において、振動の大きさは**振動加速度レベル**に振動感覚補正を加えた**振動レベル**（単位：デシベル(dB)）で表します。

　人の振動に対する感覚は、1Hz 〜 2Hzの周波数帯域では水平方向が鉛直方向より大きく感じるものの、4Hz以上の周波数帯域では**鉛直方向**が大きく感じ、16Hz以上の周波数帯域になると鉛直方向が水平方向より9dB大きく感じます。そのため、**鉛直方向**の振動感覚補正を加えたものを振動レベルとしています。

2 振動公害の特徴

　振動公害も騒音と同じような特徴があります。つまり、①**局所的・多発的**であり、②**減衰**、**消失性**があるので影響の範囲が狭く、③心理的・感覚的な影響があるため**主観的**な部分が大きいという特徴をもっています。

図1 振動苦情件数の発生源別の構成比(平成26年度)

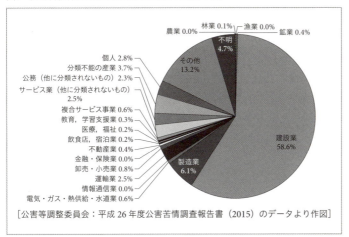

[公害等調整委員会：平成26年度公害苦情調査報告書（2015）のデータより作図]

3 振動の苦情等の現状

平成26年度における典型七公害の苦情件数51,912件のうち、振動は**1,830件**でした（騒音は17,202件。3-1参照）。

次に発生源別の構成比を図1に示します。図に示すように苦情件数の多い業種としては、**建設業**、**製造業**、**運輸業**の順に割合が高いことがわかります。

4 振動公害防止に関する施策

●助成措置

振動規制法等による規制を事業者が遵守できるように、国は金銭面や税制面で援助を行っています。たとえば、長期低利での融資、土地・設備の税金の軽減措置、公害防止のための設備（つり基礎、ばねなど）に対する金銭的な助成などです。

●土地利用の適正化

騒音公害と同じく、振動公害の発生する可能性の高い地域は住宅と工場が混在する地域です。そのため、工場と住宅を分離することを基本原則とした土地利用が進められています。

第7章 振動の現状と施策

✅ ポイント

①振動レベルは「鉛直方向」の振動感覚補正を行った振動加速度レベル。

②振動公害の特徴は多発的・局所的であり、減衰・消失性を伴い、主観的である。

③騒音・振動の苦情件数を覚えておく。

④苦情件数の多い業種を覚えておく。

振動の現状と施策 **第 7 章**

練習問題

平成27・問17

問17　平成24年度の振動苦情件数の発生源の産業別構成比(%)として，おおよその構成比を示しているのはどれか(平成24年度公害等調整委員会調べによる)。

	建設業	製造業	運輸業
(1)	80	10	2
(2)	80	5	10
(3)	60	5	2
(4)	60	20	5
(5)	60	5	10

| 解　説 |

　平成24年度の振動苦情件数の発生源の構成比について問われています。平成24年度において振動の苦情件数及び構成比は、建設業約60%、製造業約5%、運輸業約2%となっています。

　したがって、(3)が正解です。

| POINT |

　近年の苦情件数や構成比は大きな変動はありませんが、最新の情報は『新・公害防止の技術と法規』や「公害苦情調査結果」(公害等調整委員会)で確認しておきましょう。

正解 >> (3)

7-2 振動の発生源

　ここでは振動の発生源について解説します。工場及び事業場からの振動、建設作業による振動、道路交通振動、鉄道振動についてその特徴を理解しておきましょう。

１ 工場及び事業場からの振動

　工場及び事業場における振動が苦情の対象となる原因として、工場及び事業場が一般に住居と混在している場合や、都市化が進み住居が工場に隣接することになったことなどが挙げられます。

　工場及び事業場で使用される機械類は工場の生産品目等により種々雑多です。発生する振動も、

　①機械プレスや鍛造機のように**周期的**又は**単発的**に発生する振動

　②圧縮機やモーターのように**変動しない**か又は**変動がわずか**な振動

　③**不規則かつ大幅に変動する振動**

などの種類の振動があります。また、レベル、衝撃性、発生頻度、発生時間など、特徴はそれぞれに異なります。なお、**機械プレス、鍛造機**に関する苦情件数は、ほかの施設に比べて比較的多いとされています。

　振動規制法では、指定地域内の工場及び事業場に設置される施設のうち、特に著しい振動を発生する施設であって、液圧プレスなど政令で定める10種類の**特定施設**(2-3参照)を設置した工場及び事業場を**特定工場等**と定め、特定工場等の敷地境界における規制基準の遵守及び市町村長への特定施設の設置等に係る届出を義務付けています。

2 建設作業による振動

道路等の土木工事や建設、解体工事は一過性の作業ですが、それに伴う機械等からは強力な振動を発生することがあります。一般に**建設機械からの振動**は、工場で使用される機械から発生する振動よりも**大きい**とされています。

環境省の報告書※によると、平成21年度に環境省が18政令都市を対象に行った建設作業に関するアンケート調査における事業種別の苦情件数では、**解体工事**が最も多く61.1%を占めていました(図1)。

また、振動苦情の要因は図2のとおりとなっています。この

※：環境省の報告書
平成23年度建設作業振動対策に関する検討調査業務報告書

図1 事業種別苦情数

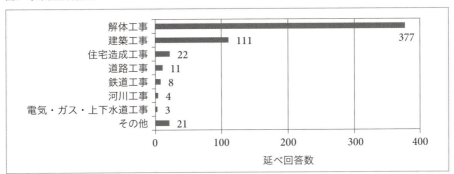

図2 振動苦情振動苦情の要因

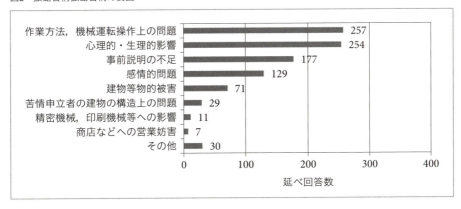

結果より、建設作業では建設機械から発生する振動より、**作業に伴って発生する振動**が主因となっており、作業方法及び建設機械の操作方法の改善が求められていることがわかります。また、事前の周辺への説明不足などソフト面での不備から苦情に発展することも少なくないことも読み取れます。

振動規制法では、ブレーカー※等の特に大きな振動の出る4種類の作業を**特定建設作業**と定めています。特定建設作業については、作業開始の**7日前**までに市町村長へ届け出ることになっています。また、また、敷地境界における振動が「**75デシベル**を超える大きさのものでないこと」と規制基準値が設定され、作業の時間帯、日数及び曜日等の規制を行っています。

3 道路交通振動

日本の自動車保有台数がここ40年間で3倍程度に増加したことや、高速道路や幹線道路の整備等により、昼夜を問わず自動車の走行に伴う振動が発生し、道路交通振動による生活環境への影響は、都市部のみならず全国に共通する課題となっています。

道路交通振動の振動レベルは道路の路面の状態にも影響し、自動車の車種によっても変動は異なりますが、一般に測定値には次のような特徴があります。

①時間的に**不規則**に変化する。
②日中の交通量増加、夜間の交通量減少と同様に変化。
③振動レベルの中央値※の値が総交通量の増減と同期。
④**大型車両**の走行がピーク値を支配する。

4 鉄道振動

鉄道振動は、新幹線鉄道及び在来線鉄道沿線周辺の生活環境に影響を与えています。在来線鉄道の沿線は住居が近距離に密集していることが多いため、軌道構造、運行時間及び土地利用の問題等が課題となっています。

※：ブレーカー
油圧ショベルのアタッチメントとして装着され、のみ（チゼル）を連続的に打撃し、舗装路面やコンクリート構造物の解体、岩塊の小割、岩盤掘削等に用いられる機械。

※：振動レベルの中央値
不規則かつ大幅に変動する場合の振動レベルの表し方のひとつ。振動レベルの値を小さい値から大きな値に順番に並べ累積頻度曲線図を描き、小さいほうから50％に当たる値が振動レベルの中央値となる。

振動の現状と施策 | 第**7**章

鉄道振動の主要な発生源は、騒音と同じく車輪とレールの摩擦及び衝撃、レールの継目やポイントにおける衝撃などによるものです。**間欠的**に発生するという特徴も騒音と同じです。鉄道振動の対策としては、レールの重量化やロングレール化、バラストマット※の敷設、防振スラブ※の採用、レールの削正※などが行われています。

☑ ポイント

①工場及び事業場からはさまざまな振動が発生する。
②建設機械から発生する振動は工場の施設から発生するものに比べ一般に大きい。
③道路交通振動、鉄道振動の特徴を理解する。

※：バラストマット
バラストとは道路や線路に敷く砕石や砂利のこと。バラストの下に敷くバラストマットは、バラストの細粒化を防止するほか、振動の低減に効果があるものもある。

※：スラブ
コンクリートなどを材料とした平板（スラブ）のこと。道床にバラストではなくスラブを使用する場合もある。

※：レールの削正
車輪がレール上を転がるときに発生する騒音や振動を減少させるために、レールの表面を削って凹凸を平滑化すること。

騒音・振動概論

騒音・振動特論

第 **7** 章 振動の現状と施策

練習問題

平成28・問18

問18 振動発生源に関する記述として，不適当なものはどれか。

(1) 工場が民家と混在していることにより，工場振動が苦情の原因となることがある。

(2) 工場で使用する機械類の中で，苦情件数が比較的多いのは機械プレスや鍛造機である。

(3) 建設機械から発生する振動は，工場で使用される機械から発生する振動より一般に小さい。

(4) 道路交通振動では，大型車両の走行が振動レベルのピーク値を支配している。

(5) 新幹線振動の対策としては，レールの重量化などが行われている。

解 説

発生源ごとの振動の特徴について問われています。誤っているものは(3)であり、一般に建設機械から発生する振動は、工場で使用される機械から発生する振動よりも大きいといわれています。「小さい」ではありません。

したがって、(3)が正解です。

正解 >> （3）

第8章

振動の感覚

8-1 振動の種類

8-2 振動の感じ方

8-3 振動の影響

第8章 振動の感覚

8-1 振動の種類

ここでは振動の種類について解説します。全身振動、局部振動、媒体からの振動の違いや振動感覚閾値について理解しておきましょう。

1 人体に影響を及ぼす振動の種類

人体へ影響を及ぼす振動は、大きく次の3つに分けられます。

◉全身振動

例えば人間が立っているときは**両足**から、腰掛けているときは**臀部**から、また背もたれに寄りかかっているときはその**支持部分**から振動が伝達され、ほぼ全身が揺すられます。このように、人体を支持する物体の表面から人体に伝達される振動を**全身振動**と呼んでいます。振動公害として苦情の原因となる振動は主にこの全身振動によるもので、振動規制法の対象となります。

◉局所振動

工場や建設工事、林業などで使用されている工具※を手でもち作業を行う場合、振動は工具から手に伝達されて、障害(**振動障害**あるいは**振動病／白ろう病**といわれている)を引き起こすことがあります。このように、人体のある局所(例えば手又は足など)に伝達され作用する振動を**局所振動**(又は**手腕系振動**)と呼んでいます。局所振動の影響は労働環境、特に職業病予防の観点から検討されなければならない問題であり、このような振動は振動規制法の対象とはなりません。

※：工具
例えばグラインダ、ニューマチックハンマ、ランマ、コンクリートブレーカ、チェーンソーなど。

●媒体からの振動

例えば空気中又は水中の振動によって、人体がその振動を受ける場合があります。このような振動も振動規制法の対象とはなりません。近年、低周波音に関する苦情が発生することが多くなっていますが、これについても振動規制法の対象にはなっていません。

2 振動の応答

振動の暴露によって、人体は生理的・心理的・物理的な応答を生じます。これらはそれぞれ単独に発生するわけではなく相互に関連をもっています。例えば身体の一部に受けた振動が物理的な応答を人体にもたらし、それが原因となって筋肉の緊張を高めるような生理的な応答につながり、さらに情緒障害のような心理的な応答にまで発展することもあります。

3 振動感覚閾値

振動の振幅を段々小さくしていくと、人間はやがて振動を感じなくなります。また全く振動を感じない状態から振幅を大きくしていった場合、振動がある大きさ以上になると振動を感じるようになります。この感じる／感じないの境の値を**振動感覚閾値**(振動感覚知覚閾値ともいう)といいます。この振動感覚閾値の値は個人差があり必ずしも一定ではありませんが、平均的な閾値として振動レベルでは**55dB**とされています。

なお、騒音では最小可聴値は音圧レベルで**0dB**とされています。

✓ ポイント

①振動は全身振動、局部振動、媒体からの振動に分けられる。
②振動規制法の対象となるのは全身振動。
③振動感覚閾値は振動レベルで55dB。

第 8 章 振動の感覚

8-2 振動の感じ方

ここでは振動の感じ方の違いについて解説します。振動の感じ方に影響を与える要因である振動の大きさ、周波数、継続時間、方向について理解しておきましょう。

1 振動を感じる要因

人間の振動に対する感じ方には主に次のような要因が関係しています。

①**振動の大きさ**
②**周波数**
③**継続時間**
④**振動の方向**

2 振動の大きさ・周波数

加振機の上に取り付けた振動台といわれる台の上に人間を立位の状態で乗せて、鉛直振動で上下に加振し、周波数を1Hzから100 Hzぐらいまで順に変えていくと、1Hz ～ 2Hzの低周波数領域では身体全体が上下に揺れていることがわかるようになります。4Hz ～ 8Hzぐらいになると、内臓全体が揺すられているような感じになります。さらに周波数が高くなると、振動は下半身だけで感じるようになり、最後には足の裏がぴりぴりする感じになります。

このように、人間は**周波数**によって振動の感じ方に差があります。また、同じ周波数で**振幅**（振動波形の山の高さ）を変えてみると、全然振動を感じなかったり、強く感じたり、耐えられないと感じたりします。つまり**振動の大きさ**も関係します。

184

3 継続時間

振動の感じ方は暴露する振動の**継続時間**にも関係します。断続的な振動に暴露された場合に生じる振動の大きさの感覚と、振動の継続時間の関係を調べた実験の結果を図1に示します。断続的な振動として**衝撃正弦振動**(トーンバースト※)を用い、**継続時間**によって振動の大きさの感覚量が変化する様子が示されています。ある周波数の**連続正弦振動**の振動加速度レベルと、同じ周波数の**衝撃正弦振動**を暴露したときに同じ大きさに感じる振動の大きさとの差を相対値として縦軸に示し、衝撃正弦振動の継続時間を横軸に示しています。この図からは次のようなことがわかります。

※：トーンバースト
単一周波数、同一振幅で一定時間継続して停止する信号。

① 継続時間が短いほど衝撃正弦振動(短時間暴露)と連続正弦振動との感覚の差(相対値)は大きくなり、振動の大きさを実際よりも小さく感じていることがわかる。つまり、衝撃正弦振動の大きさの感じ方は、**継続時間が長く**なるに従って**増大**し、ある時間から連続正弦振動と同じになる。

② 衝撃正弦振動が連続正弦振動と同じ大きさに感じる継続

図1 振動の継続時間と振動の大きさの感じ方との関係

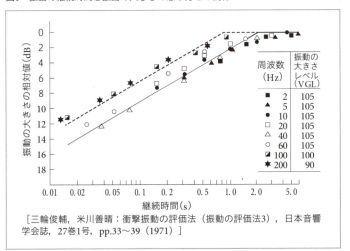

［三輪俊輔，米川善晴：衝撃振動の評価法（振動の評価法3），日本音響学会誌，27巻1号，pp.33～39（1971）］

時間は、2Hz〜60Hzの範囲（図中の実線）では**約2秒**、100Hzと200 Hz（図中の点線）では**約0.8秒**である。

4 鉛直振動と水平振動

振動の方向によっても感じ方は異なります。図2は鉛直振動と水平振動に対する8時間の許容限界線を示しています。この線上にある振動はみな同じ大きさに感じることになります。この線上の振動を振動レベルで示すと、鉛直・水平両方向の振動ともすべて**約90dB**になります。この図から次のようなことがわかります。

① 鉛直振動（図中の実線①）と水平振動（実線②）では感じ方に差がある。

図2 振動の継続時間と振動の大きさの感じ方との関係

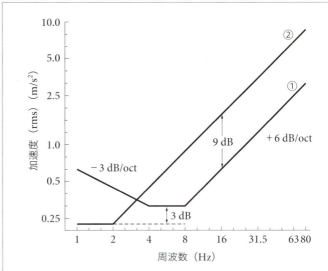

① 鉛直方向の疲労・能率減退境界線（8時間の許容限界線）
② 水平方向の疲労・能率減退境界線（8時間の許容限界線）
oct：octave（オクターブ）の略，2音間の振動数の比が1対2である音程
［ISO 2631：1974, ISO 2631-1：1985］

②**鉛直振動**では**4Hz ～ 8Hz**の周波数範囲の振動が最も感じ
やすい。

③**水平振動**では**1Hz ～ 2Hz**の周波数範囲の振動が最も感じ
やすい。

④約3Hz以下の周波数では水平振動のほうが感じやすく、そ
れより高い周波数では鉛直振動のほうがよく感じる。

✓ ポイント

①振動の感じ方は、振動の大きさ、周波数、継続時間、方向によっ
て異なる。

②継続時間が長いほど振動は大きく感じる。

③鉛直振動と水平振動の感じ方の特徴を覚える。

第 **8** 章 振動の感覚

練習問題

平成28・問19

問19 人体の座位及び立位における振動感覚に関する記述として，誤っているものはどれか。

(1) 水平振動では 1 ～ 2 Hz の周波数範囲の振動が最もよく感じる。

(2) 鉛直振動では 4 ～ 8 Hz の周波数範囲の振動が最もよく感じる。

(3) 10 Hz 以上の振動では，水平振動より鉛直振動の方がよく感じる。

(4) 振動感覚閾値は 65 dB と考えられる。

(5) 継続時間 2 秒以上の衝撃正弦振動は連続正弦振動と同じ大きさに感じる。

解 説

振動の感覚について問われています。一般に振動感覚閾値は55dBといわれており、(4)の65dBは誤りです。

したがって、(4)が正解です。

正解 >> （4）

振動の感覚 第8章

練習問題

平成27・問19

問19 振動の感じ方に関する記述中, (ア)～(オ)の 　　　　 の中に挿入すべき語句及び
数値の組合せとして, 正しいものはどれか。

　　　 (ア) 　 振動の大きさの感じ方は, 継続時間が長くなるに従って 　 (イ) 　

し, 　 (ウ) 　 振動と同じ大きさに感じる継続時間は, 2 ～ 60 Hz では約

　 (エ) 　 秒, 100 ～ 200 Hz では約 　 (オ) 　 秒である。

	(ア)	(イ)	(ウ)	(エ)	(オ)
(1)	衝撃正弦	減少	連続正弦	2	0.8
(2)	連続正弦	減少	衝撃正弦	0.8	2
(3)	衝撃正弦	増大	連続正弦	0.8	2
(4)	連続正弦	増大	衝撃正弦	0.8	2
(5)	衝撃正弦	増大	連続正弦	2	0.8

解説

　継続時間による振動の感じ方について問われています。

(ア)「衝撃正弦」振動の大きさの感じ方は、継続時間が長くなるに従って(イ)「増大」
します。衝撃正弦振動が(ウ)「連続正弦」振動と同じ大きさに感じる継続時間は、2
～ 60Hzでは約(エ)「2」秒、100 ～ 200Hzでは約(オ)「0.8」秒です。

　したがって、(5)が正しい組合せです。

正解 >> (5)

騒音・振動概論

騒音・振動特論

189

第 8 章　振動の感覚

8-3　振動の影響

　ここでは振動の影響について解説します。人間への生理的影響である睡眠妨害と、建物への影響について理解しておきましょう。

❶ 振動の心理的影響

　振動による人間への影響について現在までに多くの研究や実験が行われきました。たとえば、血圧、眼圧の上昇、心拍数の増加、呼吸数の増加、睡眠妨害など、数々の生理的影響が明らかにされてきました。ただし、これらの影響のほとんどは相当大きな振動※を暴露した場合に出現したもので、公害振動の影響として必ず出現するものではありません。

　ここでは、振動による生理的な影響の中で明らかに影響がみられる睡眠妨害について説明します。

●睡眠妨害

　人間の睡眠は、脳波と眼球運動により、大きく**レム睡眠**※と**ノンレム睡眠**※に分類されます。さらにノンレム睡眠は、睡眠深度(脳波の活動性)によってステージⅠ～Ⅳ(浅い→深い)に分けられます。

　振動台上で眠る被験者に振動を与え、覚醒率(各振動レベルの振動を暴露したときに目覚めた者の割合)を調べた結果を図1に示します。なお、この実験では、鍛造機の運転によって生じた地盤振動の加速度波形の信号を振動台に入力し、被験者に60dB、65dB、69dB、74dB、79dBの振動レベルの鉛直振動を30秒間与えてその覚醒率を調べています。

　この結果からは睡眠深度ごとに次のようなことがわかります。

※：大きな振動
中央公害対策審議会(当時)の振動専門委員会では、人体に有意な生理的影響が生じ始めるのは振動レベルで90dB以上であると報告されている。

※：レム睡眠
REM Sleep、Rapid Eye Movement Sleep。睡眠脳波から判別され、急速眼球運動(Rapid Eye Movement)を伴う睡眠。

※：ノンレム睡眠
Non-REM Sleep、Non-Rapid Eye Movement Sleep。急速眼球運動を伴わない睡眠。

図1 鍛造機振動暴露による覚醒率

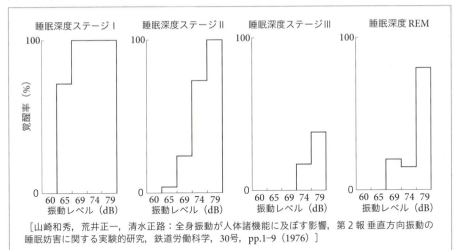

［山崎和秀，荒井正一，清水正路：全身振動が人体諸機能に及ぼす影響，第2報 垂直方向振動の睡眠妨害に関する実験的研究，鉄道労働科学，30号，pp.1-9（1976）］

①ステージⅠ：65dBから覚醒がみられ、69dB以上はすべて覚醒。
②ステージⅡ：65dBから覚醒がみられ、79dBですべて覚醒。
③ステージⅢ：74dBから覚醒がみられ、79dBでも覚醒率は50％以下。
④レム睡眠：69dBから覚醒がみられ、79dBでは覚醒率は50％以上（ステージⅡとⅢの中間程度の影響）

2 振動の心理的影響

振動が発生したとき、振動受容器※によって振動を知覚するほかに、電灯や金魚鉢の水面の揺れ等から視覚的に建物が振動していることを知ったり、戸、障子やたんすの取っ手などがガタガタ鳴るのを聞いて聴覚的に建物が振動しているのを知ることがあります。

このような振動知覚、視覚、聴覚による振動の感知によって、不快とか、煩わしいとか、耐え難いとかいろいろな感情が生じ、これが振動に対する苦情につながります。

※：振動受容器
振動が人体に伝達されたときに感知する部位。外からの振動刺激を感知する知覚神経の終末器官が受容器となって全身に分布している。

第8章　振動の感覚

振動の心理的影響を調べる方法として、住民の意識調査と振動の測定を行い、相互の関係を調べることがあります。工場振動、道路交通振動、新幹線鉄道振動を対象に行った環境庁（当時）の社会調査[※]では、次のようなことがわかりました（表1）。

①振動レベルが**大きい**ほど、「よく感じる」と答えた住民の割合が高くなった。

②工場、道路交通、新幹線鉄道ともに振動レベルが約**5dB増加**するとよく感じる人の割合も**10％増加**する。

③振動感覚の「やや感じる」「よく感じる」と答えた住民の割合ごとの振動レベルは工場、道路交通、新幹線ともに**大きな差はない**。

④振動レベルが50dB ～ 70dBの範囲では、住民が振動を「煩わしい」とする訴え率と、振動を「よく感じる」とする訴え率は**一致**している。

⑤住民が振動を「よく感じる」という訴え率が50％になるのは、振動レベルでほぼ**70dB**を超えたときである。

このように振動を感じることで心理的訴えが生じますが、本来人間は不動の大地の上で生活しているため、振動を感じない生活が普通です。したがって、振動を少しでも感じると、これが苦情となりえると考えられます。

※：環境庁の調査
環境庁委託調査：工場振動に関する社会調査（1973）。あわせて道路交通振動(1974)、新幹線鉄道振動(1974)に関して社会調査が実施され、その結果を踏まえて1976年に振動規制法が制定された。

表1　振動感覚についての訴え率と振動レベル

（単位：dB）

振動感覚 → 訴え率 ↓ 振動源	やや感じる			よく感じる		
	30 %	40 %	50 %	30 %	40 %	50 %
工場	50	55	59	60	65	69
新幹線	48	51	54	65	70	75
道路交通	—	—	50	62	65	69

（注）調査対象戸数は工場1000戸、新幹線1000戸、道路交通600戸である（地表ほか）。
[中央公害対策審議会騒音振動部会振動専門委員会：工場、建設作業、道路交通、新幹線鉄道の振動に係る基準の根拠等について、1976.、環境庁大気保全局特殊公害課、振動規制技術マニュアル、ぎょうせい（1977）]

振動の感覚 | 第 **8** 章

> **☑ ポイント**
>
> ①睡眠妨害について、睡眠深度と影響が生じる振動レベル値を覚え
> る。
> ②振動の心理的影響を調査した結果の概要を理解する。

騒音・振動概論

騒音・振動特論

193

第 8 章　振動の感覚

練習問題

平成25・問21

問21　住民反応について，環境庁(当時)は，工場振動，道路交通振動，新幹線鉄道振動を対象に住民の面接調査と振動測定を実施した。その結果に関する次の記述のうち，誤っているものはどれか。

(1)　振動レベルが大きいほど，「よく感じる」と答えた住民の割合が高くなっている。

(2)　振動レベルが約5dB増加すると「よく感じる」と答えた住民の割合も30％増加する傾向にある。

(3)　振動感覚の「やや感じる」，「よく感じる」と答えた住民の割合ごとの振動レベル値は，工場，道路交通，新幹線鉄道間で必ずしも一致しないが大きな差はない。

(4)　振動レベルが50～70dBの範囲では，住民が振動を「煩わしい」とする訴え率と，振動を「よく感じる」とする訴え率は一致している。

(5)　住民が振動を「よく感じる」とする訴え率が50％になるのは，振動レベルでほぼ70dBを超えたときである。

解　説

　振動に関する住民反応の特徴について問われています。誤っているものは(2)であり、振動レベルが約5dB増加すると「よく感じる」と答えた住民の割合は10％増加する傾向にあります。「30％」ではありません。

　したがって、(2)が正解です。

正解 >> （2）

第 9 章

振動の性質

9-1 振動の基本的な性質

9-2 振動に関する諸量

9-3 簡単な振動系

9-4 振動の発生と伝搬

9-1 振動の基本的な性質

ここでは振動に関する現象や性質について解説します。周期や振動数などの基本的な用語の意味をまず理解し、重要な式は覚えておきましょう。

1 振動現象

たとえば、ばねに吊したおもりの上下振動のように、物体に働いている力が力の方向を繰り返し変えるとき振動が起こります。振動は、静止位置にある物体（媒質）に力が作用すると、元に戻ろうとする力が働いて生じる現象です。

2 正弦振動

● 変位

図1のような、ばねに吊したおもりの上下振動を考えてみます。この図は、ばねに吊したおもりを静止状態（おもりの重さ分だけばねが伸びた状態）から $-A$ だけ引いて手を離したときを時間の出発点（$t=0$）としています。手を離すと、おもりはばねの力によって上昇して最上点 A に達し、その後は下降して

図1 正弦振動の時間変化

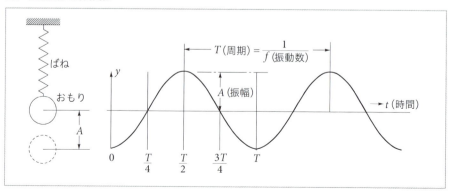

再び最下点 − A に戻るという運動を繰り返します。時間を横軸にとると、おもりの動きは図（右）のような軌跡を描きます。

ここで、初期の静止状態からの位置（距離）を**変位**と呼び、変位 y が時間 t の正弦関数[※]として表される振動を**正弦振動**又は**単振動**と呼びます。正弦振動の変位は次式で表すことができます。

$$y = A\sin(\omega t + \phi)$$

ここで、y：変位（時間とともに変化する量）（m）
　　　　A：振幅（m）　　ω：角振動数（円振動数）（rad/s）
　　　　t：時間（s）
　　　　ϕ：初期位相角（$t = 0$ における角度）（rad）
　　　　$(\omega t + \phi)$：位相

このような式のことを**正弦関数**といいますが、上式について少し詳しく説明します。図2に示すように、直線上の上下運動は等速円運動になぞられます。これが正弦振動の動きを表しています。ここで、角振動数 ω とは1秒間の回転角のことですから、t 秒進んだ角の大きさは ωt ［rad］になります。また、三角比の定義[※]より $\sin\omega t$ は A と y の長さの比になります。

なお、単位の rad（ラジアン）は、角の大きさを表す単位です。半径が1である円周の長さが 2π であることを利用して角の大き

※：正弦関数
角度 θ に対応する正弦（sin、サイン）を返す関数。正弦関数によって導かれる曲線をサインカーブという（図1）。

※：三角比の定義
$\sin\theta = y／r$（正弦）
$\cos\theta = x／r$（余弦）
$\tan\theta = y／x$（正接）
（ただし、$0° < \theta < 90°$）

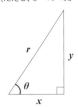

図2　正弦振動と等速円運動

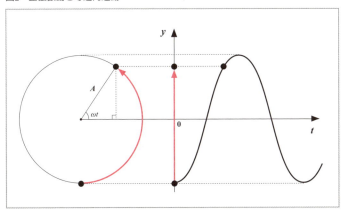

さを表します。たとえば$360° = 2\pi$［rad］、$180° = \pi$［rad］などと表し、radは省略して表すことができます。

また、正弦振動は必ずしも変位$y = 0$から始まるとは限りません。初期位相角ϕは$t = 0$におけるyの値（図1ではばねの最初の位置）によって決まります。

$\omega t + \phi$は**位相**といい、時間とともに周期的に変化する振動や波動において、周期運動の過程でどの位置にあるかを示しています。正弦振動では角度に相当する部分の量です。

したがって、上式の変位y（m）は振幅A（m）に$\sin(\omega t + \phi)$をかけたものになります。

●周期と振動数

※：振動数
音響の分野では振動数の代わりに周波数という言葉が用いられるが、振動数と周波数は物理的に同一のもの。英語では両方ともFrequencyと表す。

図1に示したように、周期Tの単位を秒（s）とすると、振動数※（周波数）f（Hz）は1秒間の振動の回数なので、周期T（s）との関係は次式で表すことができます。

暗記

$$f = \frac{1}{T} \qquad T = \frac{1}{f}$$

ここで、f：振動数（Hz）　　T：周期（s）

また、正弦関数では1周期（T）は2π［rad］（$= 360°$）ですから、$\omega T = 2\pi$という関係が成立します。この式に$T = 1/f$を代入すると次式のようになります。

暗記

$$\omega = 2\pi f$$

ここで、ω：角振動数（rad/s）　　f：振動数（Hz）

振動の性質 | 第9章

●波長

図1と図2は時間的変化を示すために時間 t を横軸にとっていますが、代わりに距離 x を横軸にとると、周期 T の代わりに波長 λ (m)ごとに同じ状態が繰り返され、同じように正弦振動になります。波長と波動の伝搬速度と振動数には次のような関係があります。

暗 記

$$\lambda = \frac{c}{f} \qquad f = \frac{c}{\lambda} \qquad c = f\lambda$$

ここで、λ：波長(m)　　f：振動数(Hz)　　c：伝搬速度(m/s)

上記の3つの式は計算問題を解くための基本的な式ですので、必ず暗記しておきましょう。

3 複合振動

我々の身辺にある振動現象は、前述のような単一の正弦振動であることはほとんどなく、2つ以上の成分で成り立っているのが普通です。しかも多くの場合、成分の大きさも変化し、さらに全く周期性のない**不規則振動**がほとんどです。こうした単一振動でないものを総称して**複合振動**と呼びます。

●同じ周期の正弦振動の合成

周期が同じで、振幅と位相が異なる2つの正弦振動を合成すると、その合成振動は2つの成分の振動と同じ周期の正弦振動となります（図3）。

●異なる周期の正弦振動の合成

周期が異なる合成振動は正弦振動とはならず、複雑な波形になります。このとき、合成振動の周期は**長いほうの成分の周期**になります（図4の実線）。なお、図は周期と振幅が2：1の2つ

図3 同周期の正弦振動の合成

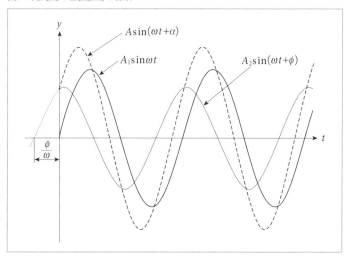

図4 周期、振幅が2:1の2つの正弦振動の合成

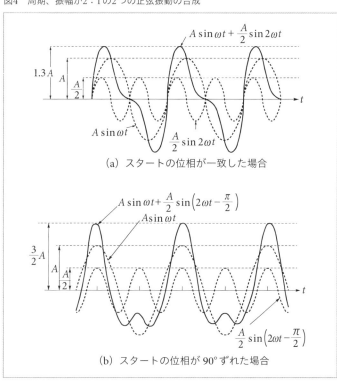

の正弦振動を合成したもので、(a)は位相が同じ場合、(b)は位相が90°ずれた場合の波形です。

● **振動の合成**

周期的な振動は複雑な波形をしていても、一番周期の長い振動の振動数を基準にして振動数の比が整数倍になるような正弦振動の重ね合わせによって表すことができます。

たとえば、矩形波や鋸歯状波と呼ばれる振動波形も、高次の成分を加え合わせていけば波形を再現できます。図5にその様子を示します。図(上)のように周波数の異なる数個の正弦振動の合成では再現できない波形も、高次の成分を合成することによって図(下)のように矩形波と鋸歯状波の波形を再現できます。

● **スペクトル**

以上のように、周期的な振動は基本の一番**低い振動数**の成分（つまり一番**長い周期**）とその整数倍の成分の合成で表されます。それぞれの成分の大きさは、図6に示すように横軸に振動

図5　各種波形と高次成分との関係

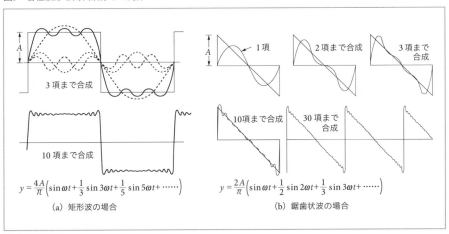

(a) 矩形波の場合　　(b) 鋸歯状波の場合

図6 線スペクトル

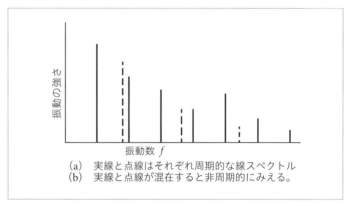

(a) 実線と点線はそれぞれ周期的な線スペクトル
(b) 実線と点線が混在すると非周期的にみえる。

図7 連続スペクトルと線スペクトル

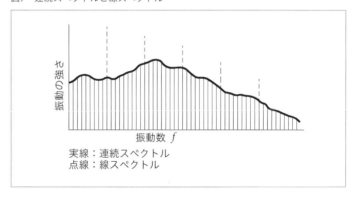

実線：連続スペクトル
点線：線スペクトル

数、縦軸に振動の強さをとると、振動数軸の上に長さで表すことができます。この成分を**線スペクトル**といいます。図の実線と点線を個別にみると、それぞれ同じ周期性をもった線スペクトルですが、両方が混在すると一見周期的にはみえなくなります。

一方、不規則振動の場合は図6のような線スペクトルとはならず、図7のような広い周波数域に分布する**連続スペクトル**になります。

●うなり

振動数がわずかに異なる振動が合成されたとき、振幅がゆっくりと増減を繰り返す現象を**うなり**といいます。図8は振幅が1：2の振動数が近接する正弦振動が合成されたときに生じるうなりの波形を示したものです。たとえば、回転数がわずかに異なる機械が近接して設置されているような場合、合成された振動が周期的に大きくなったり小さくなったりしますが、これはうなりによるものです。

図8　うなり（振幅が1：2の場合）

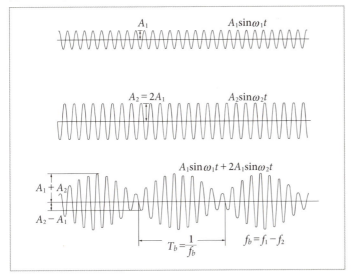

✅ ポイント

①周期、振動数、角振動数の関係を理解し、重要な式は暗記しておく。
②周期が同じ正弦振動を合成すると、周期は同じになる。
③周期が異なる正弦振動を合成すると、長いほうの周期になる。
④複雑な波形をもつ振動の合成、線スペクトル・連続スペクトルの概要を理解する。
⑤うなりの原理について理解する。

第**9**章　振動の性質

練習問題

平成24・問21

問21　複合振動に関する記述として，誤っているものはどれか。

(1)　周期が同じで，振幅と位相が異なる2つの正弦振動の合成振動は正弦振動になる。

(2)　周期が異なる2つの正弦振動の合成振動は，正弦振動とはならない。

(3)　周期が異なる2つの正弦振動の合成振動の周期は，短い周期の正弦振動となる。

(4)　振動数が接近した2つの正弦振動を合成すると，振幅がゆっくり増減する現象が生じる。

(5)　矩形波や鋸歯状波と呼ばれる振動波形は，周波数の異なる数個の正弦振動の合成では再現できない。

解　説

　複合振動について問われています。誤っているものは(3)であり、周期が異なる2つの正弦振動の合成振動の周期は、長い周期の正弦振動となります。「短い周期」ではありません。

　したがって、(3)が正解です。

正解 >> （3）

振動の性質 | 第9章

9-2 振動に関する諸量

ここでは振動の大きさを表す変位、速度、加速度について解説します。振動を考える上での基本的な知識であり、計算問題も多く出題されています。

1 変位・速度・加速度

振動の大きさの尺度としては、**変位**、**速度**、**加速度**の物理量があります。変位[※]は「どのくらい動いたか」、速度[※]は「どのくらいの速さで動いたか」、加速度[※]は「何秒でその速度になったか」を表します。

◉変位

変位とは、ある物体の移動量を表しています。正弦振動の変位は次式で表すことができます。

$$y = y_0 \sin \omega t$$

ここで、y：変位（m）　　y_0：変位振幅（m）

ω：角振動数（$= 2\pi f$）（rad/s）　　t：時間（s）

f：振動数（Hz）

◉速度

速度とは、単位時間当たりの変位量のことです。速度は次式で表すことができます。

$$v = \omega y_0 \cos \omega t = v_0 \sin\left(\omega t + \frac{\pi}{2}\right)$$

ここで、v：速度（m/s）　　v_0：速度振幅（m/s）（$= \omega y_0$）

◉加速度

加速度とは、単位時間当たりの速度の変化量のことです。加

※：変位
JIS B 0153 では、変位は「ある座標系に対して物体又は質点の位置の変化を表すベクトル量」と定義されている。

※：速度
JIS B 0153 では、速度は「変位の時間微分で規定されるベクトル」と定義されている。

※：加速度
JIS B 0153 では、加速度は「速度の時間微分で規定されるベクトル」と定義されている。

速度は次式で表すことができます。

$$a = -\omega^2 y_0 \sin \omega t = a_0 \sin(\omega t + \pi)$$

ここで、a：加速度（m/s²） $a_0 =$ 加速度振幅（m/s²）（$= \omega^2 y_0$）

2 変位・速度・加速度の関係

変位・速度・加速度の関係を図1に示します。上式や図が示すように変位・速度・加速度では、位相が$\pi/2$（$= 90°$）ずつ異なる関係にあることがわかります。したがって、変位と加速度は逆位相（$\pi = 180°$）の関係にあるということです。

図1 変位、速度、加速度の位相関係

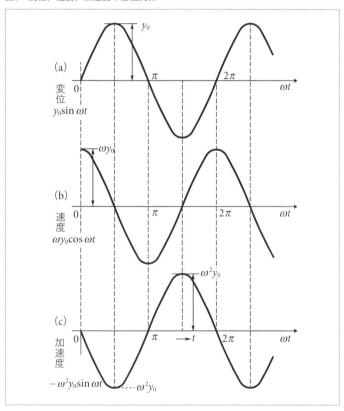

振動の性質 | 第9章

変位・速度・加速度[※]の関係は次式で表すことができます。

$$\omega^2 y_0 = \omega v_0 = a_0$$

ここで角振動数 $\omega = 2\pi f$ ですから、次式のようにも表すことができます。この式を使った計算問題がよく出題されますので、次式は暗記しておきましょう。

> **暗 記**
>
> $$(2\pi f)^2 y_0 = (2\pi f)\, v_0 = a_0$$
>
> ここで、f：振動数(Hz)　　y_0：変位振幅(m)　　v_0：速度振幅(m/s)
> a_0：加速度振幅(m/s²)

> **ポイント**
>
> ①変位・速度・加速度の関係を理解する。
> ②それぞれの位相は90°ずつ異なる。
> ③それぞれの振幅の関係式を覚える。

※：変位・速度・加速度

変位を微分すると速度になり、速度を微分すると加速度になる。また、加速度を積分すると速度になり、速度を積分すると変位になる。

騒音・振動概論

騒音・振動特論

第9章 振動の性質

練習問題

平成25・問22

問22 周波数 5 Hz の正弦振動の加速度振幅が $2.5\,\mathrm{m/s^2}$ であるとき，この正弦振動の変位振幅は約何 mm か。

(1) 1.0 　　(2) 1.5 　　(3) 2.0 　　(4) 2.5 　　(5) 3.0

解 説

変位・速度・加速度の関係は次式で表すことができます。

$$(2\pi f)^2 y_0 = (2\pi f)v_0 = a_0$$

ここで，f：振動数(Hz)　　y_0：変位振幅(m)　　v_0：速度振幅(m/s)

a_0：加速度振幅($\mathrm{m/s^2}$)

変位振幅を求めやすくするために上式を変形し、題意の周波数(振動数)$f = 5\mathrm{Hz}$、加速度振幅 $a_0 = 2.5\mathrm{m/s^2}$ を代入して求めます。

$$(2\pi f)^2 y_0 = a_0$$

$$y_0 = \frac{a_0}{(2\pi f)^2} = \frac{2.5}{(2 \times 3.14 \times 5)^2}$$

$$\fallingdotseq 0.00253\mathrm{m} \fallingdotseq 2.5\mathrm{mm}$$

したがって、(4)が正解です。

正解 >> (4)

振動の性質　第**9**章

練習問題

平成25・問23

問23　正弦振動に関する記述として，誤っているものはどれか。

(1) 速度振幅が一定であれば，加速度振幅は周波数に比例する。

(2) 速度波形と加速度波形は，逆位相である。

(3) 速度波形を積分すれば，変位波形が得られる。

(4) 周波数は，周期の逆数である。

(5) 実効値は，振幅の $\dfrac{1}{\sqrt{2}}$ 倍である。

| 解　説 ▶

　正弦振動について問われています。誤っているものは(2)であり、速度波形と加速度波形との位相は $\pi/2\,(=90°)$ 異なります。逆位相 $(\pi=180°)$ ではありません。

　したがって、(2)が正解です。(5)の実効値については次項で解説します。

正解 ≫　(2)

騒音・振動概論

騒音・振動特論

3 振動加速度レベルと実効値

騒音と同じように振動でもデシベル(dB)によって振動の大きさを表します。騒音では音圧からdBを求めますが、振動では「加速度」が最も人の感覚との対応がよいとされることから、**振動加速度**からdB値、つまり**振動加速度レベル**を求めます。振動加速度レベルは、振動加速度の実効値を基準の振動加速度で除した値の常用対数の20倍で表され、次式で与えられます。

> **暗記**
>
> $$L_a = 20 \log \frac{a}{a_0}$$
>
> ここで、L_a：振動加速度レベル(dB)（L は Level、a は Acceleration（加速度））
> a：振動加速度の実効値(m/s^2)
> a_0：振動加速度の基準値($10^{-5} m/s^2$)

振動加速度レベルの定義式と振動加速度の基準値「$10^{-5} m/s^2$」は必ず覚えておきましょう。

●実効値

実際の公害振動は、異なる周波数成分を含む複合振動である場合が多くなります。これは騒音でも同じです。複雑な振動波形のピーク値だけをみても、その振動の影響を示すことができない場合があるため、**実効値**※という尺度が用いられています。これは、電気における交流の電圧が、直流の電力と実効的に同じ仕事をする電圧として表現されていることと考え方は同じです。

図2に示すように、瞬時値を2乗したものを時間平均して平方根($\sqrt{\ }$)で表したものが実効値になります。実効値は次式で表すことができます。

※：実効値
実効値は2乗値の平均の平方根(root mean square)として表すのでrms値とも呼ばれる。

図2 実効値の考え方

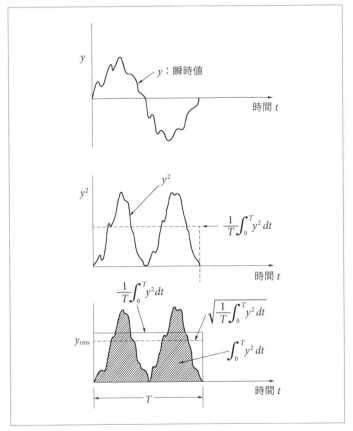

$$y_{\mathrm{rms}} = \sqrt{\frac{1}{T}\int_0^T y^2\,dt}$$

ここで、y_{rms}：実効値　　T：周期　　y：瞬時値
　　　　t：時間

　正弦振動では、実効値はピーク値（最大振幅）の$1/\sqrt{2}$倍（約70％）となります。実際には振動レベル計（騒音計）に組み込まれている実効値回路によって実効値を測定することができます。

第**9**章 振動の性質

例題 1

周波数16Hz、変位振幅100μmの振動における加速度レベル[※]を求めなさい。また、そのときの加速度の実効値から振動加速度レベルを求めなさい。

※：加速度レベル
実効値から求めるレベルが「振動加速度レベル」と定義されていることから、加速度振幅（最大振幅）から求めるレベルは振動加速度レベルではないため、ここでは単に「加速度レベル」と表記している（以下同様）。

>> **答え**

変位振幅・加速度振幅の関係は次式で表すことができる。
$$(2\pi f)^2 y_0 = a_0$$
ここで、f：周波数(Hz)　　y_0：変位振幅(m)
a_0：加速度振幅(m/s^2)

題意の周波数16Hz、変位振幅100μm（$= 100 \times 10^{-6}$m）を上式に代入して加速度振幅を求める。
$$a_0 = (2 \times 3.14 \times 16)^2 \times 100 \times 10^{-6} \fallingdotseq 10096 \times 100 \times 10^{-6}$$
$$\fallingdotseq 1\text{m/s}^2$$

求めた加速度を$a_1 = 1$m/s^{2}として次式に代入して加速度レベルを求める。

$$L = 20\log\frac{a_1}{a_0}$$

ここで、L：加速度レベル(dB)　　a_1：振動加速度(m/s^2)
a_0：振動加速度の基準値（$= 10^{-5}$m/s^2）

$$L = 20\log\frac{1}{10^{-5}} = 20\log 10^5 = 20 \times 5 \times 1 = 100\text{dB}$$

したがって、加速度レベルは100dBとなる。

次に実効値を求める。実効値aは加速度振幅（最大振幅）を$1/\sqrt{2}$倍すれば求めることができる。

$$a = 1 \times \frac{1}{\sqrt{2}} \fallingdotseq \frac{1}{1.41} \fallingdotseq 0.7 \quad (\sqrt{2} \fallingdotseq 1.41)$$

求めた実効値から次式により振動加速度レベルを求める。

$$L_a = 20\log\frac{a}{a_0}$$

ここで、L_a：振動加速度レベル(dB)
a：振動加速度の実効値(m/s^2)
a_0：振動加速度の基準値（$= 10^{-5}$m/s^2）

$$L = 20\log\frac{0.7}{10^{-5}} = 20\log\left(7 \times \frac{10^{-1}}{10^{-5}}\right)$$

$$= 20\log\left(7 \times \frac{10^5}{10}\right) = 20\log\left(7 \times 10^4\right)$$

振動の性質 | 第9章

$$= 20 \log 7 + 20 \log 10^4 \quad (\log 7 \fallingdotseq 0.85)$$
$$= 20 \times 0.85 + 20 \times 4 = 17 + 80 = 97\text{dB}$$

したがって、（実効値から求めた）振動加速度レベルは97dBとなる。

　この例題より、加速度振幅から求めたレベルと、実効値から求めたレベル（振動加速度レベル）との差は**3dB**であることがわかります。これは、例題の計算過程からも明らかですが、実効値が加速度振幅の$1/\sqrt{2}$（$\fallingdotseq 0.7$）倍になることで生じるレベル差です。振動加速度レベルを求める式（$L = 20 \log (a/a_0)$）の基準値a_0は常に同じ値ですから、加速度aのみに注目すると、

　　【加速度振幅】　$20 \log a$

　　【実効値】　　　$20 \log \dfrac{a}{\sqrt{2}}$

と表すことができます。$a = 1$とすると実効値の場合は

$$20 \log \frac{1}{\sqrt{2}} = 20 \log 1 - 20 \log \sqrt{2} \quad (\sqrt{2} \fallingdotseq 1.41)$$

$$= 20 \log 1 - 20 \log 1.41$$

（常用対数表より $\log 1.41 \fallingdotseq 0.149$）

$$= 20 \times 0 - 20 \times 0.149 = -2.98 \fallingdotseq -3\text{dB}$$

となります。つまり、実効値から求めた振動加速度レベルは、加速度振幅から求めた加速度レベルを**−3dB**すれば求められます。これも覚えておくと便利です。

☑ ポイント

①振動加速度レベルの定義式を覚える。

②実効値の考え方を理解する。

③実効値はピーク値（最大振幅）の$1/\sqrt{2}$倍（約70％）。

④実効値から求めた振動加速度レベルは、加速度振幅から求めた加速度レベルの−3dB。

騒音・振動概論

騒音・振動特論

213

第 9 章 振動の性質

練習問題

平成28・問21

問21 時刻 0 から T までの加速度の実効値を求める式として，正しいものはどれか。

ただし，y は加速度の瞬時値である。

(1) $\dfrac{1}{T}\sqrt{\displaystyle\int_0^T y\,dt}$

(2) $\sqrt{\dfrac{1}{T}\displaystyle\int_0^T y^2\,dt}$

(3) $\sqrt{\dfrac{1}{T}\displaystyle\int_0^T y\,dt}$

(4) $\dfrac{1}{T}\displaystyle\int_0^T y^2\,dt$

(5) $\dfrac{1}{T}\displaystyle\int_0^T y\,dt$

| 解　説 |

実効値の定義式について問われています。実効値は瞬時値を2乗したものを時間平均して平方根で表したもので、次式で表すことができます。

$$y_{\mathrm{rms}} = \sqrt{\frac{1}{T}\int_0^T y^2\,dt}$$

ここで、y_{rms}：実効値　　　T：周期　　　y：瞬時値　　　t：時間

したがって、(2)が正解です。

正解 >> （2）

振動の性質 | 第**9**章

練習問題

平成28・問23

問23 振動の性質に関する記述として，誤っているものはどれか。

(1) 振幅 A の正弦振動の実効値は，$\sqrt{A/2}$ である。

(2) 波長 λ (m)と波動の伝搬速度 c (m/s)と振動数 f (Hz)との間には，$\lambda f = c$ の関係がある。

(3) 振動数 f (Hz)の正弦振動の角振動数は，$2\pi f$ (rad/s)である。

(4) 周期 T の正弦振動の振動数は，$1/T$ である。

(5) 周期 T と $2T$ の二つの正弦波を合成すると，合成振動の周期は，$2T$ になる。

| 解 説 |

　振動の性質について問われています。誤っているものは(1)です。正弦振動では実効値は最大振幅の $1/\sqrt{2}$（約70％）倍なので、振幅 A の実効値は $A/\sqrt{2}$ となります。

　したがって、(1)が正解です。

正解 ≫ (1)

第**9**章 振動の性質

練習問題

平成27・問20

問20　ある地点での地盤振動が正弦振動で、振動加速度レベル 80 dB、速度振幅 0.005 m/s であった。この地盤振動の振動数は約何 Hz か。

(1)　3.0　　　(2)　3.5　　　(3)　4.0　　　(4)　4.5　　　(5)　5.0

解　説

まず振動加速度レベルから振動加速度の実効値を求めます。振動加速度レベルは次式で与えられます。

$$L_a = 20\log\frac{a}{a_0}$$

ここで、L_a：振動加速度レベル（dB）　　a：振動加速度の実効値（m/s²）

　　　　a_0：振動加速度の基準値（＝ 10^{-5} m/s²）

振動加速度を求めやすいように上式を変形し、題意の振動加速度レベル80dBを代入して振動加速度を求めます。

$$L_a = 20\log\frac{a}{a_0}$$

$$L_a = 20\log a - 20\log a_0$$

$$20\log a = L_a + 20\log a_0$$

$$= 80 + 20\log 10^{-5} = 80 - 100 = -20$$

$$20\log a = -20$$

$$\log a = -1$$

したがって、振動加速度の実効値 $a = 10^{-1} = 1/10 = 0.1$ m/s² となります。

次に振動加速度の実効値から加速度振幅を求めます。実効値はピーク値（最大振幅）の$1/\sqrt{2}$倍なので加速度振幅を a_0 とすると

$$a = a_0 \times \frac{1}{\sqrt{2}}$$

$$a_0 = a \times \sqrt{2} = 0.1 \times 1.41 = 0.141 \text{m/s}^2 \qquad (\sqrt{2} \fallingdotseq 1.41)$$

求めた加速度振幅と題意の速度振幅から振動数を求めます。変位・速度・加速度

216

振動の性質　第**9**章

の関係は次式で表すことができます。

$$(2\pi f)^2 y_0 = (2\pi f)v_0 = a_0$$

ここで、f：振動数（Hz）　　　y_0：変位振幅（m）　　　v_0：速度振幅（m/s）

　　　a_0：加速度振幅（m/s^2）

　上式を変形し、加速度振幅$a_0 = 0.141$m/s^2、題意より速度振幅0.005m/sを代入して振動数を求めます。

$$(2\pi f)v_0 = a_0$$

$$f = \frac{a_0}{2\pi v_0} = \frac{0.141}{2 \times 3.14 \times 0.005} \fallingdotseq 4.5\text{Hz}$$

したがって、(4)が正解です。

正解 >> （4）

第9章　振動の性質

練習問題

平成26・問23

問23　振動量に関する記述中，[ ]の中に挿入すべき数値の組合せとして，正しいものはどれか。

振動数 8 Hz，速度振幅 0.0002 m/s の正弦振動の場合，加速度振幅は約 [(ア)] m/s^2 であり，振動加速度レベルは約 [(イ)] dB である。

	(ア)	(イ)
(1)	0.01	55
(2)	0.01	57
(3)	0.01	60
(4)	0.02	60
(5)	0.02	63

解　説

穴埋めの形をとっていますが、振動加速度と振動加速度レベルを求める計算問題です。

まずは加速度振幅を求めます。速度振幅と加速度振幅との関係は次式で表すことができます。

$$(2\pi f)\,v_0 = a_0$$

ここで、f：振動数（Hz）　　v_0：速度振幅（m/s）　　a_0：加速度振幅（m/s^2）

題意の振動数8Hz、速度振幅0.0002m/sを上式に代入して加速度振幅を求めます。

$$2 \times 3.14 \times 8 \times 0.0002 = a_0$$

$$a_0 = 0.01 \text{m/s}^2$$

よって（ア）は「0.01」になります。

次に実効値を求めます。加速度の実効値 a は、上で求めた加速度振幅0.01m/s^2 の $1/\sqrt{2}$ 倍になりますので、次式で求められます。

$$a = 0.01 \times \frac{1}{\sqrt{2}} \fallingdotseq 0.01 \times 0.7 \quad (\sqrt{2} \fallingdotseq 1.41)$$

$$= 0.007 \text{m/s}^2$$

振動の性質　第**9**章

　次に振動加速度レベルを求めます。振動加速度レベルは次式で表すことができます。

$$L_a = 20 \log \frac{a}{a_0}$$

ここで、L_a：振動加速度レベル（dB）　　a：振動加速度の実効値（m/s²）

　　　a_0：振動加速度の基準値（$= 10^{-5}$m/s²）

　上で求めた振動加速度の実効値0.007m/s²を上式に代入して振動加速度レベルを求めます。

$$L_a = 20 \log \frac{0.007}{10^{-5}} = 20 \log \frac{7 \times 10^{-3}}{10^{-5}} = 20 \log \frac{7}{10^{-2}}$$

$$= 20 \log 7 - 20 \log 10^{-2} \quad (\log 7 \fallingdotseq 0.85)$$

$$= 20 \times 0.85 + 20 \times 2 = 17 + 40 = 57\text{dB}$$

よって（イ）は「57」になります。

　したがって、正しい組合せは(2)になります。

正解 ≫ （2）

▎参　考 ▶

　（ア）の加速度振幅0.01m/s²を求めた時点で、振動加速度レベルが求めやすい数値であることに気づけば、実効値0.07m/s²を求めなくても振動加速度レベルが算出できます。

　実効値から求める振動加速度レベルは、加速度振幅（最大振幅）から求めた加速度レベルを−3dBすればよいので、加速度振幅0.01m/s²から加速度レベルを求め、そのレベル値から3dBを引けば振動加速度レベルになります。

$$L = 20 \log \frac{0.01}{10^{-5}} = 20 \log \frac{10^{-2}}{10^{-5}} = 20 \log \frac{10^5}{10^2} = 20 \log 10^3 = 20 \times 3 = 60\text{dB}$$

　したがって、振動加速度レベルは

$$L_a = 60 - 3 = 57\text{dB}$$

となります。

第9章 振動の性質

4 振動レベル

人間の振動感覚補正を行った振動加速度の実効値をレベル化したものが**振動レベル**です。これは騒音の分野における騒音レベルに対応するものです。振動レベルは、**鉛直特性**※又は**水平特性**※で重み付けをした振動加速度の実効値を、基準の振動加速度で除した値の常用対数の20倍で表され、次式で与えられます。

> ※：鉛直特性
> 鉛直方向の振動に対する全身の振動感覚に基づく周波数特性

> ※：水平特性
> 水平方向の振動に対する全身の振動感覚に基づく周波数特性

暗 記

$$L_v = 20 \log \frac{a}{a_0}$$

ここで、L_v：振動レベル（dB）（v は Vibration（振動））
a：鉛直特性又は水平特性で重み付けをした振動加速度の実効値（m/s²）
a_0：基準の振動加速度（10^{-5} m/s²）

振動加速度レベルと同じく定義式と基準値は暗記しておきましょう。

●周波数補正

人体の振動に対する感じ方は周波数により異なっているため、これをどのように補正するかが重要な問題となります。JIS C 1510では、鉛直特性、水平特性の振動感覚の周波数補正が定められています（図3、表1）。

表1の周波数ごとの補正値（表では基準レスポンス※と表されている）を用いて振動レベルを算出する計算問題が出題されることがあります。すべての補正値を記憶するのは難しいので、次の代表的な概略値は暗記しておきましょう。振動規制法では鉛直方向の振動のみが規制の対象となっていますので、鉛直方向の補正値は特に重要です。

> ※：レスポンス
> 計測用語を規定するJIS Z 8103では、応答（response）は「計測器への入力信号に対して出力信号が対応するありさま」と定義されている。ここでは基準レスポンスは、周波数ごとの補正値のことを示している。

暗記

振動感覚補正値（概略値）

周波数（Hz）	1	2	4	8	16	31.5	63
鉛直方向の補正値（dB）	－6	－3	0	－1	－6	－12	－18
水平方向の補正値（dB）	3	2	－3	－9	－15	－21	－27

　図3及び表1からわかるように、補正値（基準レスポンス）にはおおむね次のような法則があります。
　①鉛直方向の1Hz～4Hzの範囲ではオクターブごとに＋3dB（周波数比が2倍になるごとに＋3dB）。
　②上記の範囲では1/3オクターブごとに＋1dB。
　③鉛直方向の8Hz～、水平方向の2Hz～はオクターブごとに－6dB（周波数比が2倍になるごとに－6dB）。
　上記の**オクターブ**とは、音階でいうとドの音から次の上の

図3　鉛直特性、水平特性の基準レスポンス及び許容差

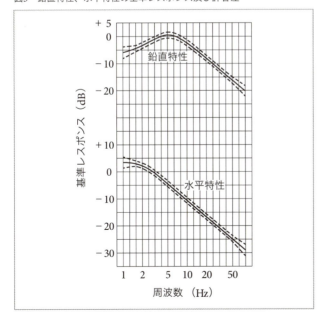

第**9**章 振動の性質

表1 基準レスポンスと許容差

（単位：dB）

周波数（Hz）	基準レスポンス			許容差
	鉛直特性	水平特性	平坦特性	
1	− 5.9	+ 3.3	0	± 2
1.25	− 5.2	+ 3.2	0	± 1.5
1.6	− 4.3	+ 2.9	0	± 1
2	− 3.2	+ 2.1	0	± 1
2.5	− 2.0	+ 0.9	0	± 1
3.15	− 0.8	− 0.8	0	± 1
4	+ 0.1	− 2.8	0	± 1
5	+ 0.5	− 4.8	0	± 1
6.3	+ 0.2	− 6.8	0	± 1
8	− 0.9	− 8.9	0	± 1
10	− 2.4	− 10.9	0	± 1
12.5	− 4.2	− 13.0	0	± 1
16	− 6.1	− 15.0	0	± 1
20	− 8.0	− 17.0	0	± 1
25	− 10.0	− 19.0	0	± 1
31.5	− 12.0	− 21.0	0	± 1
40	− 14.0	− 23.0	0	± 1
50	− 16.0	− 25.0	0	± 1
63	− 18.0	− 27.0	0	± 1.5
80	− 20.0	− 29.0	0	± 2

ドの音との関係のように、周波数比が**2倍**となる音（振動）やその間隔のことをいいます（表1では1Hz、2Hz、4Hz、8Hz…）。**1/3オクターブ**とは1オクターブを1/3に分割したものです。また、ある周波数を中心にして上限と下限の周波数比が1オクターブとなる周波数の帯域（バンド）を**オクターブバンド**といい、その中心の周波数を**オクターブバンド中心周波数**と呼びます。

📝 **ポイント**

①振動レベルの定義式を覚える。
②振動感覚の周波数補正値を覚える（特に鉛直方向）。
③オクターブ、1/3オクターブの意味を理解する。

振動の性質 | 第**9**章

練習問題

平成22・問25

問25　ある工場の敷地境界の地表面での鉛直方向の振動加速度を測定し，オクターブバンド周波数分析を行って表に示す結果を得た。振動加速度レベルと振動レベルの組合せのうち，正しいものはどれか。

オクターブバンド中心周波数(Hz)	2	4	8	16	31.5	63
敷地境界での振動加速度レベル(dB)	50	63	64	69	74	69

	振動加速度レベル(dB)	振動レベル(dB)
(1)	75	66
(2)	77	67
(3)	75	68
(4)	77	69
(5)	75	70

解説

　各周波数における振動加速度レベルから、振動加速度レベルと振動レベルを求める計算問題です。

　まず振動加速度レベルを求めます。それぞれの周波数ごとの振動加速度レベルを合成すれば振動加速度レベルが求められます。

　dBの和の補正値(下表)より、大きいほうから合成していきます。

dB の和の補正値（概略値）

レベル差（dB）	0	1	2	3	4	5	6	7	8	9	10～
補正値（dB）	3		2				1				0

　　74　69　→レベル差5、補正値1　→74 + 1 = 75dB

　　75　69　→レベル差6、補正値1　→75 + 1 = 76dB

　　（以降はレベル差10以上につき省略）

　したがって、振動加速度レベルは76dBとなります。選択肢には76dBはありませんが、このような場合は1dB 多い77dBを選択します。もしくは、小さい値から合成すると77dBになります。補正値は概略値なので精密値とは若干異なり、たとえ

第9章 振動の性質

ばレベル差10以上も実際は小数点以下の端数の補正値が存在します。精密な値を求めると、

$$L = 10 \log \left(10^{\frac{50}{10}} + 10^{\frac{63}{10}} + 10^{\frac{64}{10}} + 10^{\frac{69}{10}} + 10^{\frac{74}{10}} + 10^{\frac{69}{10}} \right)$$

$$= 10 \log \left(10^5 + 10^{6.3} + 10^{6.4} + 10^{6.9} + 10^{7.4} + 10^{6.9} \right)$$

$$= 10 \log \left(10^6 \times 10^{-1} + 10^6 \times 10^{0.3} + 10^6 \times 10^{0.4} + 10^6 \times 10^{0.9} + 10^6 \times 10^{1.4} \right.$$
$$\left. + 10^6 \times 10^{0.9} \right)$$

$$= 10 \log 10^6 \left(10^{-1} + 10^{0.3} + 10^{0.4} + 10^{0.9} + 10^{1.4} + 10^{0.9} \right)$$

$$= 10 \log 10^6 (0.1 + 2.00 + 2.51 + 7.94 + 25.12 + 7.94) = 10 \log \left(10^6 \times 45.61 \right)$$

$$= 10 \log 10^6 + 10 \log 45.61 = 60 + 16.6 = 76.6 \fallingdotseq 77 \text{dB}$$

となりますが、関数電卓が使用できない国家試験では算出に時間がかかるので、時間に余裕があるときだけ精密値を求めることをおすすめします。

　次に振動レベルを求めます。周波数ごとの振動加速度レベルに振動感覚補正値（下表）により補正した値を合成すれば振動レベルが求められます。

振動感覚補正値（概略値）

周波数（Hz）	1	2	4	8	16	31.5	63
鉛直方向の補正値（dB）	− 6	− 3	0	− 1	− 6	− 12	− 18
水平方向の補正値（dB）	3	2	− 3	− 9	− 15	− 21	− 27

　題意より鉛直方向の振動加速度を測定して振動加速度レベルを求めているので、周波数ごとの振動レベルは次のとおりです。

周波数（Hz）	2	4	8	16	31.5	63
振動加速度レベル（dB）	50	63	64	69	74	69
鉛直方向の補正値（dB）	− 3	0	− 1	− 6	− 12	− 18
振動レベル（dB）	47	63	63	63	62	51

　dBの和の補正値より、周波数ごとの振動レベルを合成すると

　　　63　63　→レベル差0、補正値3　→63 + 3 = 66

　　　66　63　→レベル差3、補正値2　→66 + 2 = 68

　　　68　62　→レベル差6、補正値1　→68 + 1 = 69

　　　（以降はレベル差10以上につき省略）

となり、振動レベルは69dBとなります。

　したがって、(4)が正解です。

正解 >> （4）

振動の性質　第9章

練習問題

平成28・問25

問25　ある工場の振動を1/3オクターブバンド分析して，下表の結果を得た。この表をもとにオクターブバンド分析値を算出した結果として，誤っているものはどれか。

中心周波数(Hz)	3.15	4	5	6.3	8	10	12.5	16
バンド加速度レベル(dB)	45	48	44	47	51	62	80	60

中心周波数(Hz)	20	25	31.5	40	50	63	80
バンド加速度レベル(dB)	55	49	45	48	48	44	39

	オクターブバンド 中心周波数(Hz)	オクターブバンド 加速度レベル(dB)
(1)	4	51
(2)	8	63
(3)	16	80
(4)	31.5	55
(5)	63	50

解 説

オクターブバンド分析値から加速度レベルを求める計算問題です。

設問の分析値は1/3オクターブバンドの分析結果なので、オクターブバンド加速度レベルを求めるには、設問の表において、中心周波数を中心として隣り合う3つの周波数の加速度レベルを合成します。dBの和の補正値（下表）より、大きいほうから合成していきます。

dBの和の補正値（概略値）

レベル差（dB）	0	1	2	3	4	5	6	7	8	9	10 ～
補正値（dB）	3		2			1					0

(1)中心周波数4Hzの場合、31.5Hz、4Hz、5Hzの加速度レベル45dB、48dB、44dBを合成します。

　　48　45　→レベル差3、補正値2　→48 + 2 = 50

　　50　44　→レベル差6、補正値1　→50 + 1 = 51

225

第9章　振動の性質

よって、オクターブバンド加速度レベルは51dBです。正しい。

(2)中心周波数8Hzの場合、6.3Hz、8Hz、10Hzの加速度レベル47dB、51dB、62dBを合成します。

　　　62　51　　→レベル差10以上、補正値0　→62 + 0 = 62

　　　62　47　　→レベル差10以上、補正値0　→62 + 0 = 62

　　もしくは、小さい値から合成します。

　　　47　51　　→レベル差4、補正値2　→51 + 2 = 53

　　　53　62　　→レベル差9、補正値1　→62 + 1 = 63

　　おおよそ63dBとなります。正しい。

(3)中心周波数16Hzの場合、12.5Hz、16Hz、20Hzの加速度レベル80dB、60dB、55dBを合成します。

　　　80　60　　→レベル差10以上、補正値0　→80 + 0 = 80

　　　80　55　　→レベル差10以上、補正値0　→80 + 0 = 80

　　よって、オクターブバンド加速度レベルは80dBです。正しい。

(4)中心周波数31.5Hzの場合、25Hz、31.5Hz、40Hzの加速度レベル49dB、45dB、48dBを合成します。

　　　49　48　　→レベル差1、補正値3　→49 + 3 = 52

　　　52　45　　→レベル差7、補正値1　→52 + 1 = 53

　　オクターブバンド加速度レベルは53dBです。55dBではありません。

(5)中心周波数63Hzの場合、50Hz、63Hz、80Hzの加速度レベル48dB、44dB、39dBを合成します。

　　　48　44　　→レベル差4、補正値2　→48 + 2 = 50

　　　50　39　　→レベル差10以上、補正値0　→50 + 0 = 50

　　よって、オクターブバンド加速度レベルは50dBです。正しい。

　　したがって、(4)が正解です。

正解 >> （4）

■ 参 考 ▶

概略値と精密値とのdB値が異なる(2)の精密値を求めると次のようになります。

$$L = 10 \log \left(10^{47/10} + 10^{51/10} + 10^{62/10} \right)$$

$$= 10 \log \left(10^{4.7} + 10^{5.1} + 10^{6.2} \right)$$

振動の性質 | 第9章

$$= 10 \log (10^5 \times 10^{-0.3} + 10^5 \times 10^{0.1} + 10^5 + 10^{1.2})$$

$$= 10 \log 10^5 (10^{-0.3} + 10^{0.1} + 10^{1.2})$$

ここで $10^{-0.3} = 1/10^{0.3}$ であり、常用対数表より $10^{0.3} \fallingdotseq 2$ なので $1/2 = 0.5$ です。同じく常用対数表より $10^{0.1} \fallingdotseq 1.26$ です。また、$10^{1.2}$ は $10^1 \times 10^{0.2}$ であり、常用対数表より $10^{0.2} \fallingdotseq 1.59$ なので $10 \times 1.59 = 15.9$ です。したがって、

$$L = 10 \log 10^5 (0.5 + 1.26 + 15.9) = 10 \log 10^5 (17.66)$$

$$= 10 \log 10^5 + 10 \log 17.66$$

ここで $\log 17.66 = \log (10 \times 1.766) = \log 10 + \log 1.766$ であり、常用対数表より $\log 1.766 \fallingdotseq \log 1.77 \fallingdotseq 0.248$ なので $\log 10 + \log 1.766 = 1 + 0.248 = 1.248$ です。したがって、

$$L = 50 + 10 \times 1.248 = 50 + 12.48 = 62.48 \text{dB}$$

おおよそ(2)の63dBとなります。算出に時間がかかるので、概略値での計算方法をおすすめします。

9-3 簡単な振動系

ここでは簡単なばねのモデルを使って振動系の解説をします。ばね定数、減衰比などを使って説明される自由振動、強制振動の原理を理解しておきましょう。

1 自由振動

●1自由度の振動系

図1に示すような1方向だけに振動するモデルを考えます。図1は質量mの物体が1本の**ばね**※で支えられているモデルです。このとき物体の上下方向の変位をxとし、ばねの強さを表す**ばね定数**をkとしています。このようなモデルを**1自由度の振動系**と呼びます。

なお、ばね定数が大きいほど**かたい**ばねに、小さいほど**やわらかい**ばねになります。

●減衰のない自由振動

物体に衝撃を与えると、そのあとに力を加えなくてもしばらくは揺れ続けます。このような外力が加わらない状態での振動を**自由振動**といいます。図1のモデルの自由振動において、振動はいつまでも減衰することなく継続すると考えます。このよ

> ※：ばね
> 振動防止対策として用いるばねは、実際には複数で振動体を支えることになるが、ここではそれぞれのばねの強さを合成して1本のばねで支えていると考える。また、実際にはばねには重さや大きさがあるが、ここでは考慮していない。

図1　1自由度の振動系

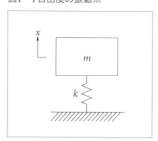

うな振動を**単振動**又は**正弦振動**といいます。

このとき、固有角振動数 ω_0 と質量 m とばね定数 k との関係は次式で表すことができます。固有角振動数とは、ある系に固有の角振動数のことです。

暗 記

$$\omega_0 = \sqrt{\frac{k}{m}}$$

ここで、ω_0：固有角振動数（rad/s）　　k：ばね定数（N/m）
m：質量（kg）

変位のところでも説明しましたが、角振動数 $\omega = 2\pi f$ で表すことができますので、固有振動数 f_0 は次式で表すことができます。固有振動数とは、ある系に固有の振動数のことです。

暗 記

$$f_0 = \frac{1}{2\pi} \sqrt{\frac{k}{m}}$$

ここで、f_0：固有振動数（Hz）　　k：ばね定数（N/m）
m：質量（kg）

上記の2つの式をみてわかるように、この系における固有角振動数及び固有振動数は物体の質量とばね定数で決まり、変位振幅には関係しません。

図2 たわみ

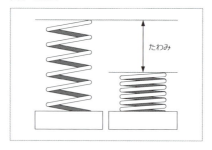

●たわみ

ばねにおける**たわみ**とは、ばねに力を加えたときの変化の量のことをいいます(図2)。ばねの上に物体を静かに載せたときのたわみを**静的たわみ**といい、固有角振動数と静的たわみの関係は次式で表すことができます。

暗記

$$f_0 = \frac{1}{2\pi}\sqrt{\frac{9.8}{\delta}} \fallingdotseq \frac{0.5}{\sqrt{\delta}}$$

ここで、f_0：固有振動数(Hz)　　δ：静的たわみ(m)

●ばねの支持

図3のように、物体が複数のばねで直列又は並列に支持されている場合を考えます。

図3(a)のように、物体がn個のばねで**並列**に支持されている場合、全体のばね定数kは個々の**ばね定数の和**になります。

$$k = k_1 + k_2 + k_3 + \cdots\cdots + k_n$$

図3(b)のように、物体がn個のばねで**直列**に支持されている場合、全体のばね定数の逆数$1/k$は個々の**ばね定数の逆数の和**になります。

図3 合成ばね定数

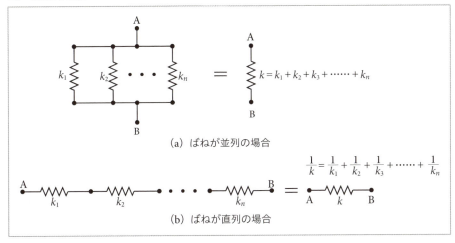

(a) ばねが並列の場合

(b) ばねが直列の場合

$$\frac{1}{k} = \frac{1}{k_1} + \frac{1}{k_2} + \frac{1}{k_3} + \cdots\cdots + \frac{1}{k_n}$$

具体的な例を示しましょう。いま、ばね定数 k の3つのばねで並列又は直列に物体を支持するとき、全体のばね定数 K は次のように表すことができます。

【並列】$K = k + k + k = 3k$

【直列】$\frac{1}{K} = \frac{1}{k} + \frac{1}{k} + \frac{1}{k} = \frac{3}{k}$ $K = \frac{k}{3}$

並列の場合は全体のばね定数が**3倍**になるのに対し、直列の場合は**1/3倍**になることがわかります。

◉減衰のある自由振動

これまでは減衰のない自由振動について説明してきましたが、実際には振動はばねの内部摩擦や空気・水などの抵抗によって時間の経過とともに減衰し、やがて静止します。

図4 1自由度の振動系(減衰あり)

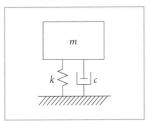

第9章 振動の性質

※：粘性抵抗

粘性抵抗とは、流体
(流動する物質)と物体
の間に働く動摩擦のこ
と。粘性摩擦とも呼ば
れる。粘性抵抗による
減衰を粘性減衰とい
う。

※：ダンパ

振動の減衰や抑制を目
的とした装置。乗り物
のサスペンションにも
よく用いられている。
ピストンにかかる振動
がシリンダーに密封さ
れたオイルによって振
動エネルギーを吸収す
るオイルダンパなどが
代表例。ショックアブ
ソーバーなどとも呼ば
れる。

いま図4のような物体がばねと**粘性抵抗**※をもつ**ダンパ**※で支えられているモデルを考えます。最初に質量mの物体に力を加えると、ばねにより振動を始めますが、ダンパにより振動は減衰していきます。

車のサスペンションを想像すると理解しやすいと思いますが、ダンパは強く押せば抵抗をよく感じます。逆にゆっくりと押せば抵抗をあまり感じません。このことからもわかるように、粘性抵抗による減衰(粘性減衰)は**速度**に比例します。

図中のcは**減衰係数**を表しています。減衰係数が0の場合は減衰のない振動であり、値が大きくなるほど減衰の大きな振動となります。減衰係数がある値以上になると振動はなくなりますが、このときの値を**臨界減衰係数**といい、減衰係数と臨界減衰係数との比を**減衰比**といいます。これらの関係は次式で表すことができます。

$$\zeta = \frac{c}{c_c}$$

ここで、ζ：減衰比　　　c：減衰係数　　　c_c：臨界減衰係数

また、臨界減衰係数c_cは次式で求めることができます。

$$c_c = 2\sqrt{mk} = 2m\omega_0$$

ここで、c_c：臨界減衰係数　　　m：質量(kg)

k：ばね定数(N/m)　　　ω_0：固有角振動数(rad/s)

◉減衰比

自由振動の振幅は減衰比ζの値によって大きく変化します。図5に示すように、減衰比ζの大きさによって波形は次の3つのパターンに分かれます。

①$0 < \zeta < 1$のとき(図5(a))：$c < c_c$の状態。振幅が次第に**小さく**なり、やがて振動は静止する。このような振動を**減衰振動**という。このとき、減衰振動の固有振動数は、減衰のない振動の$\sqrt{1-\zeta^2}$倍(1よりも小さい値)になり、減衰振動の周期は、減衰がない振動の$1/\sqrt{1-\zeta^2}$倍となる。

図5 減衰の大小による変位の時間的変化

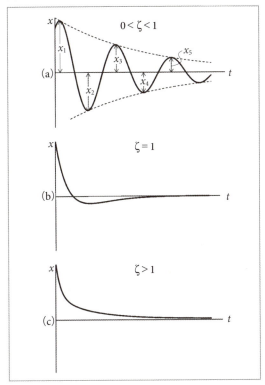

② $\zeta = 1$ のとき（図5(b)）：$c = c_c$ の状態。このとき振動は生じない。このような状態を**臨界減衰**という。
③ $\zeta > 1$ のとき（図5(c)）：$c > c_c$ の状態。このときも振動は生じない。このような状態を**過減衰**という。

> **ポイント**
> ①振動数と角振動数は、ばね定数と質量によって決まる。
> ②質量、ばね定数、角振動数(振動数)の関係式を覚える。
> ③たわみと振動数の関係式を覚える。
> ④直列、並列につないだときのばね定数の関係を理解する。
> ⑤減衰のある振動の特徴、減衰比について理解する。

第 **9** 章　振動の性質

練習問題

平成27・問23

問23　減衰要素のないばねに質量 100 g の物体を静かに載せると，ばねは 2.5 mm 縮んだ。このばねと質量からなる一自由度の振動系の固有振動数(Hz)とばね定数(N/m)のおおよその数値の組合せとして，正しいものはどれか。

	固有振動数	ばね定数
(1)	5	63
(2)	10	63
(3)	5	400
(4)	10	400
(5)	5	630

| 解　説 ▶

　一自由度の振動系において固有振動数とばね定数を求める計算問題です。

　まずはたわみから固有振動数を求めます。固有振動数とたわみの関係は次式で表すことができます。

$$f_0 = \frac{1}{2\pi}\sqrt{\frac{9.8}{\delta}} \fallingdotseq \frac{0.5}{\sqrt{\delta}}$$

ここで，f_0：固有振動数(Hz)　　δ：静的たわみ(m)

　題意より、ばねの上に物体を静かに載せたときのばねの縮み(静的たわみ)は 2.5mm（= 0.0025m）なので、これを上式に代入すれば固有振動数が求められます。

$$f_0 \fallingdotseq \frac{0.5}{\sqrt{\delta}} = \frac{0.5}{\sqrt{0.0025}} = \frac{0.5}{0.05} = 10\text{Hz}$$

　次に上で求めた固有振動数からばね定数を求めます。固有振動数、質量、ばね定数の関係は次式で表すことができます。

$$f_0 = \frac{1}{2\pi}\sqrt{\frac{k}{m}}$$

ここで，f_0：固有振動数(Hz)　　k：ばね定数(N/m)　　m：質量(kg)

　上式を変形し、題意の質量100g（= 0.1kg）、上で求めた固有振動数10Hzを代入してばね定数を求めます。

振動の性質　第 9 章

$$k = m\,(2\pi f_0)^2 = 0.1 \times (2\pi \times 10)^2 \fallingdotseq 394.4 \fallingdotseq 400\text{N/m}$$

したがって、正しい組合せは(4)になります。

正解 >> （4）

第**9**章 振動の性質

練習問題

平成28・問24

問24 減衰要素のないばねの上におもりを静かに載せると，ばねは2.5 mm 縮んだ。このおもりとばねで構成される1自由度の振動系の固有振動数は約何 Hz か。

(1) 2.5　　(2) 5　　(3) 7.5　　(4) 10　　(5) 12.5

解説

たわみから固有振動数を求める計算問題です。減衰のない1自由度の振動系では、固有振動数とたわみの関係は次式で表すことができます。

$$f_0 = \frac{1}{2\pi}\sqrt{\frac{9.8}{\delta}} \fallingdotseq \frac{0.5}{\sqrt{\delta}}$$

ここで、f_0：固有振動数（Hz）　　δ：静的たわみ（m）

題意より、ばねの上におもりを静かに載せたときのばねの縮み（静的たわみ）は2.5mm（＝0.0025m）なので、これを上式に代入すれば固有振動数が求められます。

$$f_0 \fallingdotseq \frac{0.5}{\sqrt{\delta}} = \frac{0.5}{\sqrt{0.0025}} = \frac{0.5}{0.05} = 10\text{Hz}$$

したがって、(4)が正解です。

正解 >> （4）

振動の性質 | 第**9**章

練習問題

平成24・問22

問22 正弦振動している水平な振動台上に物体を乗せ，正弦振動の振幅を大きくして
いった。そのとき，振幅 5 mm で台の表面から物体が離れた。この正弦振動の振動
数は約何 Hz か。

(1) 3 　　　　(2) 5 　　　　(3) 7 　　　　(4) 9 　　　　(5) 11

| 解 説 ▷

　設問からは読み取りにくいですが、同じくたわみから固有振動数を求める計算問
題です。水平な振動台をばねと考え、その上に物体が支持されていると考えます。
振幅5mmで台の表面から物体が離れたということは、5mmのたわみが生じたもの
と考えます。

　固有振動数とたわみの関係は次式で表すことができます。

$$f_0 = \frac{1}{2\pi} \sqrt{\frac{9.8}{\delta}} \fallingdotseq \frac{0.5}{\sqrt{\delta}}$$

ここで、f_0：固有振動数（Hz）　　　δ：静的たわみ（m）

　上式に題意の振幅（静的たわみ）5mm（＝0.005m）を代入すれば振動数が求められ
ます。

$$f_0 = \frac{0.5}{\sqrt{0.005}} \fallingdotseq \frac{0.5}{0.07} \fallingdotseq 7.14 \fallingdotseq 7\mathrm{Hz}$$

　したがって、（3）が正解です。

正解 ≫ （3）

第 9 章 振動の性質

練習問題

平成27・問21

問21　ばねと質量からなる一自由度の振動系の自由振動に関する記述として，誤って
いるものはどれか。

(1) ばねに加わる力は質量と加速度の積に等しい。

(2) 固有振動数は変位振幅に無関係である。

(3) 物体が複数のばねで並列に支持され，各ばねが均等にたわんでいる場合，全
体のばね定数は個々のばね定数の和となる。

(4) 振動系において，粘性減衰は振動速度に比例した減衰力を生じる。

(5) ばねの上に物体を静かに載せたときのたわみから，固有振動数を求めること
はできない。

| 解　説

一自由度の振動系の自由振動について問われています。

(5)ばねの上に物体を静かに載せたときのたわみ(静的たわみ)と固有振動数の関
係は次式で表すことができます。

$$f_0 = \frac{1}{2\pi} \sqrt{\frac{9.8}{\delta}} \fallingdotseq \frac{0.5}{\sqrt{\delta}}$$

ここで、f_0：固有振動数(Hz)　　δ：静的たわみ(m)

上式より、たわみから固有振動数が求められますので、「求めることはできない」
は誤りです。

(1)はニュートンの運動第2法則「物体に力が働くとき、加速度は力に比例し、
物体の質量に反比例する」より、

$$加速度 = \frac{力}{質量}$$

力＝質量×加速度

となりますので正しい記述です(後述)。

したがって、(5)が正解です。

正解 ≫　(5)

振動の性質 | 第**9**章

練習問題

平成27・問24

問24　1自由度系の減衰のある自由振動に関する記述として，正しいものはどれか。

ただし，ζ は減衰比とする。

(1)　ζ の範囲は，$-1 < \zeta < 10$ である。

(2)　$0 < \zeta < 1$ のときの固有振動数は，減衰がない時の $\dfrac{1}{\sqrt{1-\zeta^2}}$ 倍となる。

(3)　$0 < \zeta < 1$ のときは，振動するが振幅は次第に大きくなる。

(4)　$\zeta = 1$ のときは，臨界減衰の状態といい，振動は生じない。

(5)　$\zeta > 1$ のときは，一定の振幅で振動する。

解　説

　減衰のある自由振動について問われています。正しいものは(4)です。

(1)減衰比 ζ の範囲は $0 < \zeta$、つまり 0 より大きい値になります。誤り。

(2)$0 < \zeta < 1$ のとき、固有振動数は減衰がないときの $\sqrt{1-\zeta^2}$ 倍になります。誤り。

(3)$0 < \zeta < 1$ のときは減衰振動となるので、振幅は次第に小さくなります。誤り。

(5)$\zeta > 1$ のときの状態を過減衰といい、このときは振動が生じません。誤り。

　したがって、(4)が正解です。

正解 >> （4）

2 強制振動

外部からの強制力が繰り返し作用する振動を**強制振動**といいます。つまり、外部からの強制力を取り除いたあとの振動が自由振動ということになります。

●共振

物体はそれぞれ固有振動数をもっています。ある物体に固有振動数に等しい強制力を加えると、その物体は次第に振動を始めます。このことを**共振**(音の場合は**共鳴**)といいます。

●振幅倍率

外部からの強制力は振動を強めることも弱めることもできますが、強制力によって振幅がどのように変化するかをみていきます。

図6は、横軸に振動数比 f/f_0(つまり角振動数比 ω/ω_0 という

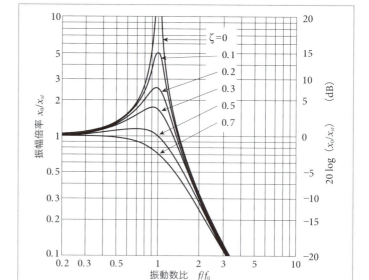

図6　振幅倍率曲線

振動の性質 | 第 **9** 章

こと）、縦軸に振幅倍率をとり対数で図示しています。ここで
横軸の**振幅倍率**は、振動中の変位振幅x_0と、外力が加わる前
の変位振幅x_{st}との比になります。

　この図からは次のことがわかります。

①減衰比$\zeta = 0$（減衰のない場合）：振動数比1のときに振幅倍
　率は無限大になる（**共振状態**）。

②減衰比$\zeta > 0$（減衰のある場合）：減衰比ζが大きくなるに
　従って、変位振幅は小さくなる（ζが小さいほど振幅倍率
　の曲線の山は高く、大きいほど山は低い）。

☑ ポイント

①強制振動とは、外部からの強制力が繰り返し作用する振動のこと。

②共振は、ある物体の固有振動数に等しい強制力を加えると起こる。

③振幅倍率と減衰比の関係を理解する。

第**9**章 振動の性質

9-4 振動の発生と伝搬

　ここでは地盤に生じる振動の発生やその伝搬について解説します。どのようなときに共振が生じるのか、P波、S波、レイリー波などの性質を中心に理解しておきましょう。

1 振動の生成

　地盤に振動が生じるのは、地盤のある点に変形が生じ、その変形が波動として広がるためです。たとえば、機械の運転によって生じた力が基礎から地盤に伝達する場合や、くい打機が直接地盤を加振させる場合など、地盤に変形が生じてその変形が波動となって広がります。公害振動においては、鍛造機やプレス機などの衝撃による加振※が振動源となる場合が多くあります。

※：衝撃による加振
衝撃による加振は、単一又は少数の衝撃加振が間隔を空けて発生するもののほかに、例えば高速プレスのように周期的・連続的に衝撃加振が発生するものもある。

◉共振による増幅

　加振力によって地盤振動が生じる場合、**共振**により振動が増幅することがあります。共振による振動の増幅には次のようなものが挙げられます。

①**加振源**の振動系(機械の質量、ばねの弾性との関係)による振動の増幅

②振動の伝搬中における**地層間の反射**による振動の増幅

③振動を受ける**建物**による振動の増幅

④**測定点**での振動系(振動ピックアップの質量、測定点の弾性との関係)による振動の増幅

2 弾性波の種類と性状

※：弾性体
力が作用して変形しても、力を抜けば元に戻る性質をもつ固体の総称。

　弾性波とは弾性体※を伝搬する波動のことです。弾性波は、地球内部を伝わる実体波、地表面に沿ってのみ伝わる表面波に

242

図1　波動の形態

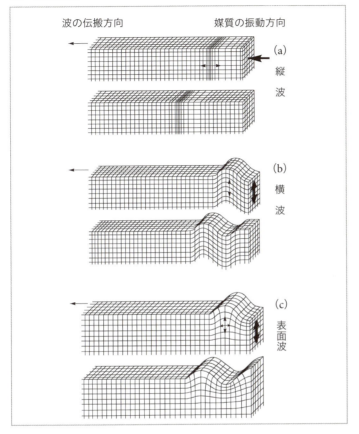

分類されます（図1）。
　①実体波：**縦波**（P波、圧縮波、疎密波）／**横波**（S波、剪断波）
　②表面波：**レイリー波／ラブ波**

●縦波（P波・圧縮波・疎密波）
　縦波（**P波・圧縮波・疎密波**ともいう）は、媒質の**体積**が**変化**しながら伝わる波のことです。媒質の粒子（弾性体の微小部分）が波の**進行方向**に**前後運動**をします。これは空気中の音波に相当します。伝搬する速度が速く、振動源から観測点に最初に到

第**9**章　振動の性質

達することから、**P波**(Primary Wave)とも呼ばれます。

◉横波（S波・剪断波）

　横波(**S波**、**剪断波**ともいう)は、媒質の**体積**が**変化しない**波のことです。媒質の粒子が波の進行方向に対して**鉛直方向**に運動します。振動源から観測点にP波の次に到達することから、**S波**(Secondary Wave)とも呼ばれます。

◉レイリー波

　表面波は実体波により地表面で発生する波のことです。**レイリー波**(R波)とラブ波[※]がありますが、ここではレイリー波について説明します。レイリー波は、媒質の粒子が地表面に対して**鉛直方向**及び**進行方向**に運動しますので、粒子の動きは**楕円運動**になります。振幅は深さとともに急激に小さくなります。一般的に伝搬速度はS波よりわずかに小さいため、S波のあとに観測点に到達しますが、公害振動のような振動源からの距離が数m〜数百m程度では、レイリー波とS波は**同時に到達する**と考えます。公害振動では、レイリー波の影響が特に問題になると考えられています。

> ※：ラブ波
> 媒質の粒子は波の進行方向に対して直角な水平方向の運動をする。

> ☑ **ポイント**
>
> ①どのようなときに共振が生じて振動の増幅が起こるのかを理解する。
> ②P波、S波、レイリー波の特徴を理解する。
> ③それぞれの波の媒質の粒子の動きを押さえておく。

振動の性質　第**9**章

練習問題

平成24・問24

問24　地盤振動に関する記述のうち，誤っているものはどれか。

(1)　地盤振動は，地盤に変形が生じ，その変形が波動として広がる。

(2)　地盤振動は，機械の加振力が基礎に作用することにより生じる。

(3)　地盤振動は，加振源の振動系の共振により増幅されない。

(4)　地盤振動は，一般に幾何減衰により距離とともに減衰する。

(5)　地盤振動は，建物内において建物の特性により増幅されることもある。

騒音・振動概論

騒音・振動特論

| 解　説 |

　地盤振動について問われています。誤っているものは(3)であり、加振源の振動系、つまり機械の質量やばねの弾性などの影響により共振が生じ、振動が増幅されることがあります。

　したがって、(3)が正解です。

正解 ≫　(3)

第**9**章 振動の性質

練習問題

平成26・問24

問24 地盤に生じる弾性波の性質に関する記述として，誤っているものはどれか。

(1) P波は，媒質の体積が変化しながら伝わる波である。

(2) S波は，媒質の体積が変化しない波である。

(3) P波は，媒質の粒子が波の進行方向に前後運動だけをする。

(4) S波は，波の進行方向に対し媒質の粒子運動が同じ方向である。

(5) レイリー波は，媒質の粒子が地表面に垂直な方向及び波の進行方向に運動する。

解　説

　地盤を伝搬する弾性波について問われています。誤っているものは(4)であり、S波は波の進行方向に対して媒質の粒子は鉛直に運動します。

　したがって、(4)が正解です。

正解 >> （4）

振動の性質 | 第**9**章

練習問題

平成27・問24

問24　地表面に沿って伝搬するレイリー波とラブ波に関する記述中，(ア)～(オ)の
　　　□　　の中に挿入すべき語句の組合せとして，正しいものはどれか。

　　レイリー波の粒子運動は，進行方向の成分と　(ア)　方向の成分の2つを持
つ。したがって，粒子運動は　(イ)　運動となる。振幅は，深さと共に急激に
　(ウ)　なる。伝搬速度は，剪断波の伝搬速度より若干　(エ)　。ラブ波で
は，媒質の粒子は波の進行方向に対して直角な　(オ)　方向の運動をする。

	(ア)	(イ)	(ウ)	(エ)	(オ)
(1)	鉛直	楕円	小さく	小さい	水平
(2)	鉛直	直線	大きく	小さい	鉛直
(3)	水平	楕円	小さく	大きい	水平
(4)	水平	直線	小さく	大きい	鉛直
(5)	鉛直	楕円	大きく	大きい	水平

解　説

　レイリー波とラブ波について問われています。

　レイリー波の粒子運動は、進行方向の成分と(ア)「鉛直」方向の成分の2つを持ち
ます。したがって、粒子運動は(イ)「楕円」運動となります。振幅は、深さと共に
急激に(ウ)「小さく」なります。伝搬速度は、剪断波の伝搬速度よりも若干(エ)「小
さい」。ラブ波では、媒質の粒子は波の進行方向に対して直角な(オ)「水平」方向の
運動をします。

　したがって、正しい組合せは(1)です。

正解 >> （1）

Ⅱ

騒音・振動特論

「騒音・振動特論」という科目は、騒音・振動の具体的な防止技術や測定技術について学ぶ科目です。騒音の分野では、距離減衰の考え方、消音器や吸音材料・遮音材料などの防止技術、騒音計による測定方法が試験範囲になります。振動の分野では、弾性支持の考え方、ばねによる振動対策、振動レベル計による測定方法が試験範囲になります。

出題分析と学習方法

まずはどこにポイントを置いて学習すればよいかを理解しておきましょう。広い試験範囲のなかで、合格ラインといわれる60%の正答率を得るためには、出題傾向に応じた学習方法が重要になります。

▶ 出題数と内訳

騒音・振動特論の出題数は全30問で、過去5年分の内訳は下表のとおりです。

試験科目の範囲	出題数				
	平成25年	平成26年	平成27年	平成28年	平成29年
騒音防止技術	9	9	10	9	9
騒音の測定技術	7	7	6	7	7
振動防止技術	7	7	7	7	7
振動の測定技術	7	7	7	7	7
出題数計	30				

▶ 合格のための学習ポイント

● **騒音防止技術**では、出題頻度が高い「消音器」「障壁における伝搬防止」「吸音材料・遮音材料」を中心に学習しましょう。

● **騒音測定技術**では、出題頻度が高い「周波数分析器」「騒音レベルの求め方」「音響パワーレベルの測定」「FFT方式分析器」を中心に学習しましょう。

● **振動防止技術**では、出題頻度が高い「弾性支持」「距離減衰」「ばね」を中心に学習しましょう。

● **振動測定技術**では、出題頻度が高い「振動レベル計」「振動レベルの測定方法」を中心に学習しましょう。

● 全体を通して**計算問題**がよく出題されます。レベル値の計算など、騒音・振動概論の内容がこの科目でも出題されることもあります。式を暗記しておかないと解けない問題も出題されますので、重要な式は暗記しておきましょう（巻末資料の暗記項目一覧参照）。

第1章

騒音防止技術

1-1	騒音対策	**1-4**	屋外の騒音伝搬と防止
1-2	消音器	**1-5**	屋内の騒音伝搬と防止
1-3	制振処理と振動絶縁	**1-6**	吸音材料と遮音材料

第1章 騒音防止技術

1-1 騒音対策

　ここでは騒音対策の考え方と進め方について説明します。事業場において
どのように騒音対策を進めていくのかを理解しておきましょう。

1 騒音対策の考え方

　大気汚染や水質汚濁の防止対策では、有害な物質を除いたり、
無害なものに分解したりしますが、騒音の場合は空気という物
質の圧力の変化が音速で伝搬する現象（音波）が原因です。しか
し、空気を除いたり、ほかのものに分解することはできません。
したがって騒音対策では、空気中の音波の**減衰**、**伝搬**に関する
性質などを考慮して、すでに確立されている防止技術をうまく
組み合わせて使っていくことが必要です。

　騒音の防止対策を整理すると、表1のように物理的手段、感
覚的手段、心理的手段に分けることができます。これから解説
する防止技術は、主に物理的手段による音源対策技術、伝搬低
減技術になります。

騒音防止技術　第1章

表1　騒音防止技術の概要

内容					防音効果
物理的手段	音源対策技術（音波の発生原因を除くこと）	接的圧力変化の防止直	渦の発生、流れの乱れ、爆発等を防止する。		経験、実験等により推定
		物体の振動低減	加振力の低減	打撃、衝突、摩擦、不平衡力を除く。釣り合わせる。	経験、実験等により推定
			振動絶縁	振動伝達率が1以下になるように物体と振動体の間に防振装置を設置する。	経験、実験等により推定
			制振処理	損失係数が5%以上になるように制振材料を塗布又は張り付ける。制振鋼板を使用する。	通常10dB程度経験により推定
	伝搬低減技術（発生した音波の伝搬を低減すること）	音波の伝搬低減	吸音処理	音波の当たる所に必要吸音率を持つ吸音材料を張る。	設計により決める。
			遮音　密閉形	必要透過損失を持つ材料で音源を囲う（カバー、フード、建屋）。	設計により決める。
			遮音　部分形	回折損失による減音量より10dB以上大きい透過損失を持つ障壁を立てる（塀、建物）。	設計により決める。25dBが限度
			遮音　開口形	必要伝達損失を持つ消音器を音波の通路に付ける。	設計により決める。
		音波の伝搬に影響する現象の利用	距離減衰	受音点から音源をできるだけ離す。	0〜6dB/倍距離
			指向性による減衰	音波が強く放射される方向を受音点に向けない。	通常10dB程度
			空気の吸収による減衰	長距離、高周波音の場合に有効	0.6dB/100m（1kHz）5dB/100m（8kHz）程度
			気温・風による減音	風下に音源を設置する。	風速、気温分布により異なる。
			地表面の吸収による減衰	吸音性の地面にする。	30cmの草で0.7dB/10m（1kHz）程度
			樹木による減衰	並木程度では効果はない。	葉の密度の大きい木で10dB/50m程度
感覚的手段	マスキング		音を出して気になる音を隠す。騒音レベルの低い音に有効		
心理的手段	あいさつ、補償等		被害者、加害者の状況、心理を考えて対処する。		

[中野：騒音・振動環境入門、オーム社（2010/7）より]

2 騒音対策の進め方

騒音が問題になっている場合、騒音対策は次のような手順で進められます。

①**調査、診断**：実施調査などで騒音の発生原因、発生箇所を特定

②**測定**：騒音の程度を確認

③**評価**：診断結果の評価、低減目標値などを決定

④**対策案作成**：実施可能な対策案の作成

⑤**防止装置の設計、製作**：消音器などの設計、製作

⑥**対策実施**：製作した防止装置の設置など

⑦**結果確認**：測定などにより効果を確認

3 騒音診断

騒音診断は、騒音源や発生原因などを明らかにすることが目的です。この結果に従って防止対策が進められますので、対策実施前に十分な診断が行われることが重要です。

診断は次の項目について行います。

①**騒音問題**：工場敷地境界線、周辺住宅、作業者など、騒音がどこで問題になっているのかを確認する。

②**騒音状況**：どこで、どのような音が、どの程度問題になっているのかを明らかにする。

③**騒音源**：騒音源を明らかにする。音源が複数ある場合は、有効な対策を実施するため最も大きな影響を与えている騒音源を特定する。

④**騒音放射源**：最も大きな音が放射されている部分・箇所を明らかにする。たとえば送風機が騒音源の場合、大きな音が放射されているのは吸込口なのか、羽根の部分なのかなどを特定する。

騒音防止技術　第1章

4 診断方法

◉機器の配置・問題点の状況調査

　騒音の問題となる地点付近と騒音源となり得る**機械装置**との位置関係を調べます。また、機械装置の出力・機能などを調べることも重要です。これは主に上記の①②の診断項目に対する診断方法です。

◉聴感による騒音調査

　騒音は最終的には耳で聴いた結果で評価されます。したがって、調査では騒音を実際に**耳で聴いて探す**ことが重要になります。

　騒音源に対する調査では、機械装置を**止める**など、できるだけ運転状況を変えて聴き比べます。その場合、問題となっている地点で騒音を聴くことが重要です。

　騒音放射源に対する調査では、ほかの放射源からの騒音の影響のない状態をつくり、その放射源だけから放射される騒音を耳で聴いて探します。

◉測定器による騒音調査

　聴感で調査した結果を量的に確認するための測定です。騒音対策における測定は、実態調査のような精度は求められませんので、JIS※に規定される測定方法である**必要はありません。**

　騒音源に対する調査では、聴感による調査結果を踏まえ、問題地点での騒音測定を行います。できるだけ音源の状況を変え、騒音源個々の影響の程度を量的に把握できるようにします。一般にこのときの騒音測定、周波数分析には**A特性**を用います。

　騒音放射源に対する調査では、聴感による調査結果を踏まえ、騒音放射源近くにマイクロホンを置いて騒音測定を行います。

※：JIS
JIS Z 8731に「環境騒音の表示・測定方法」、JIS Z 8735に「振動レベル測定方法」が規定されている。

騒音・振動概論

騒音・振動特論

255

5 騒音対策の目標

騒音問題は聴いた音がうるさいと感じることで生じます。したがって、何dB下げれば問題が解決するというわけではなく、耳で聴いてうるさく感じないようにすることが騒音問題解決の基本です。

騒音対策の第一の目標は、問題となる地点で耳障りな音を騒音レベルに関係なく、**できるだけ小さく**することです。第二の目標は、工場の敷地境界線で**規制基準値を守る**ことです。

規制基準値を守ることと騒音問題の解決は必ずしも一致するわけではありませんが、規制基準値は問題が起こった場合の問題解決のための出発点にはなり得ます。

> **ポイント**
> ①騒音防止対策は、音の性質を考慮して既存の防止技術の組合せで対応する。
> ②騒音診断では、「耳で聴くこと」が重要である。
> ③騒音対策ための測定は、JISに規定される方法でなくてもよい。
> ④騒音対策の第一の目標は「騒音をできるだけ小さくすること」、第二の目標は「規制基準値を守ること」

騒音防止技術　第1章

練習問題

平成26・問2

問2　工場において騒音発生原因等を明らかにする騒音診断に関する記述として，誤っているものはどれか。

(1)　騒音の問題地点と騒音源となり得る機械装置との位置関係を把握する。

(2)　問題となる騒音が，どの騒音源から発生しているか，耳で聴いて探す。

(3)　騒音源を特定するために，関連する機械装置を止めたり運転状態を変えたりする。

(4)　検定を受けた騒音計を用いて，JIS Z 8731 に規定される測定方法に必ず従う。

(5)　騒音の測定及び分析に周波数重み付け特性Aを用いる。

解　説

　騒音診断について問われています。誤っているものは(4)です。騒音対策における測定は、JISに規定されている測定方法である必要はありません。

　したがって、(4)が正解です。

正解 >> （4）

第1章　騒音防止技術

1-2　消音器

ここでは騒音対策のうち「音源対策」として用いる装置である「消音器」について説明します。主な消音器の概要と減音特性を示す伝達損失について理解しておきましょう。

1 消音器とは

※：消音器
サイレンサー（silencer）ともいう。自動車のマフラーも消音器のひとつ。

消音器[※]は**減音**を目的として用いられる音波の吸収、反射、干渉などを利用した装置です。例えば送風機の吸込口に消音器を設置すれば、騒音は消音器によって吸収あるいは反射され、吸込口から放射される騒音は低減します。消音器をひとつの装置として設計・設置する場合もあれば、ダクトの一部を消音構造にする場合もあります。

●伝達損失

※：伝達損失
遮音材料の遮音性を表す「音響透過損失」（後述）と算出原理は同じだが、ここでは伝達損失は空気伝搬音のみに注目した減音性能を表し、音響透過損失は遮音材料を介した減音性能を表すものとする。

消音器の減音特性は**伝達損失**[※]で表されます。消音器の入口における入射音波の強さと、出口における伝達音波の強さをデシベルで表したときの**両者の差**です。たとえば、消音器の入口の音圧レベルが90dB、出口の音圧レベルが70dBだった場合、伝達損失は20dBということになります。伝達損失が**大きい**ほど、減音効果が**高い**消音器ということになります。

消音器はいろいろな条件で使用されるので、通常、まず消音器の伝達損失を検討し、次に音源、開口端、設置位置の影響などを考慮して実際の消音効果が決められます。

258

2 吸音ダクト形消音器

消音器は消音機構からいくつかの種類に分類されます。吸音ダクト形消音器は、グラスウールやロックウールなどの多孔質の**吸音材料**をダクト内面に張った消音器です（図1）。ダクト内の音波は吸音材料に当たって吸音されます。

この消音器は、送風機など空気流を伴う場合の消音器として多く用いられ、**中・高音部**の騒音低減に有効です。

吸音ダクト形消音器の伝達損失は、次式によって表すことができます。

暗記

$$R = 1.05\alpha^{1.4}\frac{P}{S}l \fallingdotseq (\alpha - 0.1)\frac{P}{S}l$$

ここで、R：伝達損失(dB)　α：吸音材料の吸音率
P：ダクトの周長(m)　S：ダクトの断面積(m^2)
l：ダクトの長さ(m)

図1　吸音ダクト形消音器と伝達損失

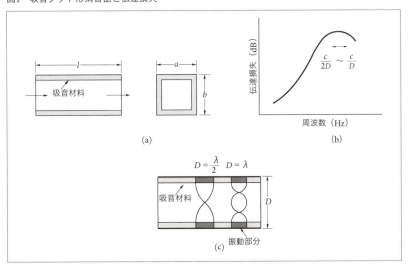

図1(a)を例にとると、上式のダクトの周長Pは$2(a + b)$となり、ダクトの断面積Sはabとなります。また、上記の式はおよそ次の周波数以下の範囲で成り立ちます。

$$f = \frac{c}{D}$$

ここで、f：周波数(Hz)　　c：音速(m/s)

　　　　D：ダクト断面寸法、直径又は短辺の長さ(m)

伝達損失Rを求める式では、伝達損失は吸音率αに比例して大きくなりますが、実際の吸音ダクト形消音器の伝達損失の特性はおよそ図1(b)に示すようになります。

つまり、ダクトの一辺の長さが$\lambda/2 \sim \lambda$(λ：波長)に等しくなる周波数付近で、最大の伝達損失が得られます。これはダクトの寸法が$\lambda/2$、及びλに等しいとき、音波がダクト内を伝わるときの空気の振動が、吸音材料を張ったところで大きくなるためです(図1(c))。

吸音ダクト形消音器のおよその伝達損失は次のように決めます。まず消音しようとする周波数がf(Hz)の場合、ダクト断面寸法Dを

$$\frac{c}{2f} < D < \frac{c}{f}$$

にします。例えば$f = 1$kHzの場合、$c = 340$m/sなので17cm $< D <$ 34cmとなりますから、ダクト断面寸法を20cmほどにします。そうすると1kHz付近の伝達損失が最も大きくなります。

✅ ポイント

①消音器は減音を目的とした装置。
②消音器の減音特性は「伝達損失」で表される。
③吸音ダクト形消音器の伝達損失を求める式を覚える。

騒音防止技術 **第1章**

練習問題

平成24・問2

問2 ダクト直径が 300 mm，内張り吸音材の厚みが 25 mm，周波数 400 Hz におけ
る吸音率が 0.7，ダクト長が 2 m の吸音ダクトの伝達損失 R は約何 dB か。ただ
し，音速を 340 m/s，P：ダクトの周長(m)，S：ダクトの断面積(m^2)，l：ダク
ト長(m)，α：吸音率とし，伝達損失を次式で求めるものとする。

$$R = (\alpha - 0.1)\frac{P}{S}l$$

(1) 13 　　　(2) 16 　　　(3) 19 　　　(4) 22 　　　(5) 24

| 解 説 |

　吸音ダクト形消音器の伝達損失を求める計算問題です。設問よりこの消音器は円
ダクトと考えます。題意よりダクト直径300mm（＝0.3m）なので、ダクトの周長 P
(m)は次式で求められます。

　　$P = 0.3 \times \pi \fallingdotseq 0.942\mathrm{m}$ 　（$\pi \fallingdotseq 3.14$）

また、ダクトの断面積 S（m^2）は次式で求められます。

　　$S = 0.15 \times 0.15 \times \pi \fallingdotseq 0.071\mathrm{m}^2$

　題意より吸音率0.7、ダクト長2mですので、設問で与えられている伝達損失 R（dB）
を求める式に、これらの値を代入すれば R が求められます。

$$R = (\alpha - 0.1)\frac{P}{S}l$$

$$R = (0.7 - 0.1)\frac{0.942}{0.071} \times 2$$

　　$\fallingdotseq 0.6 \times 13.27 \times 2 = 15.924 \fallingdotseq 16\mathrm{dB}$

したがって、(2)が正解です。

| POINT |

　この問題では伝達損失を求める式は与えられていますが、式が与えられないこと
もあるので、この式は覚えておくことをおすすめします。

正解 >> （2）

3 膨張形消音器

膨張形消音器は、図2(a)のようにダクトの断面を急拡大させたものです。

消音器に入射した音波は、最初拡大断面部で一部**反射**して元（入射音波の進行方向とは逆）へ戻り、残りが膨張部に進みます。その後、縮小断面部でさらに一部**反射**して元へ戻り、残りが消音器出口から出ます。

膨張形消音器は、主として**低・中音部**の騒音低減に有効ですが、**多孔質吸音材料**を併用すると**高音部**の減音にも有効になります。送風機、圧縮機及びエンジンなど各種の機械の吸・排気口からの騒音低減に広く用いられ、特に**超低周波音**の消音器としてよく用いられています。

図2(a)のような入口と出口の管径が等しい場合、膨張型消音器の**伝達損失**は次式で求められます。この式は、$f = 1.22c/D_2$（Hz）以下の周波数範囲で成り立ちます。

$$R = 10 \log \left\{ 1 + \left(m - \frac{1}{m} \right)^2 \sin^2(kl) \right\} \quad \text{(dB)}$$

図2　膨張形消音器と伝達損失

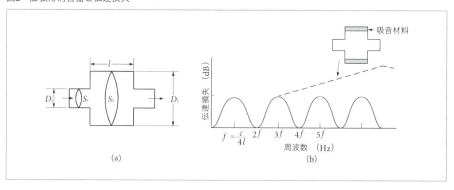

騒音防止技術　第1章

ここに、$m = \dfrac{S_2}{S_1} = \left(\dfrac{D_2}{D_1}\right)^2$：膨張比　　S_1、S_2：断面積(m^2)

　　　　D_1、D_2：直径(m)　　$k = \dfrac{2\pi f}{c}$：波長定数(rad/m)

　　　　f：周波数(Hz)　　c：音速(m/s)　　l：空洞の長さ(m)

　上式からわかるように、**膨張比**（＝断面積の比）で減音量（**伝達損失**）が決まり、**空洞の長さ**で減音される**周波数**が決まります。膨張比 m（＝断面積の比）が**大きい**ほど伝達損失は**大きく**なります。

　この伝達損失と周波数の関係は図2(b)のように表すことができます。図に示すように**伝達損失**は、周波数f、$3f$、$5f$、……（Hz）では**最大**になりますが、周波数$2f$、$4f$、$6f$、……（Hz）では0となります。これは、管内で①出口へ進む音波と②反射して戻る音波の**干渉**※が起こるためです。このとき、周波数fは次式で表すことができます。

※：干渉
干渉とは、複数の波がぶつかったり重なったりすることにより、ある場所では強め合い、また別の場所では弱め合う現象のこと。

暗記

$$f = \dfrac{c}{4l}$$

ここで、f：周波数(Hz)　　c：音速(m/s)　　l：空洞の長さ(m)

ポイント

①膨張形消音器は低・中音部の騒音低減に有効。
②伝達損失は膨張比で決まり、周波数は空洞の長さで決まる。
③伝達損失が最大となる周波数特性を理解する。

騒音・振動概論

騒音・振動特論

練習問題

平成27・問1

問1　伝達損失が図Aで表される膨張形消音器がある。この消音器の膨張比は変えずに，空洞の長さを2倍にした場合の伝達損失の周波数特性として，正しいものはどれか。

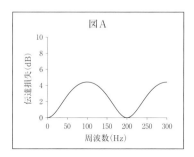

(1)
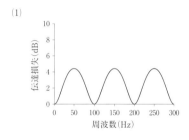

(2)
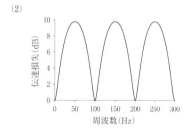

(3)
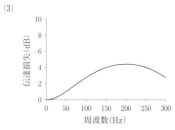

(4)
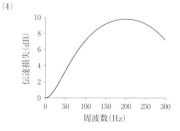

(5)
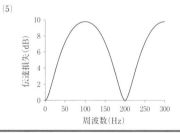

騒音防止技術 第1章

▶ 解 説 ◀

　膨張形消音器の伝達損失の周波数特性について問われています。伝達損失が最大になる周波数はf、$3f$、$5f$、……（Hz）です。このとき周波数fは次式によって表すことができます。

$$f = \frac{c}{4l}$$

ここで、f：周波数（Hz）　　c：音速（m/s）　　l：空洞の長さ（m）

　題意より空洞の長さlを2倍にした場合、伝達損失が最大になる周波数は次式のように表すことができます。

$$f = \frac{c}{4(2l)} = \frac{c}{4l} \times \frac{1}{2}$$

　つまり、空洞の長さを2倍にすると、周波数は1/2になります。

　設問の図Aでは、伝達損失は周波数が100Hzのとき最大になっていますので、空洞の長さを2倍にした場合、伝達損失が最大となる周波数は50Hzということになります。これに該当する図は(1)(2)です。また、題意より膨張比は変わらないため、伝達損失も変わりません。よって(1)が正しいものとなります。

　したがって、(1)が正解です。

正解 ≫ （1）

騒音・振動概論

騒音・振動特論

265

第 1 章　騒音防止技術

練習問題

平成26・問3

問3　ダクト開口から放射される周波数 85 Hz の騒音を，膨張型消音器を挿入する
　　　ことによって低減する。最大の伝達損失(透過損失)を得るための膨張部の長さ(m)
　　　として適切なものはどれか。ただし，音の速さは 340 m/s とする。

　　(1)　0.5　　　　(2)　1　　　　(3)　2　　　　(4)　4　　　　(5)　8

解　説

　膨張型消音器の最大の伝達損失を得るための膨張部の長さを求める計算問題で
す。膨張型消音器において、伝達損失が最大になる周波数と膨張部の長さ(＝空洞
の長さ)の関係は次式で表すことができます。

$$f = \frac{c}{4l}$$

ここで、f：周波数(Hz)　　　c：音速(m/s)　　　l：空洞の長さ(m)

　題意より周波数85Hz、音速340m/sを上式に代入して空洞の長さを求めます。

$$f = \frac{c}{4l}$$

$$l = \frac{c}{4f} = \frac{340}{4 \times 85} = 1\text{m}$$

　したがって、(2)が正解です。

正解 >> （2）

4 共鳴形消音器

　共鳴形消音器は、ダクトの表面にあけられた小さな穴と背後の空洞とで共鳴器を形成する構造の消音器です（図3(a)）。入射音波は、**共鳴周波数**と一致すれば共鳴吸収によって吸音され低減されます（図3(b)）。共鳴形消音器は、**低・中音部の特定周波数成分**における騒音の低減に有効であり、往復式圧縮機やディーゼルエンジンなどの吸・排気口からの騒音低減に用いられることがあります。機械用消音器として一般的に用いられることは少ないものの、**超低周波音**の消音器としてはしばしば用いられています。

5 干渉形消音器

　干渉形消音器は、図4(a)に示すように入射音波の通路を二つに分け、合流部において二つの音波の**干渉**によって騒音を低減する消音器です。なお、通路の断面寸法は、音波の波長に比較して**小さく**することが必要です。干渉形消音器は、**低音部**の**特定周波数成分**のレベルが特に大きい騒音の低減に用いられます。

　伝達損失は、図4(b)に示すように $l_1 - l_2 = \lambda/2$ を満足する周波数 f で最も大きくなります。したがって、最大の伝達損失を

図3　共鳴形消音器と伝達損失

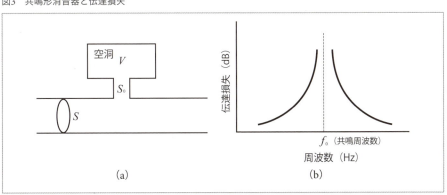

図4 干渉形消音器と伝達損失

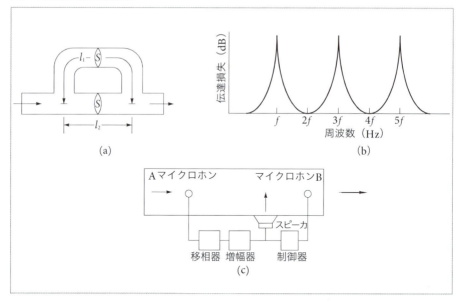

※：周波数と波長の関係
波長は $\lambda = c/f$ と表すことができるので $\lambda/2 = c/2f$ となる。

※：アクティブ形消音器
アクティブノイズコントロール(ANC：Active Noise Control)の手法を利用した消音器。アクティブノイズコントロールとは、低減させたい騒音に対して別に用意した制御音源から逆位相の音を発生させることで、位相干渉を利用して消音する騒音制御の手法のこと。

得るためには $l_2 = l_1 - c/2f \,(\mathrm{m})$ にすればよいことになります※。

●アクティブ形消音器

　また、干渉形消音器の一種に**アクティブ形消音器**※という消音器があります(図4(c))。

　これは、音源からの音波をマイクロホンAで受け、付加音源のスピーカから**逆位相**の音波を出し、この音波と音源からの音波を**干渉**させて消音する消音器です。消音器出口近くのマイクロホンBは、干渉した結果のB点の音圧レベルを検出し、この点のレベルが常に最小になるようにスピーカから出る音波を制御するためのものです。

　これらの消音器は**特定周波数**付近でしか減音されないので、共鳴形消音器と同様に特殊用途以外一般に用いられることはありません。

6 吹出口消音器

　吹出口消音器は、圧縮空気の放出やジェット流など、**吹出口**から高速で流体が吹き出すときに発生する騒音の低減に用いられます。流速にもよりますが、吸出口に近いところは流速が高いため**小さな渦**が、遠いところは流速が低くなるため**大きな渦**が発生します（図5(a)）。そして、小さい渦からは**高い周波数**、大きな渦からは**低い周波数**の音波が発生します。

　このような音波を低減するには、図5(b)のように吹出口に多孔板や金網などを付け、音源となる渦ができるだけ**吹出口付近**にとどまるように、音波を**小さな穴**から吹き出させます（この部分をブラストサプレッサという）。そうすると小さな渦の発生が主になりますので、**低い周波数成分**は減衰します。高い周波数成分は若干大きくなりますが、これは後に設置される**吸音ダクト形消音器**（**中・高音部**の騒音低減に有効）で吸音します。

図5　吹出口から発生する騒音と消音器

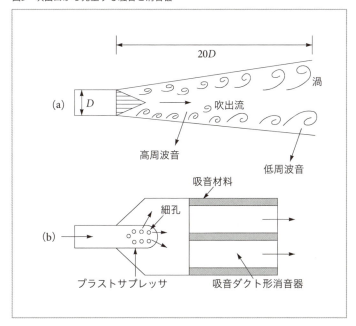

第1章　騒音防止技術

1-3 制振処理と振動絶縁

　ここでは音源対策における制振処理、振動絶縁、固体音の発生防止について説明します。制振能力を表す損失係数や振動によって発生する音の低減方法について理解しておきましょう。

1 制振処理

　振動源から伝わってきた振動によって発生する音波、すなわち固体音を低減する手段には**制振処理**と**振動絶縁**とがあります。

　制振※処理は、振動体に**制振材料**を塗ったり貼り付けたりして、伝わってきた振動を低減する処理のことです。振動絶縁は振動のエネルギが消滅しないのに対し、制振処理は制振材料の内部摩擦によって振動エネルギを吸収させ熱として消滅させる処理になります。たとえば鐘をたたくと音がしばらく響いたあとに消滅しますが、制振材料を貼った鋼板などをたたいても音はあまり響きません。

> ※：制振
> 振動エネルギを熱エネルギに変換し、共振を抑え、振動や固体伝搬音の低減を図ること。たとえば振動する金属板等に制振シートを貼ることで、音の発生や透過を減少させることができる。制振シートはOA機器、家電、乗物などに広く用いられている。

◉制振処理の効果

　制振処理は、①音の響きをとる、②共鳴音をなくす、③**機械的加振**によって発生する音を低減する場合に有効な手段です。たとえば、銅板の1点をハンマーでたたくなど機械的に加振した場合、板に制振材料を張ることで板上を伝搬する振動は吸収され、生じる音波は小さくなります。しかし、板に音をあてて振動させた場合（**空気音加振**）には、加振点が無数に分布することとなり、**減音効果は期待できません**（ただし、制振材料の質量増加分の低減は見込める）。

騒音防止技術 **第1章**

◉**制振材料と損失係数**

　制振材料は制振能力が高い材料ですが、制振能力は、振動エネルギの吸収の程度を示す**損失係数**で表すことができます。

$$\eta = 2\frac{c}{c_c}$$

ここで、η：損失係数　　c：減衰係数　　c_c：臨界減衰係数

　減衰係数 c が**大きい**ほど損失係数 η が**大きく**なり、制振能力が高くなることがわかります。各種材料のおおよその損失係数を表1に示します。表に示すように、ゴム、プラスチック類は損失係数が大きいものがあり、これらの材料をもとにした制振材料がよく用いられています。

　制振材料の損失係数は**温度**及び**周波数**によって変わりますので、実際の使用に当たっては対策箇所の温度と周波数を確かめる必要があります。

表1　各種材料の損失係数 η の一例

材料	損失係数 (20℃、1 kHz 付近)
金属	0.0001 ～ 0.001
ガラス	0.001 ～ 0.005
コンクリート、れんが	0.001 ～ 0.01
木、コルク、合板	0.01 ～ 0.2
ゴム、プラスチック類	0.001 ～ 1

☑ **ポイント**

①制振処理は、振動体に制振材料を貼るなどして振動を低減する。
②制振処理では、空気音加振の場合は減音効果が期待できない。
③制振材料の制振能力を示す「損失係数」が大きいほど、制振能力が高い。
④損失係数の大きい材料、小さい材料を押さえておく。

第1章 騒音防止技術

練習問題

平成26・問4

問4 次の材料のうち，振動エネルギの吸収の程度を示す損失係数(20 °C，1 kHz)
が最小のものはどれか。

(1) 金属

(2) ガラス

(3) コンクリート

(4) 木，コルク，合板

(5) ゴム，プラスチック

解説

損失係数の小さい材料について問われています。選択肢のうち損失係数が最小
のものは、(1)の金属です。一方、(5)のゴム、プラスチックは損失係数が大きく、
これらをもとに多くの制振材料がつくられています(前出の表1 参照)。

したがって、(1)が正解です。

正解 >> (1)

騒音防止技術 | 第1章

2 振動絶縁

　振動絶縁は、振動を伝えないようにする振動低減の根本的手段です。**弾性支持**による振動絶縁は、振動源とそれを支える物体の間にばねなどの弾性体を挿入し（弾性支持）、物体の振動によって発生する固体音を低減する方法です。詳しくは振動の分野で説明します。

3 固体音の発生防止

　構造物の一部に加振力が加わると縦波、**曲げ波**※などが発生して構造物を伝搬し固体音発生のもとになります。特に**板材**ではこれに垂直に加わる加振力で**曲げ波**が発生しやすく、これが主として固体音のもとになります。

　曲げ波は、板に垂直に加わる加振力を**小さく**、板の厚さを**大きく**すれば、その発生を低減することができます。発生した曲げ波は板材中を伝搬していきますが、このとき**低周波振動**の減衰は**小さく**、**高周波振動**の減衰は**大きく**なります。

　板材中を伝わってきた曲げ波により板が振動して音が放射されます。このときの放射パワーは次式で表すことができます。

$$P = N\rho c v_g^2 S$$

ここで、P：放射パワー（W）

　　　　N：壁面の放射効率（$f > f_c$（コインシデンス限界周波数）の場合は $N = 1$、$f < f_c$ の場合は $N < 1$）

　　　　ρc：空気の特性インピーダンス（固有音響抵抗）（= 400Pa・s/m）

　　　　v_g^2：曲げ振動速度の自乗平均値（m²/s²）

　　　　S：板の面積（m²）

　したがって、放射パワーを低減するには、板の面積 S を**小さく**、曲げ振動速度 v_g を**小さく**することが必要になります。

※：曲げ波
屈曲波（bending wave）ともいう。JISでは屈曲波は「圧縮波と滑り波とが結合した、板又は棒における横波」と定義されている。

第1章 騒音防止技術

練習問題

平成25・問3

問3 板状材に加振力が作用して発生する固体音と，その低減に関する記述として，誤っているものはどれか。ただし，板材は均質で等厚な平板とする。

(1) 加振力が板に垂直に加わると曲げ波を発生しやすく，それが固体音のもとになりやすい。

(2) 加振力の大きさを一定とするとき，曲げ波の発生を低減するには，板の厚さを小さくするとよい。

(3) 発生した曲げ波が伝搬中に受ける減衰は，振動周波数が低い場合に比べて高い場合の方が大きい。

(4) 振動の減衰に係わる板材の損失係数は，金属に比べてコンクリートや木材の方が一般的に大きい。

(5) 曲げ波により板が振動して音が放射されるときの放射パワーは，曲げ振動速度の自乗平均値に比例する。

| 解 説 |

板状材の固体音の発生低減について問われています。誤っているものは(2)であり、曲げ波の発生を低減するには、板の厚さを大きくします。なお、加振力を小さくしても曲げ波の発生を低減できます。

したがって、(2)が正解です。

正解 >> (2)

1-4 屋外の騒音伝搬と防止

ここでは距離減衰や超過減衰、障壁による防音対策について説明します。距離減衰については騒音・振動概論の範囲でもあり計算問題もよく出題されますので、算出式を含めて理解しておきましょう。

1 距離減衰

距離減衰については概論(騒音・振動概論6-3「音波の伝搬の減衰」参照)でも説明しましたが、特論の範囲でも出題されますので、ここでは簡単なおさらいと少し詳しい説明をします。

音の距離減衰では音源として次の3つを考え、それぞれの減衰量は次式で表すことができます。

①点音源からの減衰量

$$L_{r1} - L_{r2} = 20\log\frac{r_2}{r_1}$$ （倍距離では6dB減少：－6dB/DD）

ここで、$L_{r1} - L_{r2}$：減衰量(dB)
　　　　L_{r1}：r_1における音圧レベル(dB)
　　　　L_{r2}：r_2における音圧レベル(dB)
　　　　r_1、r_2：音源からの距離(m) (ただし、$r_1 < r_2$)

②線音源からの減衰量

$$L_{r1} - L_{r2} = 10\log\frac{r_2}{r_1}$$ （倍距離では3dB減少：－3dB/DD）

③面音源からの減衰量：減衰はないものと考える。

ここまでは概論で説明しました。これは線音源が無限に長く、面音源が無限に広いと仮定した場合の減衰量を表したものです。それぞれの音源が有限の場合は次のように考えます。

図1 点音源、線音源及び面音源からの距離減衰

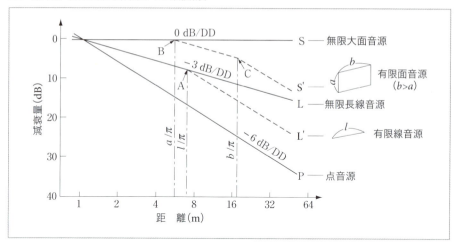

● 有限線音源

　図1に示すように、長さl (m)の線音源の場合、音源近くでは線音源としての減衰を示しますが、ある点まで離れると**点音源**の減衰を示します。つまり、距離l/π (m)までは**−3dB/DD**ですが、距離がそれよりも離れると**−6dB/DD**となります。

● 有限面音源

　図1に示すように、短辺a (m)、長辺b (m)の面音源の場合、有限線音源のときと同じように音源近くではa/πまで面音源としての減衰(減衰なし)を示し、b/πまでは**線音源としての減衰**を示します。さらに離れると**点音源**としての減衰を示します。つまり距離a/π (m)までは**0dB/DD**、b/π (m)までは**−3dB/DD**、距離がそれよりも離れると**−6dB/DD**となります。

2 音響パワーレベルと音圧レベルの関係

　これも概論(6-1「音に関する基礎量と単位」)で説明しましたが、特論でも出題される内容ですので、簡単におさらいをして

おきます。

音源の音響出力と点音源から r(m)離れた地点の音の強さは、次式で表すことができます。

$$I = \frac{P}{4\pi r^2} \times Q$$

ここで、I：音の強さ（W/m²）　　P：音響出力（W）
　　　　r：音源からの距離（m）　　Q：音源の方向係数

これをレベルに直すと、音圧レベルと音響パワーレベルとの関係は次式で表すことができます。

$$L_p = L_W - 20 \log r - (11 - 10 \log Q)$$

ここで、L_p：音圧レベル（dB）　　L_W：音響パワーレベル（dB）
　　　　r：音源からの距離（m）　　Q：音源の方向係数

上式の音源の方向係数 Q にそれぞれの値を代入すると次式が求められます。

①$L_p = L_W - 20 \log r - 11$　（$Q = 1$：自由空間）

②$L_p = L_W - 20 \log r - 8$　（$Q = 2$：半自由空間）

③$L_p = L_W - 20 \log r - 5$　（$Q = 4$：1/4自由空間）

④$L_p = L_W - 20 \log r - 2$　（$Q = 8$：1/8自由空間）

なお、これら式は、音圧レベルを騒音レベル（＝A特性音圧レベル）に、音響パワーレベルをA特性音響パワーレベルに置き換えても同じように適用できます。

✅ ポイント

①点音源、線音源、面音源からの距離減衰の特性を理解する。

②有限の線音源の場合、距離が離れると点音源の減衰を示す。

③有限の面音源の場合、距離が離れると線音源、さらに離れると点音源の減衰を示す。

④音圧レベルと音響パワーレベルの関係、方向係数について理解する。

第1章 騒音防止技術

練習問題

平成25・問1

問1 騒音の伝搬特性に関する次の記述のうち，誤っているものはどれか。

(1) 塀による最大減衰効果は，実用的には 25 dB 程度である。

(2) 点音源の距離による減衰効果は，倍距離で 6 dB である。

(3) 線音源(長さ L)の距離(L/π)より遠い距離での減衰効果は，倍距離で 3 dB である。

(4) 面音源(短辺 a × 長辺 b)の距離(a/π)より近い距離における減衰効果は，倍距離で 0 dB である。

(5) 面音源(短辺 a × 長辺 b)の距離(b/π)より遠い距離における減衰効果は，倍距離で 6 dB である。

解 説

騒音の伝搬特性について問われています。誤っているものは(3)です。長さ L の線音源では、L/π より遠い距離では点音源の減衰、つまり倍距離で6dBの減衰を示します。(1)については次項で説明します。

したがって、(3)が正解です。

正解 >> （3）

騒音防止技術 **第1章**

練習問題

平成24・問5

問5 点音源 A 及び点音源 B が自由空間内にあり，各音源のパワーレベルは，A が 100 dB，B が 104 dB である。音源 A と音源 B から同時に音が出ている場合の，受音点 C における音圧レベルは約何 dB か。ただし，受音点 C は音源 A から 5 m，音源 B から 8 m 離れており，相互の音の干渉はないものとする。

(1) 78 　　　 (2) 81 　　　 (3) 84 　　　 (4) 87 　　　 (5) 90

騒音・振動概論

騒音・振動特論

| 解 説 |

　音響パワーレベルと音圧レベル、さらにdBの合成についての計算問題です。

　まず点音源Aと点音源Bの音響パワーレベルから、それぞれ音圧レベルを求めます。音響パワーレベルと音圧レベルの関係は次式で求められます。

$$L_p = L_W - 20 \log r - (11 - 10 \log Q)$$

ここで、L_p：音圧レベル（dB）　　　L_W：音響パワーレベル（dB）

　　　　　r：音源からの距離（m）　　　Q：音源の方向係数

　題意より自由空間内について問われていますので、音源の方向係数 $Q = 1$ となります。上式に $Q = 1$ を代入すると次式が導かれます。

$$L_p = L_W - 20 \log r - 11$$

　題意より、①点音源Aの音響パワーレベル100dB、音源から受音点Cまでの距離5m、②点音源Bの音響パワーレベル104dB、音源から受音点Cまでの距離8mを上式に代入して音圧レベルを求めます。

① 　$L_p = 100 - 20 \log 5 - 11$ 　（$\log 5 \fallingdotseq 0.7$）

　　　 $= 100 - 20 \times 0.7 - 11 = 75\text{dB}$

② 　$L_p = 104 - 20 \log 8 - 11$ 　（$\log 8 \fallingdotseq 0.9$）

　　　 $= 104 - 20 \times 0.9 - 11 = 75\text{dB}$

　次にdBの和の補正値を用いて上で求めた2つの音圧レベルを合成します。75dBと75dBのレベル差0、補正値3なので、75 + 3 = 78dBとなります。

　したがって、(1)が正解です。

正解 >> （1）

第1章 騒音防止技術

練習問題

平成26・問5

問5 反射が無視できる空間に，直径50 cm の球状の騒音源がある。この騒音源の球表面から法線方向に1 m 離れた点における騒音レベルは，すべての方向で80 dB である。この騒音源のA特性音響パワーレベルは約何 dB か。

(1) 81 　　(2) 84 　　(3) 87 　　(4) 90 　　(5) 93

解 説

　騒音レベルからA特性音響パワーレベルを求める計算問題です。自由空間における騒音レベルとA特性音響パワーレベルの関係は次式で表すことができます。

$$L_{pA} = L_{WA} - 20 \log r - 11$$

ここで、L_{pA}：騒音レベル(dB)　　　L_{WA}：A特性音響パワーレベル(dB)

　　　r：音源からの距離(m)

　題意より音源は直径50cmの球状なので、音源の中心からの距離を求めると、1m ＋25cm(＝0.25m)＝1.25mとなります。なお、法線方向とは球表面に垂直な方向という意味です。音源からの距離1.25m、題意の騒音レベル80dBを上式に代入してA特性音響パワーレベルを求めます。

$$L_{pA} = L_{WA} - 20 \log r - 11$$
$$L_{WA} = L_{pA} + 20 \log r + 11$$
$$= 80 + 20 \log 1.25 + 11 \quad (常用対数表より \log 1.25 = 0.097)$$
$$= 80 + 20 \times 0.097 + 11 = 92.94 \fallingdotseq 93dB$$

したがって、(5)が正解です。

正解 >> (5)

3 障壁による騒音の伝搬防止

ここでは騒音の防止対策方法として用いられる**障壁**について説明します。障壁は、**防音壁**、**防音塀**、**遮音塀**、**遮音壁**などいろいろな呼び方をされていますが、障壁の設置は技術的に容易であり、音源が受音者から隠れることによる心理的効果も期待できます。

●原理

音波は基本的に直進しますが、障壁を設置することで**回折現象**[※]が生じて障壁の裏側に回り込みます。しかし、障壁がない場合に比べると、裏側の受音点における音は小さくなります。この原理に基づいて騒音の低減を図るものが障壁（防音壁）です。

※：回折現象
音波が障害物の影の部分まで回り込む現象。波長が長いほど回折は大きくなる。

●障壁による音の減音の計算

図2のように、音源Sと受音点Pの間に頂点Oの障壁を設けるとします。このとき、障壁がないときの音の経路長をd、障壁があるときの経路長を$A+B$とすると、障壁があるときとないときの音の経路差δは次式で表すことができます。

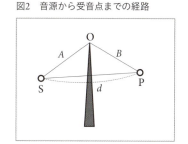

図2　音源から受音点までの経路

$$\delta = A + B - d$$

ここでδを$\lambda/2$で割ったものをN（フレネル数）として表し、$\lambda = c/f$を代入すると次式が導かれます（音速c：340m/s）。

$$N = \frac{\delta}{\frac{\lambda}{2}} = \frac{2\delta}{\lambda} = \frac{2\delta}{\frac{c}{f}} = \frac{2\delta f}{c} = \frac{2\delta f}{340} = \frac{\delta f}{170}$$

ここで、N：フレネル数　　δ：経路差(m)　　λ：波長(m)

f：周波数（Hz）　　c：音速（m/s）

障壁による減衰量は、上式のフレネル数（N）を計算し、図3のグラフより求めることができます。図中グラフ上の直線（a）は無指向性の点音源に対する無限長障壁、直線（b）は無限線音源に対する無限長障壁の減音量を求めるものです。

点音源の場合の減衰量を求める近似式として次式が提案されています。

$$R = 10 \log N + 13 \quad (1 \leqq N)$$
$$R = 5 + 8\sqrt{N} \quad (0 < N < 1)$$
$$R = 5 - 8\sqrt{N} \quad (-0.36 \leqq N < 0)$$

ここで、R：減音量（dB）　　N：フレネル数

以上より、経路差δが**大きい**ほどフレネル数Nが**大きく**なり、減音量Rも**大きく**なることがわかります。

図3　自由空間の半無限障壁による減音量

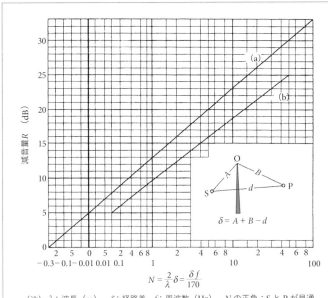

（注）λ：波長（m），δ：経路差，f：周波数（Hz），Nの正負：SとPが見通せないとき正，塀が低くSとPが見通せる場合は負の値をとる。$N < -0.3$の場合は減音量0とする。
［前川，山下，子安］

●障壁を使用する場合の注意

実際に障壁を設計するにあたっては、次の注意事項を考慮しないと十分な減音効果は期待できません。

① 前述の減音量の計算は、障壁の高さ方向は有限で、長さ方向は無限に長いことを前提としている。しかし実際は障壁の**長さ**は有限のため、それを考慮する必要がある。ただし、一般に障壁の長さが高さの**5倍以上**であれば考慮しなくてもよい。

② 音源と受音点が地上からある程度の高さにある場合、地面による反射の影響によって**0dB～3dB**程度**減音効果が落ちる**。

③ 実際に障壁の設置による得られる減音量は、**25dB**程度までが限界と考えられる。

④ 障壁の透過損失※は、障壁による減音量よりも**10dB以上**大きくとる必要がある。これは回折以外に障壁を透過する音もあるためである。たとえば障壁の設置により70dBから50dBに減音したとしても、障壁を透過した音が50dBだった場合は2つが合成され53dBとなるが、透過した音が40dBであればこの音の影響は無視できる。

⑤ 実用上、障壁の材料としては、あまり軽くなく隙間がない材料であれば大抵は使用できる。

⑥ 障壁の厚さは、**波長以下**程度の厚さであれば影響を考慮する必要はない。

※：**透過損失**
透過損失とは、入射した音と材料を透過した音との音圧レベルの差をいう（単位はdB）。TL（Transmission Loss）とも表される。

図4 建物を障壁とした場合の考え方

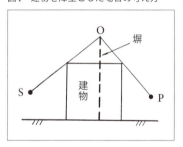

図5 受音点が遠方にある場合の考え方

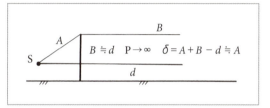

⑦建物は厚い障壁と考えることができるので、図4のようにO点を頂点とする薄い障壁として計算しても実用上近似する値が得られる。
⑧受音点が障壁から十分に遠方にある場合、減音量は音源と障壁までの経路差によって決まる（図5）。
⑨音源側の障壁面に**吸音材料**を貼るなどをすると減音効果が上がる。

●障壁の効果的な設置位置

障壁を設置するにあたり、減音の効果がある設置位置についてみていきます。図6に示すように音源Sと受音点Pの間に障壁を設置するとします。このような場合、障壁を設置する位置が音源又は受音点に近いほど経路差は**大きく**なります。したがって、理論上は減音効果が大きい障壁は図中①又は②になります（ただし、Sと①、Pと②の間の距離が等しいとき）。

ただし、実際は距離減衰などを考慮すると、減音効果が最も高いのは音源に近い①であり、次に受音点に近い②になります。音源と受音点の中間の③は経路差が小さくなるため、減音効果は小さくなります。

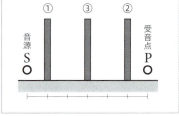

図6　障壁の設置位置

> **ポイント**
> ①障壁による音の減衰は、回折による損失を利用したものである。
> ②障壁による音の減衰効果は、経路差が大きいほどよい。
> ③経路差が大きいほどフレネル数が大きくなり、減衰量も大きくなる。
> ④障壁の実用上の注意点を理解する。
> ⑤減音効果のある障壁の設置位置を覚えておく。

練習問題

平成25・問6

問6 塀による音の減音量は，音源，受音点，塀に関する長さの差 δ(m)と音の波長(m)との比によって定まる。それぞれの長さを図の a, b, c, d, e(m)とするとき，長さの差 δ(m)として，正しいものはどれか。

(1) $\delta = a - c$
(2) $\delta = b - d$
(3) $\delta = a + b - c - d$
(4) $\delta = a + b - e$
(5) $\delta = e - c - d$

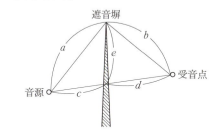

解説

塀（障壁）による音の減衰量について問われています。設問の図において、長さの差（経路差）δ は、遮音塀があるときの音の経路長 $a + b$ と、ないときの音の経路長 $c + d$ との差で次式のように表すことができます。

$$\delta = a + b - (c + d) = a + b - c - d$$

したがって、(3)が正解です。

正解 >> (3)

練習問題

平成26・問6

問6　騒音源と受音点の間に，下図のように位置と形状は異なるが高さが同じ遮音塀a，b，c，d，eのいずれかを設置する。これらの遮音塀のうち，塀による減音量が最も大きいものはどれか。ただし，下図は音源と受音点を含む鉛直断面であり，遮音塀はこの面に直交し，水平方向に十分長い。また，遮音塀からの透過音及び地表面での反射音は無視できるものとする。

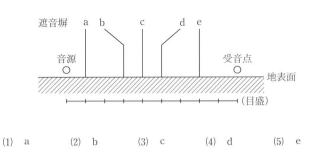

(1) a　　(2) b　　(3) c　　(4) d　　(5) e

解説

遮音塀(障壁)による減音量が最も大きくなる設置位置について問われています。経路差が大きいほど減音量は大きくなります。遮音塀が音源又は受音点に近いほど、経路差は大きくなりますので、設問の図ではaの遮音塀が最も減音量が大きくなります。

したがって、(1)が正解です。

なお、bやdのような上部が曲がった塀の経路は、右図のように塀の頂点Oから地表面に垂直に立った塀と考えて経路差を求めます。そのため、設問のすべての遮音塀の頂点の高さは同じと考えられ、音源又は受音点からの距離だけを考えればよいことになります。

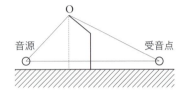

正解 ≫ (1)

練習問題

平成27・問3

問3 下図のように音源，塀と受音点(1)〜(5)があり，受音点Aが音源と塀の上端とを結ぶ線の垂直2等分線上にある。このとき，受音点(1)〜(5)のうち，音源に対する塀による減音量がA点と等しい受音点はどれか。ただし，図は塀と地表面に垂直な断面図で，音源とすべての受音点は断面上にある。塀は十分に長く，塀からの透過音及び地表面での反射音は無視できるものとする。

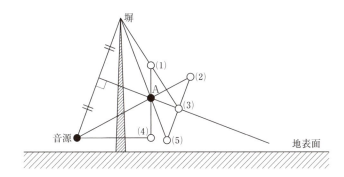

解　説

塀（障壁）による減音量の等しい受音点について問われています。受音点Aと等しい減音量の受音点は音源からの経路差も等しくなりますので、同じ経路差の受音点を選べばよいことになります。

設問の図より、音源・塀・Aを結ぶ直線は二等辺三角形になりますので、右図のように二等辺三角形の底辺の長さを$a + a$、斜辺の長さをbとし、経路差を求めると次式のようになります。

$$\delta = 2a + b - b = 2a$$

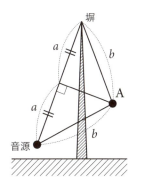

設問の図の受音点のうち、経路差が$2a$となる受音点は(3)です。右図のように音源と受音点(3)との間に補助線を引くと、音源・塀・(3)を結ぶ直線は二等辺三角形になります。この二等辺三角形の底辺の長さを$a+a$、斜辺の長さをcとし、経路差を求めると次式のようになります。

$$\delta = 2a + c - c = 2a$$

したがって、(3)が正解です。

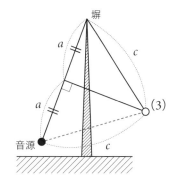

正解 >> (3)

騒音防止技術　第1章

4 超過減衰

　屋外を長距離伝播する騒音は、次に示すような要因で距離減衰以上の減衰を示すことがあります。これを**超過減衰**といいます。

◉空気吸収による減衰

　空気中を伝搬する音波は、熱力学的な損失や分子力学的な損失により、わずかずつ減衰します。これを空気吸収による減衰と呼びます。この空気吸収による減衰は、**気温**と**湿度**に大きく左右されますが、**周波数が高い**ほど、**伝搬距離が長い**ほど、減衰は大きくなります。

◉地表面吸収による減衰

　屋外を伝搬する音は一般的には地表面に沿って伝搬します。実際の地表面は**吸音性**であることから減衰が生じます。そのため、たとえば短い草などが生えている地表面や、葉が茂った樹木内でも減衰が生じます。ただし、地表面を短い草が生えている場合の**減衰効果は低い**ことが知られています[※]。

> **※：草が生えている地表面での減衰**
> 30cmの草が生えている地表面では、1kHzの音は10mで0.7dB程度しか減衰しないという報告がある。

◉建物、地形の影響による減衰

　音の伝搬経路に建物や小高い丘があると、減衰が生じる要因になります。前述の障壁による減衰も超過減衰の一例です。障壁による減衰は単純なため計算から予測ができましたが、複雑な地形の場合は類似する地形や実測値などを参考として予測する必要があります。

◉気温、風の影響による減衰

　そのほかの減衰の要因としては、気温や風の影響による減衰があります。温度が高くなると音速は高くなるため、地表面が冷やされ上空にいくほど気温が高くなる夜間のほうが音は遠方へ伝搬することはすでに述べました（騒音・振動概論6-4「音波

第1章 騒音防止技術

の反射・屈折・回折・干渉」参照）。

　また、風の影響としては、音源の風上側では音が小さく、風下側では逆に大きくなることが知られています。

> **ポイント**
>
> ①距離減衰以外の減衰を「超過減衰」という。
> ②空気吸収、地面吸収、構造物、気温、風などの影響により音は減衰する。
> ③空気吸収による減衰では、周波数が高いほど、伝搬距離が長いほど減衰は大きくなる。
> ④地面吸収による減衰において、短い草の生えた地面の減衰効果は低い。

練習問題

平成26・問1

問1　拡散音場とみなせる工場の建屋内で，機械から騒音が発生している。図のように隣接する住宅地との境界線上における騒音レベルを下げる方法として，顕著な効果が期待できないものはどれか。

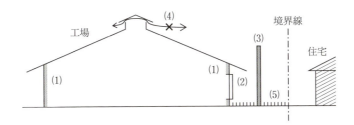

(1)　建屋の内壁に吸音材を張り付け，室内の残響時間を短くする。
(2)　隣接地側の建屋の窓を，一重から二重のガラス窓に替える。
(3)　建屋のすぐ外側に遮音壁を立てる。
(4)　隣接地側に開放された建屋の換気口をふさぐ。
(5)　建屋と住宅地との間の地面を芝生で覆う。

解説

　騒音レベルの低減方法について広く問われています。誤っているものは(5)です。芝生などの短い草が生えている地表面を騒音が伝搬するとき，その減衰は低いことが知られています。建屋と住宅地との間の地面を芝生で覆うだけは，顕著な騒音レベルの低下は期待できません。それ以外は一般によく行われている騒音防止の方法です。

　したがって，(5)が正解です。

正解 >> (5)

1-5 屋内の騒音伝搬と防止

ここでは室内での騒音対策について説明します。計算問題も出題されますので、室内の平均音圧レベルの求め方や残響時間について理解しておきましょう。

1 拡散音場

室内のあらゆる点で音響エネルギ密度が等しく、音波があらゆる方向に伝搬している音場を「**拡散音場**」※といいます。拡散音場の仮定が成立するのは比較的周波数が高い範囲ですが、一般的には拡散音場と仮定して騒音対策が行われます。この拡散音場を人工的に実現した部屋を**残響室**といいます。残響室の内部は反射率が高く、通常、室内の残響時間は非常に長くなります。

※：拡散音場
JISでは、「ある区域内で音響エネルギー密度の統計分布が一様で、かつ、その区域内のどの点においても音響エネルギーの伝搬方向がすべての方向に対して等確率である音場」と定義されている。

2 室内音源による室内平均音圧レベル

拡散音場において、音響パワーレベル L_W の音源があるとすると、室内の平均音圧レベル L_p は次式で表すことができます。

> **暗記**
>
> $$L_p = L_W + 10\log\frac{4}{A} \qquad A = S\bar{\alpha}$$
>
> ここで、L_p：室内の平均音圧レベル(dB)
> L_W：音源の音響パワーレベル(dB)
> A：等価吸音面積($= S\bar{\alpha}$：吸音力ともいう)(m²)
> S：室内全表面積(m²)　$\bar{\alpha}$：平均吸音率

騒音防止技術　第1章

　上式からわかるように、室内の平均音圧レベルは音源の音響パワーレベルと等価吸音面積によって決まります。なお、等価吸音面積は室内全表面積と平均吸音率で決まります。国家試験ではこの式を用いる計算問題がよく出題されますので、上式は暗記しておきましょう。

> **☑ ポイント**
>
> ①拡散音場とは、室内のあらゆる点で音響エネルギ密度が等しく、音波があらゆる方向に伝搬している音場のことである。
> ②拡散音場における「室内の平均音圧レベル」を求める式を覚えておく。

第1章 騒音防止技術

練習問題

平成27・問4

問4　拡散音場とみなせる室内に音源が一つあり，その音響パワーレベルが114 dBである。室内の全表面積が500 m²，平均吸音率が0.32のとき，この部屋の平均音圧レベルは約何 dB か。

 (1)　92　　　　(2)　95　　　　(3)　98　　　　(4)　101　　　　(5)　104

| 解　説 ▶

　拡散音場における室内の平均音圧レベルを求める計算問題です。拡散音場における室内平均音圧レベルは次式で表すことができます。

$$L_p = L_W + 10\log\frac{4}{A} \qquad A = S\overline{\alpha}$$

ここで、L_p：室内の平均音圧レベル(dB)　　　L_W：音源の音響パワーレベル(dB)

  A：等価吸音面積($= S\overline{\alpha}$：吸音力ともいう)(m^2)　　　S：室内全表面積(m^2)

  $\overline{\alpha}$：平均吸音率

　題意より、音響パワーレベル114dB、室内の全表面積500m²、平均吸音率0.32を上式に代入して室内の平均音圧レベルを求めます。

$$L_p = L_W + 10\log\frac{4}{A} = L_W + 10\log\frac{4}{S\overline{\alpha}}$$

$$= 114 + 10\log\frac{4}{500 \times 0.32} = 114 + 10\log\frac{4}{160}$$

$$= 114 + 10\log 0.025 = 114 + 10\log(2.5 \times 10^{-2})$$

$$= 114 + 10\log 2.5 + 10\log 10^{-2} \quad (常用対数表より \log 2.5 \fallingdotseq 0.398)$$

$$= 114 + 10 \times 0.398 - 20 = 114 + 3.98 - 20 = 97.98 \fallingdotseq 98\mathrm{dB}$$

したがって、(3)が正解です。

正解 >> （3）

騒音防止技術 | 第1章

練習問題

平成26・問8

問8　拡散音場とみなせる部屋に音源が一つあり，その室内の平均音圧レベルが98 dB である。室内の全表面積が 500 m²，平均吸音率が 0.32 のとき，音源の音響パワーレベルは約何 dB か。

(1)　105　　　(2)　108　　　(3)　111　　　(4)　114　　　(5)　117

解 説

　拡散音場における音源の音響パワーレベルを求める計算問題です。拡散音場における室内平均音圧レベルは次式で表すことができます。

$$L_p = L_W + 10\log\frac{4}{A} \qquad A = S\overline{\alpha}$$

ここで、L_p：室内の平均音圧レベル(dB)　　　L_W：音源の音響パワーレベル(dB)

　　　A：等価吸音面積($= S\overline{\alpha}$：吸音力ともいう)(m²)　　S：室内全表面積(m²)

　　　$\overline{\alpha}$：平均吸音率

　題意より、室内の平均音圧レベル98dB、室内の全表面積500m²、平均吸音率0.32を上式に代入して音響パワーレベルを求めます。

$$L_p = L_W + 10\log\frac{4}{A} = L_W + 10\log\frac{4}{S\overline{\alpha}}$$

$$L_W = L_p - 10\log\frac{4}{S\overline{\alpha}}$$

$$= 98 - 10\log\frac{4}{500\times0.32} = 98 - 10\log\frac{4}{160}$$

$$= 98 - 10\log 0.025 = 98 - 10\log(2.5\times10^{-2})$$

$$= 98 - 10\log 2.5 - 10\log 10^{-2} \quad (常用対数表より \log 2.5 \doteqdot 0.398)$$

$$= 98 - 10\times0.398 + 20 = 98 - 3.98 + 20 = 114.02 \doteqdot 114dB$$

したがって、(4)が正解です。

正解 >> (4)

第1章 騒音防止技術

練習問題

平成25・問4

問4 拡散音場とみなせる室内に，音響出力 0.25 W の音源がある。室内の全表面積が 375 m²，平均吸音率が 0.27 のとき，この部屋の室内平均音圧レベルは約何 dB か。

　(1) 96　　　　(2) 97　　　　(3) 98　　　　(4) 99　　　　(5) 100

| 解　説 ▶

　拡散音場における室内の平均音圧レベルを求める計算問題です。設問で与えられているのは音響出力なので、まずは音響パワーレベルを求めます。音響パワーレベルは次式で表すことができます。

$$L_W = 10\log\frac{P}{P_0}$$

ここで、L_W：音響パワーレベル(dB)　　　P：音響出力(W)

　　　　P_0：音響出力の基準値($= 10^{-12}$W)

音響出力0.25Wを上式に代入して音響パワーレベルを求めます。

$$L_W = 10 \log \frac{0.25}{10^{-12}} = 10\log \frac{2.5}{10^{-11}}$$

$$= 10 \log 2.5 - 10 \log 10^{-11} \quad （常用対数表より \log 2.5 ≒ 0.398）$$

$$= 10 \times 0.398 + 110 = 3.98 + 110 = 113.98 ≒ 114\text{dB}$$

拡散音場における室内平均音圧レベルは次式で表すことができます。

$$L_p = L_W + 10\log\frac{4}{A} \qquad A = S\bar{\alpha}$$

ここで、L_p：室内の平均音圧レベル(dB)　　　L_W：音源の音響パワーレベル(dB)

　　　　A：等価吸音面積($= S\bar{\alpha}$：吸音力ともいう)(m²)　　　S：室内全表面積(m²)

　　　　$\bar{\alpha}$：平均吸音率

　上で求めた音響パワーレベル114dB、題意より室内の全表面積375m²、平均吸音率0.27を上式に代入して室内平均音圧レベルを求めます。

$$L_p = L_W + 10\log\frac{4}{A} = L_W + 10\log\frac{4}{S\overline{\alpha}}$$

$$= 114 + 10\log\frac{4}{375\times 0.27} \fallingdotseq 114 + 10\log\frac{4}{101}$$

$$\fallingdotseq 114 + 10\log 0.04 = 114 + 10\log(4\times 10^{-2})$$

$$= 114 + 10\log 4 + 10\log 10^{-2} \quad (\log 4 \fallingdotseq 0.6)$$

$$= 114 + 10\times 0.6 - 20 = 114 + 6 - 20 = 100\text{dB}$$

したがって、(5)が正解です。

正解 >> (5)

第1章　騒音防止技術

3 室内の残響

　室内の平均音圧レベルが安定した状態、すなわち定常状態に達した後、音源を急激に停止すると室内の平均音圧レベルは減衰します。

　音源停止後、室内の平均音圧レベルが60dB減衰するまでの時間を「**残響時間**」※といい、室内の音の響き具合を示す物理量として用いられています。残響時間は近似的に次式で表すことができます。

> **※：残響時間**
> 残響時間T_{60}(s)は1秒当たりの減衰率をD(dB/s)として$T_{60}=60/D$と表す。

$$T_{60} = \frac{0.161V}{\bar{\alpha} S} = \frac{0.161V}{A}$$

ここで、T_{60}：残響時間(s)　　V：室容積(m^3)

　　　　$\bar{\alpha}$：平均吸音率　　S：室内全表面積(m^2)

　　　　A：等価吸音面積($= S\bar{\alpha}$)(m^2)

　上式からわかるように、残響時間は**室容積**と**等価吸音面積**によって決まります。

4 室内音源による室内音圧レベルの分布

　これまでは拡散音場における室内の音圧レベルは、室内のすべての点において等しい値を示すと考えてきました。しかし、室内の吸音性が高い場合や、対象点が音源に近い場合には、音源からの直接音の影響が無視できなくなります。このような場合には、対象への到達音を**反射音成分**と**直接音成分**に分割して考えます。

　室内における反射音レベル、直接音レベル、及びこれらを合成した音圧レベルは次式で表すことができます。

$$L_{pr} = L_W + 10\log\frac{4}{R}$$

$$L_{pd} = L_W - 20\log r - 11 + 10\log Q$$

$$L_p = L_W + 10\log\left(\frac{Q}{4\pi r^2} + \frac{4}{R}\right)$$

ここで、L_{pr}：反射音レベル(dB)　　　L_{pd}：直接音レベル(dB)

L_p：両者を合成した音圧レベル(dB)
L_W：音源の音響パワーレベル(dB)
R：室定数($= A/(1-\bar{\alpha})$)
A：等価吸音面積($= S\bar{\alpha}$) (m²)
$\bar{\alpha}$：平均吸音率　　r：音源からの距離(m)
Q：方向係数

上式からわかるように、室内での音圧レベルは**音源からの距離**と**室定数**によって決まります。

5 室内の吸音性

前述したように、室内の吸音性が増すと室内の音響エネルギ密度が低下し、平均音圧レベルは低下します。等価吸音面積を$A_1 \to A_2$に変化させると室内の平均音圧レベルの差は次式で表すことができます。

$$L_1 - L_2 = L_W + 10\log\frac{4}{A_1} - L_W - 10\log\frac{4}{A_2} = 10\log\frac{A_2}{A_1}$$

ここで、L_1：A_1のときの音圧レベル(dB)
　　　　L_2：A_2のときの音圧レベル(dB)
　　　　L_W：音響パワーレベル(dB)
　　　　A_1：変化前の等価吸音面積(m²)
　　　　A_2：変化後の等価吸音面積(m²)

上式より、等価吸音面積(平均吸音率※)が2倍になると室内平均音圧レベルは**3dB低下**し、逆に1/2になると**3dB増加**することを意味しています。

※：**平均吸音率が2倍**
等価吸音面積Aが2倍になると、$A = S\bar{\alpha}$であるから、室内の全表面積Sが変わらない限り、平均吸音率$\bar{\alpha}$も2倍になる。つまり上式の$10\log(A_2/A_1)$において$A_2/A_1 (\bar{\alpha}_2/\bar{\alpha}_1)$が2倍になると、$10\log 2 \fallingdotseq 3dB$となる。

6 総合透過損失

図1に示すように音源のあるA室からB室へ音が透過する部分が、A室とB室の間を隔てる間仕切り壁だけだとした場合、両室の音圧レベルの差は次式で表すことができます。

$$L_A - L_B = 10\log\frac{1}{\tau} + 10\log\frac{A_B}{S} = TL + 10\log\frac{A_B}{S}$$

図1　音源室Aと受音室B

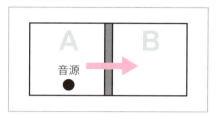

$$L_B = L_A - TL - 10\log\frac{A_B}{S}$$

ここで、L_A：A室の音圧レベル(dB)
　　　　L_B：B室の音圧レベル(dB)　　TL：音響透過損失(dB)
　　　　τ：透過率　　S：壁の面積(m^2)

　また、上式の**音響透過損失** TL とは、入射した音と材料を透過した音との音圧レベルの差であり、遮音材料(後述)の遮音性能を表す場合に用います。音響透過損失は次式で表すことができます。

> **暗記**
>
> $$TL = 10\log\frac{1}{\tau} \qquad \tau = \frac{1}{10^{TL/10}}$$
>
> ここで、TL：音響透過損失(dB)　　τ：透過率

　図1の間仕切り壁が数種類の部位で構成される場合、**総合音響透過損失**を用います。たとえば壁に窓やドアなどがあるとき、それぞれの部位の透過特性は異なりますので、総合的な音響透過損失を求める必要があります。総合音響透過損失は次式で表すことができます。

暗記

$$\overline{TL} = 10\log\frac{\Sigma S_i}{\Sigma \tau_i S_i} = 10\log\frac{S_1 + S_2 + \cdots S_n}{\tau_1 S_1 + \tau_2 S_2 \cdots \tau_n S_n}$$

ここで、$\overline{TL}$：総合音響透過損失(dB)　S_i：総面積(m^2)
　　　τ_i：透過率　S_1、S_2…：各部位の面積(m^2)
　　　τ_1、τ_2…：各部位の透過率

どのように総合音響透過損失を求めるのか例題を解いて理解しておきましょう。

例題 1

図の壁面の総合音響透過損失を求めなさい。

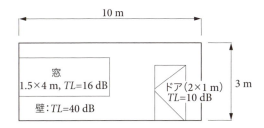

>> 答え

①窓、ドア、壁のそれぞれの面積Sを求めます。

　窓：$1.5 \times 4 = 6m^2$　　ドア：$2 \times 1 = 2m^2$　　壁：$10 \times 3 - 6 - 2 = 22m^2$

②次にそれぞれの透過率τを求めます。

　窓　：$\tau = \dfrac{1}{10^{TL/10}}$ に $TL = 16$dBを代入して、

　　$\tau = \dfrac{1}{10^{1.6}} = \dfrac{1}{10 \times 10^{0.6}} ≒ \dfrac{1}{40} = 0.025$　（常用対数表より$10^{0.6} = 3.98$）

　ドア：$\tau = \dfrac{1}{10^{TL/10}}$ に $TL = 10$dBを代入して、

　　$\tau = \dfrac{1}{10^1} = 0.1$

壁　：$\tau = \dfrac{1}{10^{TL/10}}$ に $TL = 40\text{dB}$ を代入して、

$$\tau = \frac{1}{10^4} = 0.0001$$

③総合音響透過損失を求める式に上記で求めた値を代入します。

$$\overline{TL} = 10\log\frac{S_1 + S_2 + \cdots S_n}{\tau_1 S_1 + \tau_2 S_2 \cdots \tau_n S_n}$$

$$= 10\log\frac{6 + 2 + 22}{0.025 \times 6 + 0.1 \times 2 + 22 \times 0.0001}$$

$$= 10\log\frac{30}{0.3522} \fallingdotseq 10\log 85 \fallingdotseq 10\log(10 \times 8.5)$$

$$= 10\log 10 + 10\log 8.5 \quad （常用対数表より \log 8.5 = 0.929）$$

$$= 10 + 9.29 = 19.29\text{dB}$$

ポイント

①残響時間とは60dB減衰するまでの時間のこと。

②音響透過損失を求める式を覚えておく。

③総合音響透過損失を求める式を覚えておく。

騒音防止技術　第1章

練習問題

平成25・問5

問5　音の透過率の異なる二つの部位で構成されている壁面(43 m²)がある。この壁面の総合音響透過損失は約何 dB か。

部位	面積(m²)	音の透過率
壁	30	0.0001
窓	13	0.01

(1)　25　　　　(2)　26　　　　(3)　27　　　　(4)　28　　　　(5)　29

解説

　総合音響透過損失を求める計算問題です。総合音響透過損失は次式で表すことができます。

$$\overline{TL} = 10 \log \frac{S_1 + S_2 + \cdots S_n}{\tau_1 S_1 + \tau_2 S_2 \cdots \tau_n S_n}$$

ここで、S_1、S_2：壁の面積(m²)　　　τ_1、τ_2：透過率

　題意より、壁の面積30m²、壁の透過率0.0001、窓の面積13m²、窓の透過率0.01を上式に代入し総合音響透過損失を求めます。

$$\overline{TL} = 10 \log \frac{30 + 13}{0.0001 \times 30 + 0.01 \times 13} = 10 \log \frac{43}{0.133}$$

$$\fallingdotseq 10 \log 323 = 10 \log (100 \times 3.23)$$

$$= 10 \log 100 + 10 \log 3.23 \quad (常用対数表より \log 3.23 = 0.509)$$

$$= 10 \times 2 + 10 \times 0.509 = 20 + 5.09 = 25.09 \fallingdotseq 25 dB$$

したがって、(1)が正解です。

正解 >>　(1)

騒音・振動概論

騒音・振動特論

練習問題

平成27・問5

問5 図のように，高さ5m，幅10m，奥行20mの直方体の工場建屋内の壁面Aから5m離れた床面上に騒音源がある。壁面Aを透過する騒音の等価騒音レベルを3dB小さくする対策として，誤っているものはどれか。ただし，工場建屋内の等価吸音面積は100 m^{2}であり，建屋内は拡散音場とする。また，騒音源は点音源とみなせるとし，対策は騒音の主要なすべての周波数に対して行われるとする。

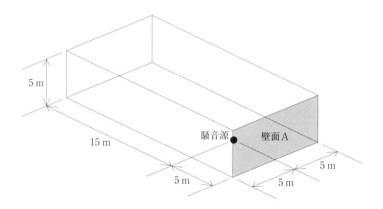

(1) 残響時間を1/2倍にする。
(2) 等価吸音面積を2倍にする。
(3) 騒音源から壁面Aまでの距離を$\sqrt{2}$倍にする。
(4) 壁面の透過率を1/2倍にする。
(5) 対象とする時間内の騒音源の稼働時間を1/2倍にする。

解説

拡散音場における騒音伝搬、透過損失について広く問われています。拡散音場における室内の平均音圧レベルは次式で表すことができます。

$$L_p = L_W + 10\log\frac{4}{A} \quad ①$$

$$A = S\bar{\alpha} \quad ②$$

ここで、L_p：室内の平均音圧レベル(dB)　　L_W：音源の音響パワーレベル(dB)

A：等価吸音面積$(= S\bar{\alpha}$：吸音力ともいう$)$ (m^2)

S：室内全表面積(m^2) $\bar{\alpha}$：平均吸音率

(1)残響時間は次式で表すことができます。

$$T_{60} = \frac{0.161V}{\bar{\alpha}S} = \frac{0.161V}{A} \qquad ③$$

$$A = \frac{0.161V}{T_{60}} \qquad ④$$

　式④より残響時間T_{60}が1/2になると等価吸音面積Aが2倍になります。題意より工場建屋内の等価吸音面積は100m^2と与えられているので、式①からAが100m^2と200m^2の場合の平均音圧レベルを考えます。

【$A = 100m^2$の場合】

$$L_p = L_W + 10 \log \frac{4}{100} = L_W + 10 \log 0.04 = L_W + 10 \log (4 \times 10^{-2})$$

$$= L_W + 10 \log 4 + 10 \log 10^{-2} \qquad (\log 4 \doteqdot 0.6)$$

$$= L_W + 10 \times 0.6 - 20 = L_W - 14$$

【$A = 200m^2$の場合】

$$L_p = L_W + 10 \log \frac{4}{200} = L_W + 10 \log 0.02 = L_W + 10 \log (2 \times 10^{-2})$$

$$= L_W + 10 \log 2 + 10 \log 10^{-2} \qquad (\log 2 \doteqdot 0.3)$$

$$= L_W + 10 \times 0.3 - 20 = L_W - 17$$

　したがって、室内平均音圧レベルL_pは3dB小さくなり、壁面を透過する騒音の等価騒音レベルも3dB小さくなります。正しい。

(2)上記より等価吸音面積Aが2倍（100m^2→200m^2）になると、壁面を透過する騒音の等価騒音レベルも3dB小さくなります。正しい。

(3)題意より、建屋内は拡散音場と考えられていますので、騒音源の距離を壁面から離しても室内の平均音圧レベルは変わらず、等価騒音レベルも変わりません。誤り。

(4)音響透過損失と透過率の関係は次式で表すことができます。

$$TL = 10 \log \frac{1}{\tau}$$

　ここで、TL：音響透過損失(dB)　　τ：透過率

第1章 騒音防止技術

　壁面の透過率を1/2倍（たとえば透過率 $\tau = 0.5$ と $\tau = 0.25$ を代入）にすると、音響透過損失は2倍（3dB →6dB）になり、壁面を透過する騒音の等価騒音レベルも3dB小さくなります。正しい。

(5)対象とする時間内の騒音源の稼働時間を1/2倍にすると、騒音の総エネルギは1/2倍になり、建屋内の等価騒音レベルは3dB小さくなります。よって、壁面を透過する騒音の等価騒音レベルも3dB小さくなります。正しい。

　したがって、(3)が正解です。

POINT

　騒音レベルを低減するための対策について広く問われている問題ですので、全体を学習したうえでもう一度確認しておきましょう。

正解 >> （3）

騒音防止技術 | 第 1 章

1-6 吸音材料と遮音材料

ここでは吸音材料と遮音材料について説明します。吸音性能を示す吸音率や遮音性能を示す音響透過損失、各材料の周波数特性について理解しておきましょう。

1 吸音材料

吸音とは、空気の振動である音が物体にぶつかりエネルギを失う（熱エネルギに変換される）ことで、**吸音材料**は吸音を目的として使用される材料のことです。壁面やダクトの内側に貼るなど、騒音防止対策に幅広く用いられています。

材料の吸音性能の程度は、**吸音率**※で表します。吸音率は材料に入射した単位面積当たりの音のエネルギから反射した音のエネルギの比から求められ、次式で表すことができます。

$$\alpha = 1 - \frac{E_r}{E_i} = 1 - R$$

ここで、α：吸音率
　　　　E_r：吸音材料の表面から反射する音のエネルギ
　　　　E_i：吸音材料の表面に入射する音のエネルギ
　　　　R：反射率

※：吸音率
吸音材料の垂直入射吸音率は音響管法（JIS A 1405-1）によって測定され、入射角ごとの吸音率も測定されるが、あらゆる方向から入射する吸音率は残響室法（JIS A 1409）によって測定される。一般に使用される吸音率は残響室法吸音率である。

2 吸音の周波数特性

材料の種類としては、ロックウール、グラスウールのような多孔質材料（繊維質材料）や穴あき石こうボードのような共鳴構造体のものが吸音材料として用いられます。使用にあたっては、吸音材料を併用したり、その間に空気層を設けるなど、大きく4つの構成に分かれます（表1）。

表（右欄）に示すように、多孔質材料は**周波数が高い**（高音域）ほど吸音率が大きくなり、空気層を設けると、**中高音域**での吸

307

表1　吸音機構と吸音の周波数特性

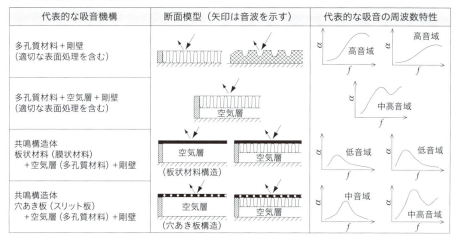

音率が高くなることがわかります。また、一般に吸音材又は空気層は**厚い**ほど**低音域**の吸音率が大きくなることが知られています。

◉吸音率が高くなる空気層の厚さ

多孔質材料と剛壁との間に空気層を設けると、剛壁に直接多孔質材料が設置しているときに多孔質材料の厚さを増した場合と同じような吸音効果が得られます。波長や周波数から吸音率が最大となる**空気層の厚さ**が計算から求められます。吸音率が最大となる空気層の厚さは次式で表すことができます。

> 暗記
>
> $$d = \frac{\lambda}{4} = \frac{c}{4f}$$
>
> ここで、d：空気層の厚さ(m)　λ：波長(m)　c：音速(m/s)
> 　　　f：周波数(Hz)

騒音防止技術 第1章

ポイント

①吸音材料の吸音性能は「吸音率」で表す。

②吸音材料ごとの周波数特性を覚える。

③吸音率が高くなる空気層の厚さを求める式を覚える。

第 1 章 騒音防止技術

練習問題

平成24・問7

問7 壁面に垂直に入射する1kHzの騒音を，波長に比べて十分薄い厚さの多孔質材料によって吸音したい。最大の吸音率を得るための，壁面と多孔質材との間の空気層の厚さは約何cmか。ただし，音速は340m/sとする。

(1) 0（密着）　　(2) 4.25　　(3) 8.5　　(4) 17　　(5) 34

解　説

　最大の吸音率を得る空気層の厚さを求める計算問題です。吸音率が最大となる空気層の厚さは次式で表すことができます。

$$d = \frac{\lambda}{4} = \frac{c}{4f}$$

ここで，d：空気層の厚さ（m）　　λ：波長（m）　　c：音速（m/s）　　f：周波数（Hz）

　題意より周波数1kHz（=1000Hz）、音速340m/sを上式に代入して空気層の厚さを求めます。

$$d = \frac{340}{4 \times 1000} = \frac{340}{4000} = 0.085\text{m} = 8.5\text{cm}$$

　したがって、(3)が正解です。

正解 >> （3）

3 遮音材料

遮音とは空気中から伝わってくる音を遮断して透過を減らすことで、**遮音材料**とは音波の透過が少ない材料のことです。

遮音材料の透過性能は前出の**音響透過損失**によって表します。音響透過損失は、入射した音と材料を透過した音との音圧レベルの差で、次式で表すことができます。

> **暗 記**
>
> $$TL = 10 \log \frac{I_i}{I_t} = 10 \log \frac{1}{\tau} \qquad \tau = \frac{1}{10^{TL/10}}$$
>
> ここで、TL：音響透過損失(dB) $\quad I_i$：入射音の音圧レベル(dB)
> I_t：透過音の音圧レベル(dB) $\quad \tau$：透過率($= I_t / I_i$)

4 遮音の周波数特性

遮音材料は、騒音を隣室に伝えないための間仕切り材料、騒音源となる機械を覆う防音カバー、騒音を発するパイプを包むパイプシャフトの壁材料などに使用されます。

音響透過損失の周波数特性は、遮音材料の組合せ方よって分類して考えることができます(表2)。表の最上列に示すように、単純な一重構造の遮音材料では、音響透過損失の周波数特性は**質量則**と**コインシデンス**によって説明することができます。

●質量則

遮音材料は、同じ体積の遮音材料であれば、**質量の大きなもの**が遮音性能に優れています。これは、遮音機構において材料の慣性が重要な働きをするためで、入射する音波の振動に対して**質量が大きい**材料ほど動きにくく、**音波の周波数が高い**ほど動きにくいことによります。音波の入射条件によって音響透過

表2　遮音構造と音響透過損失の周波数特性

代表的な遮音構造	断面模型 (矢印は音波を示す)	代表的な音響透過損失 の周波数特性	機械系による近似
密実な一重構造 (単層平板のほか波板類及び弾性的性質の似た材料の積層材を含む)		ML　f_c	
中空構造 (密実材料＋空気層＋密実材料)	空気層	f_r　ML　f_c	m　k　m
サンドイッチ構造　a　剛性材サンドイッチ		f_c　ML	m
サンドイッチ構造　b　弾性材サンドイッチ		f_{r_E}　ML	m　k　m
サンドイッチ構造　c　抵抗材サンドイッチ		f_r　ML　f_c	m　k　r　k　m

損失は異なりますが、次の2式のように表すことができます。

$$TL_0 = 20 \log (mf) - 42.5 \qquad ①$$

$$TL = 18 \log (mf) - 44 \qquad ②$$

ここで、TL_0：垂直入射に対する音響透過損失（dB）

TL：乱入射に対する音響透過損失（dB）

m：遮音材料の面密度※（kg/m²）

f：入射音の周波数（Hz）

※：面密度

面密度（kg/m²）＝密度（kg/m³）×板の厚さ（m）で求められる。

※：約5dB増加

遮音材料の面密度もしくは入射音の周波数が2倍になった場合、式より18 log 2 ≒ 5.4となり、TLは約5dB増加することがわかる。

　この関係を**質量則**と呼びます。上式②は経験式ですが、たとえば遮音材料の面密度、もしくは入射音の周波数を2倍にすると、音響透過損失は**約5dB増加**※することがわかります。

　音響透過損失は、基本的にはこの**質量則**に従います。表2に示す各遮音構造ごとの周波数特性のグラフではMLと表される破線が質量則を示しています。

騒音防止技術　第1章

●コインシデンス

剛性の材料にある周波数の音波が入射したとき、その材料の曲げ波（屈曲振動）と入射音波の振動とが一致すると一種の**共振状態**を起こします。この現象を**コインシデンス**といいます。コインシデンスが生じる周波数を**コインシデンス限界周波数**といいます。表2ではf_cと表されています。表2の最上列の周波数特性のグラフをみると、質量則により理論的にはMLとなりますが、f_c付近では音響透過損失TLが**低下する**ことを示しています。

●低音域共鳴

遮音材料との間に空気層や弾性材料などを設けた場合、ある低音域において2つの遮音材料との間で**共鳴**が起こることがあります。一方の遮音材料の表面が、他方の共鳴周波数と等しい振動数で加振された場合、一種の共鳴現象を起こすためです。このときの周波数は表2では**低音域共鳴周波数**f_rとして表されています。表2の周波数特性をみると、f_r付近では音響透過損失TLが**低下する**ことを示しています。

●実用上の注意

遮音材料を用いて騒音源からの防音対策を行う場合、次のような点に注意する必要があります。

①予想よりも遮音効果が得られない場合、遮音材の内側に**吸音材**を貼り付ける。

②効果的な対策のためには、騒音源を隙間なく**完全に覆う**ことが望ましい。

③機械の操作や点検などのため遮音材料に隙間を設ける場合、**消音器**構造を利用するとよい。

④波長より大きい隙間より、波長よりも**小さい**隙間のほうが、開口部の空気塊の振動や穴の内部での共鳴などにより面積的に**広く影響が生じる**ことがある。

第1章 騒音防止技術

✅ ポイント

①遮音材料の遮音性能は「音響透過損失」で表す。

②音響透過損失を求める式を覚える。

③遮音材料の周波数特性を理解する。

④音響透過損失は基本的に「質量則」に従う。

⑤コインシデンス、共鳴などで音響透過損失が低下する周波数域が
　ある。

練習問題

平成29・問9

問9　下図は，さまざまな遮音材料がもつ代表的な音響透過損失 TL の周波数特性を表したものである。中空構造（2枚の表面材の間に空気層がある構造）の周波数特性を表す図として，正しいものはどれか。ここで，f_r，f_{rE} は低音域共鳴周波数，f_c はコインシデンスの限界周波数である。また，破線 ML は，質量則から予測される特性を示す。

(1)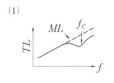

(2)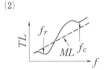

(3)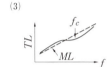

(4)

(5)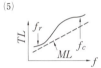

解説

遮音材料の音響透過損失の周波数特性について問われています。中空構造の周波数特性を表す図は(2)です（前出の表2参照）。中空構造の周波数特性は、グラフより低音域と高音域で音響透過損失の低下がみられ、低音域での低下は質量則を下回ることがわかります。

したがって、(2)が正解です。

正解 >> （2）

第 1 章 騒音防止技術

練習問題

平成24・問8

問8 均質な平板の音響透過損失に関する記述として，誤っているものはどれか。

(1) 音響透過損失は，基本的に質量則に従う。

(2) コインシデンスが生じると，音響透過損失は質量則よりも低下する。

(3) 質量則によると，材料の密度を一定とするとき，板が厚いほど音響透過損失は大きくなる。

(4) 経験式によると，音響透過損失は，周波数が2倍になると約5dB増加する。

(5) 材料に対する音波の入射条件が音響透過損失に与える影響はない。

| 解 説 |

遮音材料である平板の音響透過損失について問われています。誤っているものは(5)です。直射入射、乱入射により音響透過損失は異なり、次式のように表すことができます。

$$TL_0 = 20 \log (mf) - 42.5$$

$$TL = 18 \log (mf) - 44$$

ここで、TL_0：垂直入射に対する音響透過損失(dB)

TL：乱入射に対する音響透過損失(dB)

m：遮音材料の面密度(kg/m²)

f：入射音の周波数(Hz)

なお、(3)については、上式より板が厚いほど面密度(質量)も大きくなりますので、音響透過損失は大きくなります。

したがって、(5)が正解です。

正解 >> （5）

騒音防止技術 | 第1章

練習問題

平成26・問7

問7 騒音源である機械を遮音箱で対策する方法として，誤っているものはどれか。

(1) 同じ厚さの遮音箱で複数枚の遮音材料と吸音材による積層構造よりも，一枚の同じ遮音材料のほうが，大きな遮音量となる。

(2) 遮音箱内面に吸音材を張り付ける。

(3) 遮音箱に隙間を設ける場合には，消音器構造を利用する。

(4) 少しでも開口部があると遮音箱内の騒音が漏れてくるので，できるだけ完全に密閉した箱とする。

(5) 同じ遮音材料を用いる場合，機械に接するほどにコンパクトな箱よりも，機械と箱内面との間に空気層を設けた箱のほうが，大きな遮音量となる。

| 解 説 |

騒音源を遮音箱で覆い対策した場合の遮音効果について広く問われています。誤っているものは(1)です。厚さの同じ場合、一枚の遮音材料に比べ、複数枚の積層構造のほうが遮音量は大きくなります。前出の表2に示すように、一重構造の遮音材料では音響透過損失 TL は質量則 ML のラインを越えないのに対し、サンドイッチ構造の遮音材料では質量則よりも大きな音響透過損失を得られるのがわかります。

したがって、(1)が正解です。

正解 ≫ (1)

第 2 章

騒音測定技術

2-1 騒音測定計画

2-2 騒音の測定機器

2-3 騒音レベルの測定

第2章 騒音測定技術

2-1 騒音測定計画

ここでは騒音測定の概要について説明します。騒音対策のための測定、法的に定められた測定があること、測定場所、測定内容についての基本を理解しておきましょう。

1 騒音測定の目的

騒音の測定は、前出の騒音対策のために行うものや法的に定められているものなど、目的によって測定内容は異なります。**騒音規制法**や条例など法的に定められている測定については、地域及び時間帯によって基準となる騒音レベルが規定され、それらに対する測定方法が定められています。

また、騒音・振動関係公害防止管理者の業務として測定は義務にはなっていませんが、事業所内の騒音防止対策や規制基準の遵守のために必ず騒音測定は伴います。

2 騒音測定の内容

騒音測定の目的によって測定計画を立て、測定の時間帯、測定位置、使用する測定器などを選択することになります。騒音測定における測定場所と測定内容はおおむね次のようになります。

◉騒音源に関する測定

敷地境界線上で問題となるような大きな騒音を発生する**機械**や**設備**を特定して、**騒音レベル**の測定や**周波数分析**を行います。その際、騒音が発生する機械の出力、回転数、羽根数、容量などを調べておきます。

騒音測定技術 第 2 章

◉工場建物内での測定

　建物内では騒音源からの音や作業音などにより音場は複雑になるので、**騒音レベルの分布**を調べます。機械配置図などから安全な位置を確認し、たとえば機械の近く、室内の中央、壁の近くなど、代表的な測定点を選び、**周波数分析、残響時間**※の測定などを行います。

※：残響時間
工場建物内の吸音性を知るために残響時間を測定する。

◉工場建物での測定

　音響的に問題となりやすい**窓、出入口、壁**などについて、それぞれの内外で壁から1 ～ 1.5mの位置で騒音レベルとオクターブバンド又は1/3オクターブバンド音圧レベルの測定をし、内外のバンド音圧レベルの差から周波数別の**遮音特性**を求めます。

◉工場敷地内での測定

　騒音源となる屋外の機械、あるいは建物からの音の**距離減衰**を知るために**騒音レベルの分布**を調べ、代表測定点の周波数分析などを行います。また、機械の近くでの周波数数分析の結果などと比較して、どの機械からの音が問題になっているのかを明確にします。

◉敷地境界線での測定

　敷地境界線において、騒音レベルの測定を行い**規制基準**との対比を行います。その際は**敷地境界線**上に沿うように適当な間隔(たとえば10m間隔)で測定点を選びます。また、必要に応じて代表測定点、高い位置などで周波数分析を行います。そして、必要があれば**暗騒音**の測定も行います。このとき、音源となる機械、作業などがなるべく停止しているときに測定します。

◉周辺地域での測定

　工場周辺での騒音測定はあまり行うことはありませんが、周

第 2 章 騒音測定技術

辺への影響を知りたい場合には道路や空き地などを利用して騒音の距離減衰を測定します。また、必要に応じて**暗騒音**も測定します。

ポイント

①対策のための測定と法的に定められた測定がある。
②各測定場所における測定内容の概要を理解する。
③敷地境界線上の測定では規制基準との対比を行う。
④敷地境界線上の測定では暗騒音の測定も行うことが望ましい。

騒音測定技術 第2章

練習問題

平成27・問11

問11　工場内にある機械の騒音を対策するために騒音の測定計画を作るとき，音源から受音点までの騒音の伝搬経路に従って測定場所と測定内容を定めるとよい。次の記述として，不適当なものはどれか。

(1)　騒音発生源に関する測定では，稼働する複数の機械のうち敷地境界線に最も近いものだけについて，騒音レベル測定，周波数分析などを行う。

(2)　工場建物内での測定では，騒音源の現状を知るために，騒音レベル分布の測定，代表測定点の周波数分析，残響時間の測定などを行う。

(3)　工場建物についての測定では，窓，出入口，壁などについて，それぞれの内外で測定したバンド音圧レベルの差から周波数別の遮音性能を求める。

(4)　工場敷地内での測定では，騒音源となる屋外の機械，あるいは建物からの音の距離減衰を知るために，騒音レベル分布の測定，代表測定点の周波数分析などを行う。

(5)　敷地境界線での測定では，適当な間隔での騒音レベル測定，暗騒音測定，代表測定点での周波数分析などを行う。

解説

　工場敷地内における各測定場所の測定内容について問われています。不適当なものは(1)です。敷地境界線に最も近い機械だけが騒音の原因とは限りませんので、敷地境界線で問題となりそうな騒音源を抽出して測定を行います。

　したがって、(1)が正解です。

正解 >> (1)

第2章　騒音測定技術

2-2 騒音の測定機器

ここでは測定に使用する測定機器について説明します。特に騒音計、周波数分析器については計算問題もよく出題されますので、原理についてもよく理解しておきましょう。

1 騒音計

騒音を測定する方法は測定目的によって決まります。騒音規制法等の規制基準と対比する値を求める場合には、法律で定める**騒音計**を用い、定められた位置において騒音レベルを測定します。騒音防止の具体的対策方法を考える場合には、音の周波数成分、時間的変動、伝搬状況などを詳しく知るため、いろいろな測定器を用いて測定することになります。

ここでは、いずれの場合にも基本の測定器となる**騒音計**について説明します。

2 騒音計の種類

騒音計は**騒音レベル**及び**音圧レベル**など音の物理的性質を数値化する計測器です。計量法※では**特定計量器**※として指定されています。**普通騒音計**と**精密騒音計**の2種類があり、両者に

※：計量法

計量の基準を定め、適正な計量の実施を確保し、もって経済の発展及び文化の向上に寄与することを目的とする法律（平成4年法律第51号）。計量法のもとに定められる特定計量器検定検査規則（平成5年通商産業省令第70号）により、騒音計の性能について定められている。

※：特定計量器

計量法第2条では、「「特定計量器」とは、取引若しくは証明における計量に使用され、又は主として一般消費者の生活の用に供される計量器のうち、適正な計量の実施を確保するためにその構造又は器差に係る基準を定める必要があるもの」と定義されている。

表1　普通騒音計と精密騒音計の主な相違点

		普通騒音計	精密騒音計
検定公差	125 Hz	± 1.5 dB	± 1.0 dB
	1000 Hz	± 1.0 dB	± 0.7 dB
	4000 Hz	± 3.0 dB	± 1.0 dB
	8000 Hz	± 5.0 dB	+ 1.5 dB、− 2.5 dB
使用周波数範囲		20 〜 8000 Hz	16 〜 16000 Hz
主要周波数範囲		許容偏差 ± 1.5 dB の範囲 100 Hz 〜 1250 Hz の範囲	許容偏差 ± 1 dB の範囲 40 Hz 〜 4000 Hz の範囲

324

は性能上の差があります。一般的には**普通騒音計**が用いられますが、機器の騒音検査や音響実験など精度を要求される場合には**精密騒音計**が用いられます。

なお、計量法の特定計量器検定検査規則では、騒音計の性能に係る技術上の基準としてJIS※を引用していますが、計量法に定める**精密騒音計**はJISでの**クラス1**に、**普通騒音計**は**クラス2**に該当します。表1に普通騒音計と精密騒音計の主な相違点を示します。なお、検定公差とは「検定における器差の許容値」のことで、器差※が検定公差を満たすかどうかを検査することで、検定の合否を判定します。

3 騒音計の構成

デジタル表示の一般的な騒音計の動作原理と構成を図1に示します。図を参照しながらそれぞれの構成要素について説明していきます。

●マイクロホン

まず音波は微弱な圧力変化（音圧）として、マイクロホンでキャッチされ、電気信号に変換されます。

騒音計に用いるマイクロホンは圧力形※の**全指向性**※のマイクロホンであることが規定されています。マイクロホンのタイプとしては大きく分けて**コンデンサ形**※、**ダイナミック形**※、

※：JIS
JIS C 1516：2014"騒音計―取引又は証明用"

※：器差
計量値から真実の値を減じた値。

※：圧力形
音圧によって動作する形式のこと。

※：全指向性
あらゆる方向からの音圧に対して等しい感度をもつこと。無指向性ともいう。

※：コンデンサ形
コンデンサ形にはバイアス形とエレクトレット形の2種類がある。振動膜と背極の間にバイアス電圧を加えるバイアス形に対し、エレクトレット形はバイアス電圧の供給を必要としない。両者には性能に大きな差はなく、最近はエレクトレット形が使用されることが多い。バイアス形には前置増幅器（プリアンプ）が必要になる。

※：ダイナミック形
振動板に取り付けられたコイルなどが動き、音を電気信号に変換するタイプ。

図1　一般的な騒音計の動作原理と構成

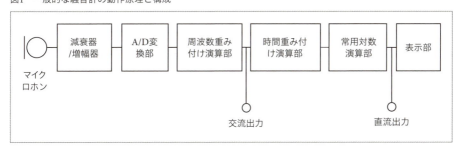

第2章 騒音測定技術

※：セラミック形
電圧が発生する振動板の材料がセラミックのタイプ。

セラミック形※がありますが、現在の騒音計では**コンデンサ形**が使用されています。

マイクロホンに風があたると雑音が発生しますので、風による測定誤差を軽減するために**防風スクリーン**(図2)を取り付ける必要があります。

図2　防風スクリーン

●減衰器／増幅器～ A/D変換部

電気信号を適切な信号レベルに減衰又は増幅させ、A/D変換部でアナログ信号をデジタル信号に変換します。

●周波数重み付け演算部

耳の感度は周波数によって異なりますので、聴感の補正をする必要があります。周波数重み付け演算部には通常、音の大きさに関する聴覚の補正を与える**周波数重み付け特性A（A特性）**が備えられています。JISでは騒音計の周波数特性として、A特性とC特性※、Z特性※が規定されていますが、騒音レベルの測定では**A特性**を使って測定を行います。それぞれの周波数特性を比較したものを図3に示します。また、A特性の補正値※を表2に示します。

※：C特性
騒音計の開発当初は音圧の大小により補正特性を使い分けていたが、C特性は大きい音の聴感補正として用いられていた。音圧レベルの測定では、低周波数の暗騒音の影響を低減させる効果があることから、現在も規格には含まれている。

※：Z特性
図3に示すように平坦な周波数特性をもつ。FLATともいう。

※：補正値
JIS C 1516-1は騒音計の設定の面からA特性の補正値を説明しているので、表2では「設計目標値」という用語が使われている。

たとえば図3及び表2に示すように、平坦な周波数特性をもつZ特性において周波数10Hzで**90dB**と測定された音圧レベルは、A特性では約－70dB補正されるので**20dB**と表示されることになります。この騒音計の周波数特性に関する問題がよく出題されますので、これら各特性の関係はよく理解しておきましょう。

また、周波数ごとの補正値を覚えていないと解けない計算問題も出題されますが、表2の値をすべて覚えるのは難しいので、次の主な周波数の概略値は暗記しておきましょう。

図3　周波数補正特性の比較

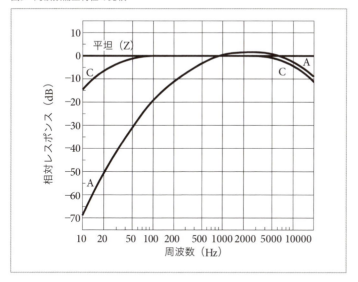

表2　周波数重み付け特性A（A特性）

周波数（Hz）	設計目標値（dB）	周波数（Hz）	設計目標値（dB）	周波数（Hz）	設計目標値（dB）
10	− 70.4	100	− 19.1	1600	+ 1.0
		125	− 16.1	2000	+ 1.2
12.5	− 63.4	160	− 13.4	2500	+ 1.3
16	− 56.7				
20	− 50.5	200	− 10.9	3150	+ 1.2
		250	− 8.6	4000	+ 1.0
25	− 44.7	315	− 6.6	5000	+ 0.5
31.5	− 39.4				
40	− 34.6	400	− 4.8	6300	− 0.1
		500	− 3.2	8000	− 1.1
50	− 30.2	630	− 1.9	10000	− 2.5
63	− 26.2				
80	− 22.5	800	− 0.8	12500	− 4.3
		1000	0	16000	− 6.6
		1250	+ 0.6	20000	− 9.3

＊　JIS C 1516-1 の表2より抜粋

暗記

A特性の補正値（概略値）

周波数（Hz）	63	125	250	500	1000	2000	4000	8000
補正値（dB）	− 26	− 16	− 9	− 3	0	+ 1	+ 1	− 1

●時間重み付け演算部

時間重み付け演算部は、信号に対して**F**（**速い動特性**※）又はS（**遅い動特性**）の時間的な重み付けをする部分です。時間重み付け特性F、つまり**速い動特性**（F：FAST）は短い継続時間の音に対する聴感特性に対応させたもので、時定数※では**125ms**（ミリ秒）の値になります。時間重み付け特性S、つまり**遅い動特性**（S：SLOW）は変動する騒音の平均レベルを指示させるためのもので、時定数では**1s**（秒）の値になります。

> ※：動特性
> 時間的に変化する測定量に対する計測器の応答の特性のこと。JISでは時間重み付け特性は、「瞬時音圧の2乗値に重みを付ける、ある規定された時定数で表される時間に対する指数関数」と定義されている。

> ※：時定数
> 時定数とは応答の変化の速さ（波形での立ち上がり、立ち下がり）を表すもので、時定数が小さいほど変化は急激になり、時定数が大きいほど変化は緩やかになる。

●常用対数演算部〜表示部

常用対数演算部は、音圧信号を2乗して平均し、常用対数を演算してデシベル値に変換する部分です。変換されたデシベル値は表示部に表示されます。

4 騒音計の校正

騒音計の感度を校正する方法としては、**電気的**な校正と**音響的**な校正があります。電気的な校正は、騒音計の増幅器系の感度を一定に保つために、騒音計に備えられた**基準電圧信号**（基準音圧に相当する）により増幅度を調整します。音響的な校正は、**音響校正器**によってマイクロホンに基準音圧を与えて騒音計全体の感度を調整します。

5 騒音計の検定

計量法では、**取引**又は**証明**における計量に使用される計量器として「**特定計量器**」を指定しています。特定計量器は、検定・検査の技術基準に合格し、検定の証印※が付されたものでなければ、原則として取引・証明に使用することはできません。

騒音計も特定計量器に指定されており、騒音レベルの値を取引や証明に用いる場合には、検定に合格し有効期限内の騒音計を用いて測定しなければなりません。検定の**有効期間**は**5年**です（振動レベル計は**6年**）。

> ※：証印
> 特定計量器の検定証印の例
>

ポイント

①騒音計には普通騒音計と精密騒音計の2種類がある。

②騒音計の構成と機能を理解する。

③騒音計にはA特性、C特性、Z特性の周波数重み付け特性が備えられている。

④A特性、C特性、Z特性の関係を理解し、A特性の補正値を覚える。

⑤騒音計には速い動特性(F)と遅い動特性(S)の時間重み付け特性が備えられている。

⑥騒音計が取引・証明に使用される場合は検定が必要で有効期限は5年である。

第2章 騒音測定技術

練習問題

平成28・問10

問10 騒音計を用いて，ある定常騒音を周波数重み付け特性 A，C，Z で測定した音圧レベルを，それぞれ L_A，L_C，L_Z とする。このとき，それらの測定値について常に成り立つ関係はどれか。ただし，周波数重み付け特性の設計目標値からの偏差及び測定の不確かさは考えないものとする。

(1) $L_C \leqq L_Z$　(2) $L_C > L_Z$　(3) $L_A \leqq L_Z$　(4) $L_A \leqq L_C$　(5) $L_A > L_C$

| 解　説 |

　騒音計の周波数重み付け特性の関係について問われています。A特性、C特性、Z特性の関係は前出の図3に示すようになります。Z特性を基準に考えると、C特性はZ特性と同じもしくは負の値にしか補正されないことがわかります。よって、(1)の $L_C \leqq L_Z$ の関係が常に成り立ちます。

　したがって、(1)が正解です。

正解 >> （1）

6 周波数分析器

一般に騒音や振動は、多数の周波数成分が合成されています。これらの騒音や振動を特定の周波数ごとに分解することを周波数分析といい、**周波数分析**を行うための分析器を**周波数分析器**といいます。

工場等の騒音測定、建築関係の遮音性能、室内騒音評価、会話妨害評価などの場合には、**オクターブバンド分析器**が一般に用いられます。また、**音源対策**の場合には、**1/3オクターブバンド分析器**が用いられます。さらに高い周波数分解能を必要とする場合には**FFT方式分析器**[※]や**1/Nオクターブバンド分析器**[※]が用いられます。

◉定比帯域幅形と定帯域幅形

周波数分析器を構成するフィルタ[※]には**定比帯域幅形**と**定帯域幅形**の2種類があります。 これはフィルタの**通過帯域幅**[※]による分類で、定比帯域幅形では中心周波数に**比例**して通過帯域幅が変動し、**定帯域幅形**では常に**一定**の通過帯域になります。

オクターブバンド分析器や**1/3オクターブバンド分析器**は定比帯域幅形であり、**FFT方式分析器**は定帯域幅形になります。

7 オクターブ分析の通過帯域

騒音計からオクターブバンド分析器に入力された信号は、フィルタの**帯域幅（バンド）**を通過して出力されます。図4にフィルタの特性[※]を示しますが、図に示すように中心周波数 f_m を中心に、下限帯域端周波数 f_1 と上限帯域端周波数 f_2 に挟まれる範囲が帯域幅です。図中の減衰帯域はフィルタで除去したい周波数帯域ですが、減衰の程度はフィルタ特性によって異なります。

※：FFT方式分析器

高速フーリエ変換（FFT：Fast Fourier Transform）を用いた分析器。FFT方式とは、騒音・振動の波動が無限に繰り返される信号と仮定すれば、複数の単純な正弦波と余弦波の級数で表現できるというフーリエ変換理論に、膨大な回数の掛け算を 2 の n 乗とることによって計算回数を少なくできる方式を取り入れ高速に演算する方式をいう。

※：1/Nオクターブバンド分析器

たとえば1オクターブバンドから1/24オクターブバンドまでなど、任意に帯域幅を設定できる分析器。

※：フィルタ

周波数分析におけるフィルタとは、周波数成分をもつ信号の中から不要な周波数成分を除去し、必要な周波数成分のみを取り出す回路のこと。

※：通過帯域幅

帯域幅は「バンド」ともいう。通過帯域幅とは、入力信号を通過させる周波数帯域のこと。

※：フィルタの特性

オクターブバンド及び1/Nオクターブバンドフィルタの特性はJIS C 1514で規定されている。

図4　フィルタ特性の定義

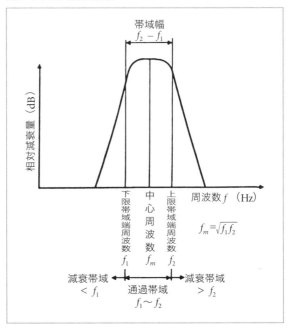

　中心周波数、下限帯域端周波数、上限帯域端周波数の関係は次式のように表すことができます。

$$f_m = \sqrt{f_1 f_2}$$

ここで、f_m：中心周波数(Hz)　f_1：下限帯域端周波数(Hz)
　　　　f_2：上限帯域端周波数(Hz)

　オクターブバンドフィルタは周波数が2倍ごとの周波数帯域となりますので、f_m、f_1、f_2の関係は次式のように表すことができます。

$$f_2 = 2f_1$$

$$f_1 = \frac{f_m}{\sqrt{2}} \fallingdotseq 0.7071 f_m$$

$$f_2 = \sqrt{2} f_m \fallingdotseq 1.4142 f_m$$

　1/3オクターブバンドフィルタはオクターブの1/3ごとの周

波数帯域となりますので、f_m、f_1、f_2の関係は次式のように表すことができます。

$$f_2 = \sqrt[3]{2}f_1 \fallingdotseq 1.2599f_1 \text{※}$$

$$f_1 = \frac{f_m}{\sqrt[6]{2}} \fallingdotseq 0.8909f_m$$

$$f_2 = \sqrt[6]{2}f_m \fallingdotseq 1.1225f_m$$

　上記の計算によって求めた各バンドフィルタの通過帯域を表3に示します。中心周波数が倍になるのに比例して通過帯域が大きくなることがわかります。前述の「定比帯域幅形」とはこ

※：累乗根の計算
n乗してaになる数をn乗根といい、$\sqrt[n]{a}$と表す。$\sqrt[3]{2}$は3乗して2になる数、$\sqrt[6]{2}$は6乗して2になる数という意味。

表3　オクターブ及び1/3オクターブバンドフィルタの通過帯域（概略値）

オクターブバンド		1/3 オクターブバンド		オクターブバンド		1/3 オクターブバンド	
中心周波数 （Hz）	通過帯域 （Hz）	中心周波数 （Hz）	通過帯域 （Hz）	中心周波数 （Hz）	通過帯域 （Hz）	中心周波数 （Hz）	通過帯域 （Hz）
		0.8	0.71 〜 0.9			100	90 〜 112
1	0.71 〜 1.4	1	0.9 〜 1.12	125	90 〜 180	125	112 〜 140
		1.25	1.12 〜 1.4			160	140 〜 180
		1.6	1.4 〜 1.8			200	180 〜 224
2	1.4 〜 2.8	2	1.8 〜 2.24	250	180 〜 355	250	224 〜 280
		2.5	2.24 〜 2.8			315	280 〜 355
		3.15	2.8 〜 3.55			400	355 〜 450
4	2.8 〜 5.6	4	3.55 〜 4.5	500	355 〜 710	500	450 〜 560
		5	4.5 〜 5.6			630	560 〜 710
		6.3	5.6 〜 7.1			800	710 〜 900
8	5.6 〜 11.2	8	7.1 〜 9	1000	710 〜 1400	1000	900 〜 1120
		10	9 〜 11.2			1250	1120 〜 1400
		12.5	11.2 〜 14			1600	1400 〜 1800
16	11.2 〜 22.4	16	14 〜 18	2000	1400 〜 2800	2000	1800 〜 2240
		20	18 〜 22.4			2500	2240 〜 2800
		25	22.4 〜 28			3150	2800 〜 3550
31.5	22.4 〜 45	31.5	28 〜 35.5	4000	2800 〜 5600	4000	3550 〜 4500
		40	35.5 〜 45			5000	4500 〜 5600
		50	45 〜 56			6300	5600 〜 7100
63	45 〜 90	63	56 〜 71	8000	5600 〜 11200	8000	7100 〜 9000
		80	71 〜 90			10000	9000 〜 11200

のことを示しています。

8 周波数分析値の計算

周波数分析を行うと周波数バンドごとのレベルが表示されます。このバンドごとの音圧レベルを**バンド音圧レベル**といい、それらの総和をとった合成レベルを**オーバーオールレベル**といいます。周波数分析器ではこの値は表示されますが、計算によっても求めることができます。

国家試験でもバンド音圧レベルを計算で求める問題がよく出題されますので、表3のオクターブバンド及び1/3オクターブバンドの**中心周波数**と**通過帯域**を覚えておくことをおすすめします。出題に関係する可能性が高いのは、中心周波数**63Hz～8000Hz**の値です。

例題を解いてバンド音圧レベルの考え方を理解しておきましょう。

例題 1

オクターブバンド分析器で測定した音のバンド音圧レベルが次の値であったとき、この音のA特性音圧レベルは約何dBか。

（中心周波数）	（バンド音圧レベル）
250Hz	86dB
500Hz	86dB
1000Hz	80dB

>> 答え

求められているのはA特性音圧レベルですので、まずはA特性の補正を行います（補正値は下表参照）。

　　250Hz　86dB　→補正値−9　→77dB
　　500Hz　86dB　→補正値−3　→83dB
　　1000Hz　80dB　→補正値0　→80dB

次にそれぞれのA特性補正後の音圧レベルを合成します（補正

値は下表参照）。

　　　83　80　→レベル差3、補正値2　→83＋2＝85dB

　　　85　77　→レベル差8、補正値1　→85＋1＝86dB

　したがって、答えは86dBです。

A特性の補正値（概略値）

周波数(Hz)	63	125	250	500	1000	2000	4000	8000
補正値(dB)	− 26	− 16	− 9	− 3	0	＋1	＋1	− 1

dBの和の補正値（概略値）

レベル差(dB)	0	1	2	3	4	5	6	7	8	9	10〜
補正値(dB)		3		2				1			0

例題 2

　1/3オクターブバンド分析器で測定した音のバンド音圧レベルが次の値であったとき、中心周波数125Hzのオクターブバンドのバンド音圧レベルは約何dBか。

　　（中心周波数）　　（バンド音圧レベル）

　　　100Hz　　　　　　66dB

　　　125Hz　　　　　　60dB

　　　160Hz　　　　　　59dB

≫ 答え

　オクターブバンドの中心周波数125Hzの通過帯域は、前出の表3のとおり90Hz〜180Hzになりますので、題意のバンド音圧レベルを合成すれば求められます（補正値は下表参照）。

　　　66　60　→レベル差6、補正値1　→66＋1＝67dB

　　　67　59　→レベル差8、補正値1　→67＋1＝68dB

　したがって、答えは68dBです。

dBの和の補正値（概略値）

レベル差(dB)	0	1	2	3	4	5	6	7	8	9	10〜
補正値(dB)		3		2				1			0

9 FFT 方式分析器

　周波数分析器のひとつであるFFT方式分析器は、より詳細な周波数分析が必要な場合に用いられます。FFT方式分析器は性能について定めた規格はなく、また多くの機能を備えていることが多いので、測定者は目的のデータを得るために最も適した分析条件を設定する必要があります。

　FFT方式分析器は、**等間隔**（**定帯域幅形**）の狭い周波数間隔でフィルタを設定するものです。周波数分解能（周波数分析の幅）は、**サンプリング周波数**を**FFTポイント数**（演算に用いるデータ数）で割ると求められ、次式で表すことができます。

$$\Delta f = 2.56 f_{max}/N$$

ここで、Δf：周波数分解能（Hz、帯域幅）

　　　　　$2.56 f_{max}$：サンプリング周波数（Hz）

　　　　　f_{max}：分析上限周波数（Hz）　　N：FFTポイント数

　サンプリング周波数（$2.56 f_{max}$）は、理論的には分析上限周波数の**2倍**で表すことができますが、フィルタの遮断特性を考慮して余裕をもって**2.56倍**を用います。

10 オクターブバンド分析と FFT 方式分析の特性

　どの周波数でも含まれる強さの成分が一定の雑音を**ホワイトノイズ**※といいます。また、オクターブバンド当たりに含まれる成分の強さが一定である雑音を**ピンクノイズ**※といいます。これらは主として音響実験などに用いられますが、これらの音をオクターブバンド分析器、FFT方式分析器で分析すると次のような結果が得られます。

●ホワイトノイズ

　ホワイトノイズを**FFT方式分析器**で測定すると、図5(a)に示すように周波数に対して**平坦**なスペクトルとなります。これは前述したように、FFT方式分析器におけるフィルタの帯域幅がどの周波数でも**一定**であることによります。一方、ホワイト

※：ホワイトノイズ
音響実験に用いるホワイトノイズは、一定の周波数範囲内（たとえば20Hz～10kHz）で単位周波数（1Hz）に含まれる成分の強さが周波数にかかわらず、一定である連続スペクトルの雑音である。光のスペクトル分布では白色にみえることからこう呼ばれる。昔のテレビの砂嵐の音が身近なホワイトノイズの例。

※：ピンクノイズ
ピンクノイズは、1オクターブバンド当たりに含まれる成分の強さがオクターブバンドの周波数ごとに一定である連続スペクトルの雑音である。光のスペクトル分布ではピンク色にみえることからこう呼ばれる。分析器のサンプル信号として用いられる。

図5 ホワイトノイズの分析結果

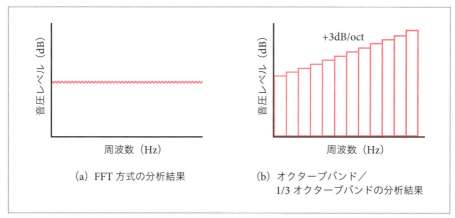

ノイズを**オクターブバンド**(又は**1/3オクターブバンド**)分析器で測定すると、図5(b)に示すように分析結果は周波数に対して**+3dB/oct**のスペクトルになります。これはオクターブバンド(又は1/3オクターブバンド)分析器では中心周波数が2倍になると、通過帯域幅も2倍になることによります。

なお、ホワイトノイズを分析したときのオクターブバンドレベルは、同じ中心周波数の1/3オクターブバンドよりも**約5dB**大きくなります。これは、ホワイトノイズはどの周波数でもレベルは同じなので、3つの同じレベル値の合成と考えるためです(前述の例題2参照)。

●ピンクノイズ

ピンクノイズを**FFF方式分析器**で測定すると、図6(a)に示すように周波数に対して**−3dB/oct**のスペクトルになります。一方、ピンクノイズを**オクターブバンド**(又は**1/3オクターブバンド**)分析器で測定すると、図6(b)に示すように周波数に対して**平坦なスペクトル**になります。これは、ピンクノイズがオクターブバンド当たりに含まれる成分の強さが一定のためです。

図6　ピンクノイズの分析結果

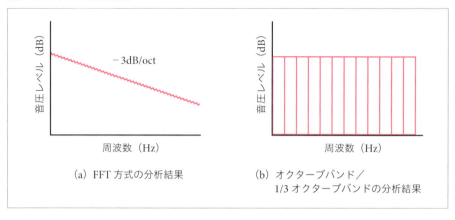

(a) FFT 方式の分析結果

(b) オクターブバンド／
1/3 オクターブバンドの分析結果

11 レベルレコーダ

　レベルレコーダは、騒音計や振動レベル計などに接続して、騒音レベル（振動レベル）の時間変動を記録する装置です。アナログ※で連続記録するにはJIS※の規定に適合するレベルレコーダを用います。

12 データ記録装置

　データ記録装置（データレコーダともいう）は、測定のために録音・再生ができる装置です。録音・再生による測定は、変動する騒音、一過性の騒音あるいは単発の衝撃音などを解析する場合は特に有効です。騒音を解析するための録音は、デジタルオーディオテープレコーダ（DAT※）やデジタルデータレコーダが適しています。

※：アナログ
アナログ式のレベルレコーダは、ロール紙上にペンで時間変動を記録するタイプのもの。現在はデジタルタイプのものも用いられている。

※：JIS
JIS C 1512 "騒音レベル、振動レベル記録用レベルレコーダ"

※：DAT
Digital Audio Tape

騒音測定技術 第2章

✅ ポイント

①周波数分析器にはオクターブ分析器、1/3オクターブ分析器、FFT方式分析器などがある。

②フィルタの特性として定比帯域幅形と定帯域幅形の2種類がある。

③中心周波数、下限帯域端周波数、上限帯域端周波数の関係を理解する。

④周波数分析値の計算方法を理解する。

⑤ホワイトノイズ、ピンクノイズの周波数分析の結果の違いを理解する。

騒音・振動概論

騒音・振動特論

第2章 | 騒音測定技術

練習問題

平成26・問15

問15 オクターブバンドフィルタの中心周波数 125 Hz の通過帯域(概略値)は，次のどれか。

(1) 80 ～ 160 Hz
(2) 85 ～ 170 Hz
(3) 90 ～ 180 Hz
(4) 95 ～ 190 Hz
(5) 100 ～ 200 Hz

解 説

オクターブバンドフィルタの中心周波数から通過帯域を求める計算問題です。オクターブバンドにおける中心周波数、下限帯域端周波数、上限帯域端周波数の関係は次式のように表すことができます。

$$f_2 = 2f_1$$

$$f_1 = \frac{f_m}{\sqrt{2}} \fallingdotseq 0.7071 f_m$$

$$f_2 = \sqrt{2} f_m \fallingdotseq 1.4142 f_m$$

ここで、f_m：中心周波数(Hz)　　f_1：下限帯域端周波数(Hz)
　　　　　f_2：上限帯域端周波数(Hz)

題意の中心周波数125Hzを上式に代入して通過帯域を求めます。

$$f_1 \fallingdotseq 0.7071 \times 125 \fallingdotseq 88.39 \fallingdotseq 90 \text{Hz}$$

$$f_2 \fallingdotseq 1.4142 \times 125 \fallingdotseq 176.78 \fallingdotseq 180 \text{Hz}$$

したがって、(3)が正解です。

正解 >> (3)

騒音測定技術 第2章

練習問題

平成26・問14

問14 オクターブバンド分析器，1/3オクターブバンド分析器，及びFFT方式の分析器に関する記述として，誤っているものはどれか。

(1) ホワイトノイズをオクターブバンド分析器，又は1/3オクターブバンド分析器で分析した結果は，周波数の増加に対して+3 dB/octaveの直線になる。

(2) ホワイトノイズをFFT方式の分析器で分析した結果は，周波数に対して平坦になる。

(3) ピンクノイズをFFT方式の分析器で分析した結果は，周波数の増加に対して+3 dB/octaveの直線になる。

(4) ピンクノイズをオクターブバンド分析器，又は1/3オクターブバンド分析器で分析した結果は，周波数に対して平坦になる。

(5) オクターブバンド分析器の隣り合う帯域の中心周波数の比は，2又は1/2である。

解 説

各周波数分析器の特性について問われています。誤っているものは(3)です。ピンクノイズをFFT方式の分析器で分析すると、周波数の増加に対して−3dB/octの直線になります。+3dB/octの直線ではありません。

したがって、(3)が正解です。

正解 >> （3）

騒音・振動概論

騒音・振動特論

第 2 章　騒音測定技術

練習問題

平成29・問14

問14　オクターブバンド分析器，1/3 オクターブバンド分析器，FFT 方式の分析器及び分析結果に関する記述として，誤っているものはどれか。

(1)　オクターブバンド分析器の隣合う帯域の中心周波数の比は，2 または 1/2 である。

(2)　ピンクノイズを FFT 方式の分析器で分析すると，周波数に対して $-3\,\mathrm{dB/oct}$ の直線になる。

(3)　ピンクノイズをオクターブバンド分析器，または 1/3 オクターブバンド分析器で分析すると，周波数に対して平坦になる。

(4)　ホワイトノイズをオクターブバンド分析器，または 1/3 オクターブバンド分析器で分析すると，周波数に対して $-3\,\mathrm{dB/oct}$ の直線になる。

(5)　ホワイトノイズを FFT 方式の分析器で分析すると，周波数に対して平坦になる。

解　説

　各周波数分析器の特性について問われています。誤っているものは(4)です。ホワイトノイズをオクターブバンド分析器、または1/3オクターブバンド分析器で分析すると、周波数に対して $+3\mathrm{dB/oct}$ の右上がりの直線になります。$-3\mathrm{dB/oct}$ ではありません。

　したがって、(4)が正解です。

正解 ≫　(4)

騒音測定技術　**第2章**

練習問題

平成28・問11

問11　音圧レベルが等しく70dBで，周波数が50，100，150Hzである3つの純音からなる音がある。この音のバンド音圧レベルとして，誤っているものはどれか。分析フィルタは理想的な周波数特性をもっているものとする。

(1)　中心周波数63Hzのオクターブバンドのバンド音圧レベルは70dBである。

(2)　中心周波数125Hzのオクターブバンドのバンド音圧レベルは73dBである。

(3)　中心周波数100Hzの1/3オクターブバンドのバンド音圧レベルは70dBである。

(4)　中心周波数125Hzの1/3オクターブバンドのバンド音圧レベルは0dBである。

(5)　中心周波数160Hzの1/3オクターブバンドのバンド音圧レベルは70dBである。

|解　説|

(1) オクターブバンドでは中心周波数63Hzの通過帯域は45～90Hzなので、周波数50Hzの純音のみがこの範囲に含まれます。よって、音圧レベル70dBがそのままバンド音圧レベルとなります。正しい。

(2) オクターブバンドでは中心周波数125Hzの通過帯域は90～180Hzなので、周波数100Hzと150Hzの純音がこの範囲に含まれます。よって、音圧レベル70dBと70dBを合成して73dBとなります。正しい。

(3) 1/3オクターブバンドでは中心周波数100Hzの通過帯域は90～112Hzなので、周波数100Hzの純音のみがこの範囲に含まれます。よって、音圧レベル70dBがそのままバンド音圧レベルとなります。正しい。

(4) 1/3オクターブバンドでは中心周波数125Hzの通過帯域は112～140Hzです。周波数100Hzと150Hzは通過帯域に含まれていませんが、減衰帯域の周波数成分も含まれるため、少なくとも0dBにはなりません(332ページ・図4参照)。誤り。

(5) 1/3オクターブバンドでは中心周波数160Hzの通過帯域は140～180Hzなので、周波数150Hzの純音のみがこの範囲に含まれます。よって、音圧レベル70dBがそのままバンド音圧レベルとなります。正しい。

したがって、(4)が正解です。

正解 >> (4)

第2章 騒音測定技術

練習問題

平成28・問12

問12 1/3オクターブバンド周波数分析値の一部が下表のような場合，中心周波数500 Hzのオクターブバンドのバンド音圧レベルは約何dBか。

1/3オクターブバンド中心周波数(Hz)	315	400	500	630	800
バンド音圧レベル(dB)	72	78	76	74	77

(1) 75　　　　(2) 77　　　　(3) 79　　　　(4) 81　　　　(5) 83

解　説

　分析値からバンド音圧レベルを求める計算問題です。オクターブバンドでは中心周波数500Hzの通過帯域は355Hz～710Hzなので、設問の表の400Hz、500Hz、630Hzのバンド音圧レベルを合成すればオクターブバンドのバンド音圧レベルを求められます(補正値は下表参照)。

　　　78　76　→レベル差2、補正値2　→78＋2＝80dB

　　　80　74　→レベル差6、補正値1　→80＋1＝81dB

したがって、(4)が正解です。

dBの和の補正値(概略値)

レベル差(dB)	0	1	2	3	4	5	6	7	8	9	10～
補正値(dB)	3		2				1				0

正解 >> (4)

練習問題

平成27・問12

問12 下表は，1/3オクターブバンド音圧レベルの測定結果からオクターブバンド音圧レベルを求めたものである。表内の(ア)～(エ)の □ の中に入る数値の組合せとして，正しいものはどれか。

1/3オクターブバンド		オクターブバンド	
中心周波数(Hz)	バンド音圧レベル(dB)	中心周波数(Hz)	バンド音圧レベル(dB)
25	43	31.5	72
31.5	68		
40	70		
50	72	63	(ア)
63	70		
80	62		
100	66	125	67
125	60		
160	57		
200	55	250	60
250	57		
(イ)	54		
400	53	500	(ウ)
500	50		
630	58		
800	75	1000	76
1000	67		
1250	60		
1600	59	2000	62
2000	57		
2500	52		
3150	60	4000	(エ)
4000	63		
5000	61		
6300	58	8000	63
8000	60		
10000	57		

	(ア)	(イ)	(ウ)	(エ)
(1)	74	315	60	66
(2)	74	320	50	66
(3)	72	300	60	63
(4)	73	315	58	60
(5)	74	320	53	66

第 2 章 騒音測定技術

｜解　説▶

バンド音圧レベルと中心周波数を求める計算問題です。

(ア)オクターブバンドのバンド音圧レベルを求めるには、1/3オクターブバンドの中心周波数50Hz、63Hz、80Hzの3つのバンド音圧レベルを合成すれば求められます(補正値は下表参照)。

　　　72　70　→レベル差2、補正値2　→72 + 2 = 74dB

　　　74　62　→レベル差12、補正値0　→74 + 0 = 74dB

(イ)1/3オクターブバンドは定比帯域幅形なので、通過帯域幅は中心周波数に比例して大きくなります。設問の表中には、中心周波数25Hz、31.5Hz、40Hz…とあるので、これより250Hz、315Hz、400Hz…となることがわかります。したがって、空欄に入る1/3オクターブバンドの中心周波数は315Hzです。

(ウ)(ア)と同じように3つのバンド音圧レベルを合成します。

　　　58　53　→レベル差5、補正値1　→58 + 1 = 59dB

　　　59　50　→レベル差9、補正値1　→59 + 1 = 60dB

(エ)(ア)と同じように3つのバンド音圧レベルを合成します。

　　　63　61　→レベル差2、補正値2　→63 + 2 = 65dB

　　　65　60　→レベル差5、補正値1　→65 + 1 = 66dB

したがって、正しい組合せは(1)です。

dBの和の補正値(概略値)

レベル差 (dB)	0	1	2	3	4	5	6	7	8	9	10 〜
補正値 (dB)	3		2				1				0

正解 >> （1）

騒音測定技術　第 2 章

練習問題

平成27・問10

問10　ダクトの開口部から騒音レベル 80 dB で空調機の騒音が発生している。その騒音のオクターブバンド音圧レベルは下表のとおりであった。同表に示す減音特性（各周波数バンドの伝達損失）の消音器を上記のダクトに挿入して騒音低減対策を行うと，対策後のダクト開口部での騒音レベルは約何 dB 小さくなるか。

オクターブバンド 中心周波数(Hz)	63	125	250	500	1000	2000	4000	8000
オクターブバンド A特性音圧レベル(dB)	69	76	69	70	74	68	62	57
伝達損失(dB)	2	4	8	13	18	21	20	18

(1)　14　　　(2)　10　　　(3)　8　　　(4)　6　　　(5)　4

解説

　騒音低減対策後の騒音レベルを求める計算問題です。問題文の設定は複雑ですが、考え方はバンド音圧レベルを求める方法と同じです。各中心周波数のA特性音圧レベルから伝達損失を減じた値を合成して対策後のA特性音圧レベル（＝騒音レベル）を求め、対策前の騒音レベル80dBと比較します。

　対策前のA特性音圧レベルから伝達損失の値を減じると、対策後の各A特性音圧レベルはそれぞれ次のようになります（69 － 2 ＝ 67、76 － 4 ＝ 72、……）。

　　67　72　61　57　56　47　42　39

　これらの値を合成すれば、対策後のA特性音圧レベル（＝騒音レベル）が求められます。

　　72　67　→レベル差5、補正値1　→72 ＋ 1 ＝ 73dB

　　（以降はレベル差10以上につき省略）

　よって、対策前の80dBから対策後の73dBを引くと7dBとなります。しかし、選択肢には7dBがありません。このような場合、概略値によって合成しているため精密値では＋1dBになると考えます。よって80dBから74dBを引き6dBとなります。

　したがって、(4)が正解です。

dBの和の補正値（概略値）

レベル差 (dB)	0	1	2	3	4	5	6	7	8	9	10〜
補正値（dB）	3		2				1				0

なお、精密な値を求めると以下のとおりになります。

$$L = 10 \log \left(10^{67/10} + 10^{72/10} + 10^{61/10} + 10^{57/10} + 10^{56/10} + 10^{47/10} + 10^{42/10} + 10^{39/10} \right)$$

$$\fallingdotseq 73.63 \fallingdotseq 74\text{dB}$$

関数電卓がないと算出に時間がかかりますので、概略値で求める方法をおすすめします。

正解 >> （4）

騒音測定技術 第2章

練習問題

平成26・問11

問11　ダクトの開口部から放射される空調機の騒音のA特性オクターブバンド音圧レベルは，以下のようであった。同表に示すような減音特性(各バンドの伝達損失)の消音器を上記のダクトに挿入して騒音低減対策を行うと，対策後のダクト開口部での騒音レベルは約何dBとなるか。

オクターブバンド 中心周波数(Hz)	63	125	250	500	1000	2000	4000	8000
A特性オクターブバンド 音圧レベル(dB)	69	67	76	70	74	75	62	58
伝達損失(dB)	2	4	10	15	18	20	22	18

(1)　67　　　　(2)　69　　　　(3)　71　　　　(4)　73　　　　(5)　75

解説

　騒音対策後の騒音レベルを求める計算問題です。周波数ごとの伝達損失を減じたA特性音圧レベルを合成して対策後の騒音レベルを求めます。対策前のA特性音圧レベルから伝達損失の値を減じると、対策後の各A特性音圧レベルは次のようになります($69-2=67$、$67-4=63$、……)。

　　　　67　63　66　55　56　55　40　40

　これらの値を合成すれば、対策後のA特性音圧レベル(=騒音レベル)が求められます(補正値は下表参照)。

　　　　67　66　→レベル差1、補正値3　→$67+3=70$dB

　　　　70　63　→レベル差7、補正値1　→$70+1=71$dB

　　　　(以降はレベル差10以上につき省略)

　したがって、(3)が正解です。

dBの和の補正値(概略値)

レベル差 (dB)	0	1	2	3	4	5	6	7	8	9	10～
補正値 (dB)	3		2				1				0

正解 >> (3)

第2章　騒音測定技術

練習問題

平成27・問9

問9　下表は，ある地点の騒音のオクターブバンド音圧レベルである。この地点の騒音レベルを4dB小さくしたい。そのために，いずれか一つの周波数バンドの音圧レベルを低減する場合，低減すべき周波数バンドはどれか。なお，下表以外の周波数バンドは無視できるとする。

オクターブバンド中心周波数(Hz)	125	250	500	1000	2000	4000
オクターブバンド音圧レベル(dB)	81	74	79	65	64	50

 (1) 125 Hz

 (2) 250 Hz

 (3) 500 Hz

 (4) 1000 Hz

 (5) 2000 Hz

解　説

　バンド音圧レベルから騒音レベルを計算で求め、低減すべき周波数バンドを選ぶ問題です。まずは騒音レベル(= A特性音圧レベル)を求めるため、設問の表のそれぞれの音圧レベルにA特性の補正を行うと(補正値は下表参照)、次のとおりになります($81 - 16 = 65$、$74 - 9 = 65$、……)。

　　　65　65　76　65　65　51

　これらの値を合成すれば騒音レベルが求められますが、中心周波数500Hzのレベル値76dBがほかに比べ卓越しているのがわかります。よってこの周波数バンドを低減すればよいことになります。

　したがって、(3)が正解です。

A特性の補正値(概略値)

周波数（Hz）	63	125	250	500	1000	2000	4000	8000
補正値（dB）	− 26	− 16	− 9	− 3	0	+ 1	+ 1	− 1

dBの和の補正値（概略値）

レベル差（dB）	0	1	2	3	4	5	6	7	8	9	10 〜
補正値（dB）	3		2			1					0

　なお、正解を導くにはここまでで十分ですが、設問ではある地点の騒音レベルを4dB小さくしたいとされていますので、題意に沿うようにレベル値の計算を進めます。上記のA特性音圧レベルを合成すると騒音レベルが求められます。76と65のレベル差11、補正値0なので（以下は省略）騒音レベルは76dBとなりますが、65dBが4個もあり合成値が大きくなりそうなので4個の65dBのほうから合成してみます（51dBはレベル差10以上につき無視）。

　　　65　　65　　→レベル差0、補正値3　　→65 ＋ 3 ＝ 68dB

　　　65　　65　　→レベル差0、補正値3　　→65 ＋ 3 ＝ 68dB

　次に上記の68dB同士を合成します。

　　　68　　68　　→レベル差0、補正値3　　→68 ＋ 3 ＝ 71dB

　最後に上記の71dBと76dBとを合成します。

　　　76　　71　　→レベル差5、補正値1　　→76 ＋ 1 ＝ 77dB

　したがって、騒音レベルを4dB小さくするには73dBにすればよいことになります。もし上記の76dB（中心周波数500Hz）が67dB 〜 69dBであれば、71dBと合成（補正値2）されて騒音レベルは73dBになります。

正解 >> （3）

第 2 章 騒音測定技術

2-3 騒音レベルの測定

　ここでは騒音レベルの測定方法について説明します。JISに規定する測定方法のうち、法的に定められる内容に注意しながら理解しておきましょう。

1 規制基準

　騒音規制法において、「指定地域内に特定工場等を設置している者は、特定工場等に係る**規制基準**を遵守しなければならない」と定められています。規制基準は、特定工場等において発生する騒音の特定工場等の**敷地の境界線**における大きさの許容限度で、告示[※]によって基準値や測定方法が定められています。騒音・振動概論の復習の部分もありますが、ここでは告示の内容に沿って、騒音レベルの測定方法について説明します。

※：告示
特定工場等において発生する騒音の規制に関する基準（昭和43年厚生省・農林省・通商産業省・運輸省告示1号）。なお、特定建設作業については「特定建設作業に伴って発生する騒音の規制に関する基準」（昭和43年厚生省、建設省告示第1号）に規定されている（騒音・振動概論2-2「騒音規制法」参照）。

◉測定器

　騒音の測定は、計量法第71条の条件に合格した**騒音計**を用いて行い、周波数補正回路は**A特性**を、動特性は**速い動特性**（**FAST**）を用います。

◉測定方法

　騒音の測定方法はJIS Z 8731に定める騒音レベル測定方法になります。騒音はレベルの時間変動により分類され、それぞれ次のように騒音の大きさが決定されます。

◉定常騒音

　告示では「騒音計の指示値が**変動せず**、又は**変動が少ない**場合は、その指示値」と定められています。レベル変化が小さく、ほぼ一定とみなされる騒音を**定常騒音**といい、この場合の騒音

図1 定常騒音の騒音レベルの例

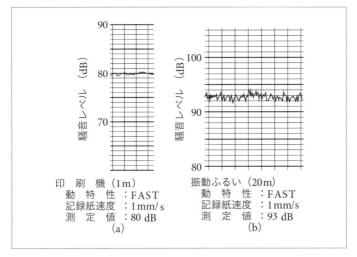

レベルは図1に示すような波形になります。図1(a)の場合は騒音レベル80dB、図1(b)の場合は騒音レベル93dBと読み取ります。

●間欠騒音

告示では「騒音計の指示値が**周期的**又は**間欠的**に変動し、その指示値の最大値がおおむね一定の場合は、その変動ごとの指示値の**最大値の平均値**とする。」と定められています。これは、ある機械が一定もしくは不規則な時間間隔で動作して騒音を繰り返し発生する場合などに適用されます。このような、ある時間間隔をおいて間欠的に発生する騒音を**間欠騒音**※といい、この場合の騒音レベルは図2に示すような波形になります。図2の場合は騒音レベル98dBと読み取ります。

また、告示では「騒音計の指示値が周期的又は間欠的に変動し、その指示値の最大値が一定でない場合は、その変動ごとの指示値の最大値の**90パーセントレンジの上端の数値**とする」とあります。図3のように最大値が一定でない場合は、次の変動

※：間欠騒音
JISでは、間欠騒音は「間欠的に発生し、1回の継続時間が数秒以上の騒音」と定義されている。

図2　間欠騒音の騒音レベルの例

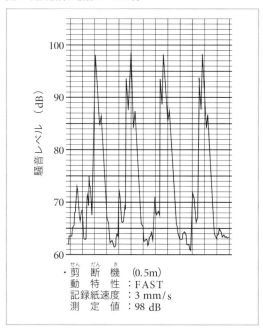

・剪断機（0.5m）
動　特　性：FAST
記録紙速度：3 mm/s
測　定　値：98 dB

図3　最大値が変動する間欠騒音の騒音レベルの例

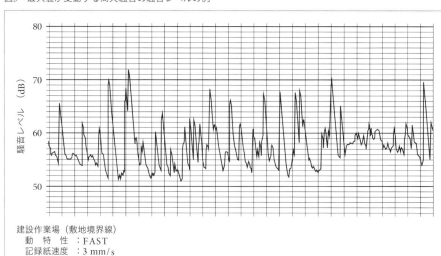

建設作業場（敷地境界線）
　動　特　性：FAST
　記録紙速度：3 mm/s
　測　定　値：90パーセントレンジの上端値　70 dB

騒音の場合と同じように統計処理を行い、数値を読み取ります。

● 変動騒音

告示では「騒音計の指示値が**不規則かつ大幅に変動する**場合は、測定値の**90パーセントレンジの上端の数値とする。**」と定められています。レベルが不規則かつ連続的にかなりの範囲にわたって変化する騒音を**変動騒音**といい、代表的な変動騒音として、道路交通騒音や建設作業場などで発生する騒音が挙げられます。波形は図4のようになりますが、レベル値は統計的に求めることになります。

● 時間率騒音レベル

90パーセントレンジとは、騒音レベルが全測定時間のうちの90％は上端値と下端値の間にあり、**5％**は上端値を上回り、**5％**は下端値を下回るような範囲を示します。したがって、90パーセントレンジの上端の数値とは、その騒音レベル以上の騒音が全測定時間の**5％を占める**という意味になります。

これをJISでは**時間率騒音レベル**として表しています。騒音レベルが、対象とする時間のうちx％の時間にわたってあるレ

図4　変動騒音の騒音レベルの例

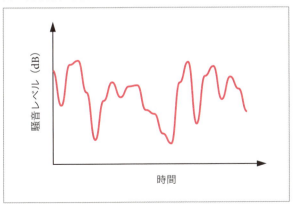

図5　時間率騒音レベルの求め方

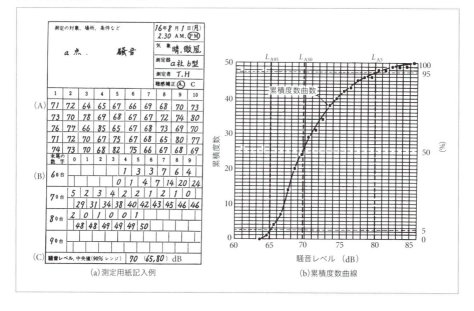

(a) 測定用紙記入例　　　(b) 累積度数曲線

ベル値を超えている場合、そのレベルをxパーセント時間率レベルL_{Ax}といいます。L_{A50}は**中央値**、L_{A5}は**90パーセントレンジ上端値**、L_{A95}は**90パーセントレンジ下端値**を表します。

　現在の騒音計は統計処理機能を備えているものが多いので、時間率騒音レベルL_{A5}は自動的に測定できますが、指示値そのものやレベルレコーダなどの記録値から求めるには次のような手順によって求めます(図5)。

①レベルレコーダなどから記録値を読み、図5(a)の測定用紙に(A)のように測定値※を書き込む。

②何dBの測定値が何個あったのかを(B)に書き込む。たとえば、50個の測定値のうち64dBは1個、65dBは3個あるので、60台の4の欄に1、60台の5の欄に3……と記入する。

③上で書き込んだ個数の下の欄に、累計した個数を書き込み累積度数を求める。たとえば、64dBの1個と65dBの3個を足し下の欄に4……と記入する。

※：測定値
図5の測定値の総数は50個だが、100個の場合もある。なお、読み取る間隔は5秒程度とされているが、これは、指示値を読んで測定用紙に記録したり、記録者に時間を伝えたりする人間の作業時間を考慮した時間設定である。

④上で書き込んだ累積度数を図5(b)のようなグラフにプロット(点を打つ)する。たとえば、累積度数0と63.5dBの交点、累積度数1と64.5dBの交点、累積度数4と65.5dBの交点……とプロットしていく。

⑤上でプロットした点を滑らかな線※で結び、グラフ右側の累積度数(％)から**95％**の値を読み取る。これが90パーセントレンジの上端の値(L_{A5})となる。同様に5％の値は下端値(L_{A95})、50％の値が中央値(L_{A50})となる。したがって、L_{A5}は**80dB**、L_{A95}は**65dB**、L_{A50}は**70dB**となる。

⑥測定用紙の(C)の欄に上で求めた値を書き込む。

※：滑らかな線
累積度数曲線は点と点とを直線で結ばずに滑らかな曲線を描くが、これはサンプリング数50個の少なさを補うためである。

◉暗騒音

ある特定の騒音に着目したとき、それ以外のすべての騒音を**暗騒音**といいます。特定の定常騒音の騒音レベルを測定する場合、その騒音があるときとないときの騒音計の指示値の差が**10dB以上**であれば、暗騒音の影響はほぼ無視できます。しかし、その差が10dB未満のときには暗騒音の影響が無視できません。そのときには表1によって指示値を補正することにより、対象とする**特定の騒音の騒音レベル**を推定することができます。この値は騒音・振動概論の第1章で出てきた「dBの差の補正値」のことです。JISでは表1のように表されていますが、暗騒音の影響の補正値(dBの差の補正値)は計算問題としてよく出題されますので、値は暗記しておきましょう。

なお、対象音の精密な値を求めるには次式のように計算します。

表1 暗騒音の影響に対する騒音計の指示値の補正(単位：dB)

対象音があるときとないときの指示値の差	4	5	6	7	8	9	10〜
補正値		− 2		− 1			0

[JIS Z 8731]

$$L = 10 \log(10^{L_1/10} - 10^{L_2/10})$$

ここで、L：対象音だけのレベル(dB)
　　　　L_1：暗騒音を含んだ対象音のレベル(dB)
　　　　L_2：暗騒音レベル(dB)

2 等価騒音レベル

等価騒音レベル※は「騒音に係る環境基準について」や道路交通騒音、作業環境騒音などの評価に用いられています。ここでは環境基準を例に等価騒音レベルの求め方を説明します。

環境基準では、昼間(6:00～22:00)と夜間(22:00～翌朝6:00)の時間の区分ごとに等価騒音レベルの基準値を定めています。2つの区分の等価騒音レベルは次式のように表すことができます。

$$L_{\text{Aeq},(6:00\sim22:00)} = 10 \log \left\{ \frac{1}{16} \left(10^{L_{6:00}/10} + 10^{L_{7:00}/10} + \cdots\cdots \right.\right.$$
$$\left.\left. + 10^{L_{21:00}/10} \right) \right\}$$

$$L_{\text{Aeq},(22:00\sim6:00)} = 10 \log \left\{ \frac{1}{8} \left(10^{L_{22:00}/10} + 10^{L_{23:00}/10} + \cdots\cdots \right.\right.$$
$$\left.\left. + 10^{L_{5:00}/10} \right) \right\}$$

ここで、$L_{\text{Aeq},(6:00\sim22:00)}$：昼間の等価騒音レベル(dB)
　　　　$L_{\text{Aeq},(22:00\sim6:00)}$：夜間の等価騒音レベル(dB)
　　　　$L_{6:00}$、$L_{7:00}$、……、$L_{5:00}$：各時刻の1時間等価騒音レベル(dB)

上式より等価騒音レベルは、ある時間範囲(ここでは8時間と16時間)について、変動する騒音の騒音レベルをエネルギー的な平均値として表した量といえます。

等価騒音レベルの演算機能をもつ騒音計では自動的に値は求められますが、次のようにdBの平均値を計算することでも求められます。等価騒音レベルは次式のように表すことができます。

※：等価騒音レベル
JISでは等価騒音レベルは「ある時間範囲Tについて、変動する騒音の騒音レベルをエネルギー的な平均値として表した量」と定義されている。また、変動する騒音のある時間範囲Tにおける等価騒音レベルは、その騒音と等しいA特性の平均自乗音圧をもつ定常音の騒音レベルに相当する。量記号は$L_{\text{Aeq},T}$と表す。時間Tは時間単位のときもあれば分単位のときもある。

騒音測定技術　第2章

$$L_{\mathrm{Aeq},\,T} = 10 \log \left\{ \frac{1}{N} \left(10^{L_{A1}/10} + 10^{L_{A2}/10} + \cdots\cdots + 10^{L_{AN}/10} \right) \right\}$$

$$L_{\mathrm{Aeq},\,T} = 10 \log \left\{ \frac{1}{N} \left(10^{L_{A1}/10} \times n_1 + 10^{L_{A2}/10} \times n_2 + \cdots\cdots \right.\right.$$

$$\left.\left. + 10^{L_{An}/10} \times n_n \right) \right\}$$

ここで、$L_{\mathrm{Aeq},T}$：実測時間の騒音レベル(dB)

　　　　N：測定値の総数

　　　　L_{A1}、L_{A2}、$\cdots L_{An}$：騒音レベルの測定値(dB)

　　　　n_1、n_2、$\cdots n_n$：測定値の個数

　この式は騒音・振動概論の第1章で出てきた「dBの平均」を求める式の基になるものです。簡略化した次式を覚えておくと計算問題を解くのに便利です。

暗　記

$$\overline{L} = 10 \log \underbrace{\left(10^{\frac{L_1}{10}} + 10^{\frac{L_2}{10}} + \cdots + 10^{\frac{L_n}{10}} \right)}_{L=\text{レベル値の和}} - 10 \log n$$

$$= L - 10 \log n$$

ここで、$\overline{L}$：レベル値の平均(dB)　　　L：レベル値の和(dB)
　　　　n：個数

騒音・振動概論

騒音・振動特論

第2章 騒音測定技術

次の例題を解いて考え方を理解しておきましょう。

例題 3

1時間ごとの騒音レベルが60dB、70dBであったとき、2時間の等価騒音レベルを求めなさい。

>> 答え --

まず60dBと70dBを合成します。

60　70　→レベル差10、補正値0　→70 + 0 = 70dB

「dBの平均」を求める次式に、上で求めた70dBと題意の2hを代入します。

$$\bar{L} = L - 10 \log n$$

ここで、$\bar{L}$：レベル値の平均(dB)　　L：レベル値の和(dB)

n：個数

$$\bar{L} = 70 - 10 \log 2 \quad (\log 2 \fallingdotseq 0.3)$$

$$= 70 - 10 \times 0.3 = 70 - 3 = 67\text{dB}$$

したがって、答えは67dBです。

また、等価騒音レベルを求める式に代入すれば精密な値が求められます。

$$L_{\text{Aeq}, T} = 10 \log \left\{ \frac{1}{N} \left(10^{L_{A1}/10} + 10^{L_{A2}/10} + \cdots\cdots + 10^{L_{AN}/10} \right) \right\}$$

ここで、$L_{\text{Aeq},T}$：実測時間の騒音レベル(dB)

N：測定値の総数

L_{A1}、L_{A2}、$\cdots L_{An}$：騒音レベルの測定値

$$L_{\text{Aeq},2} = 10 \log \left\{ \frac{1}{2} \left(10^{60/10} + 10^{70/10} \right) \right\} = 10 \log \left\{ \frac{1}{2} \left(10^6 + 10^7 \right) \right\}$$

$$= 10 \log \left\{ \frac{1}{2} \times 10^6 \left(1 + 10 \right) \right\} = 10 \log \left(10^6 \times 5.5 \right)$$

$$= 10 \log 10^6 + 10 \log 5.5$$

（常用対数表より $\log 5.5 = 0.740$）

$$= 10 \times 6 + 10 \times 0.740 = 60 + 7.4 = 67.4\text{dB}$$

騒音測定技術　第2章

例題 4

　次の等価騒音レベルが得られたとき、24時間の等価騒音レベルを求めなさい。

　　　昼間（6：00 ～ 22：00）　65dB

　　　夜間（22：00 ～ 6：00）　63dB

>> **答え**

　24時間を昼間と夜間に分け、それぞれのレベル値を合成します。まず昼間（6：00～ 22：00）のレベル値を合成します。65dBが16時間（＝16個）と考えます。同じレベル値を合成するには次式を用います（騒音・振動概論第1章参照）。

　　　$L_n = L + 10 \log n$

ここで、L_n：n個のレベル値の和（dB）　　　L：レベル値（dB）

　　　n：個数

　　　$L_{16} = 65 + 10 \log 16 = 65 + 10 \log(4 \times 4)$

　　　　　$= 65 + 10 \log 4 + 10 \log 4$　　$(\log 4 \fallingdotseq 0.6)$

　　　　　$= 65 + 10 \times 0.6 + 10 \times 0.6 = 65 + 6 + 6 = 77\text{dB}$

　次に夜間（22：00～ 6：00）のレベル値を合成します。63dBが8時間（＝8個）と考えます。

　　　$L_8 = 63 + 10 \log 8 = 63 + 10 \log(2 \times 4)$

　　　　　$= 63 + 10 \log 2 + 10 \log 4$　　$(\log 2 \fallingdotseq 0.3、\log 4 \fallingdotseq 0.6)$

　　　　　$= 63 + 10 \times 0.3 + 10 \times 0.6 = 63 + 3 + 6 = 72\text{dB}$

　求めた77dBと72dBを合成すると、レベル差5、補正値1なので78dBとなります。この値と24時間（＝24個）をdBの平均を求める式に代入して求めます。

　　　$\bar{L} = L - 10 \log n$

ここで、$\bar{L}$：レベル値の平均（dB）　　　L：レベル値の和（dB）

　　　n：個数

　　　$\bar{L} = L - 10 \log n$

　　　　$= 78 - 10 \log 24 = 78 - 10 \log(4 \times 6)$

　　　　$= 78 - 10 \log 4 + 10 \log 6$　　$(\log 4 \fallingdotseq 0.6、\log 6 \fallingdotseq 0.8)$

　　　　$= 78 - (10 \times 0.6 + 10 \times 0.8) = 78 - (6 + 8) = 64\text{dB}$

　したがって、答えは64dBです。

騒音・振動概論

騒音・振動特論

第2章 騒音測定技術

【簡単な解き方】

　等価騒音レベルは騒音のエネルギーを時間平均したものなので、大きな時間単位で考えることもできます。この場合は8時間を基本単位とします。昼間は8時間×2、夜間は8時間×1と考え、24時間(8時間×3)の等価騒音レベルを求めます。まずは昼間のレベル値を合成します。

　　　昼間　65　65　→レベル差0、補正値3　→65＋3＝68dB

　　　夜間　63dB

　次に昼間と夜間のレベル値を合成します。

　　　68　63　→レベル差5、補正値1　→68＋1＝69dB

　求めたレベル値の和 $L = 69$dB、個数 $n = 3$個を dB の平均を求める式に代入して等価騒音レベルを求めます。

$$\overline{L} = L - 10 \log n$$
$$= 69 - 10 \log 3 \quad (\log 3 \fallingdotseq 0.5)$$
$$= 69 - 10 \times 0.5 = 69 - 5 = 64\text{dB}$$

【精密値】

　また、等価騒音レベルを求める式に代入すれば精密な値が求められます。同じ測定値が複数ある場合は次の式に代入すれば求められます。

$$L_{\text{Aeq}, T} = 10 \log \left\{ \frac{1}{N} \left(10^{L_{A1}/10} \times n_1 + 10^{L_{A2}/10} \times n_2 \right. \right.$$

$$\left. \left. + \cdots\cdots + 10^{L_{An}/10} \times n_n \right) \right\}$$

ここで、$L_{\text{Aeq},T}$：実測時間の騒音レベル(dB)

　　　　　N：測定値の総数

　　　　　L_{A1}、L_{A2}、$\cdots L_{An}$：騒音レベルの測定値(dB)

　　　　　n_n：測定値の個数

$$L_{\text{Aeq},24} = 10 \log \left\{ \frac{1}{24} \left(10^{65/10} \times 16 + 10^{63/10} \times 8 \right) \right\}$$

$$= 10 \log \left\{ \frac{1}{24} \left(10^{6.5} \times 16 + 10^{6.3} \times 8 \right) \right\}$$

$$= 10 \log \left\{ \frac{1}{24} \left(10^6 \times 10^{0.5} \times 16 + 10^6 \times 10^{0.3} \times 8 \right) \right\}$$

（常用対数表より、$10^{0.5} = 3.16$、$10^{0.3} \fallingdotseq 2.00$）

$$= 10 \log \left\{ \frac{1}{24} \left(10^6 \times 3.16 \times 16 + 10^6 \times 2.00 \times 8 \right) \right\}$$

$$= 10 \log \left\{ \frac{1}{24} \left(10^6 \times 50.56 + 10^6 \times 16.00 \right) \right\}$$

$$= 10 \log \left\{ \frac{1}{24} \left(10^6 \left(50.56 + 16.00 \right) \right) \right\}$$

$$= 10 \log \left\{ \frac{1}{24} \left(10^6 \left(66.56 \right) \right) \right\}$$

$$\fallingdotseq 10 \log \left(10^6 \times 2.77 \right) = 10 \log 10^6 + 10 \log 2.77$$

（常用対数表より、 $\log 2.77 = 0.442$）

$$= 10 \times 6 + 10 \times 0.442 = 60 + 4.42 = 64.42 \text{dB}$$

✅ ポイント

①騒音規制法では、敷地境界線における規制基準、測定方法などが定められている。

②測定器には騒音計を用い、周波数補正回路はA特性を、動特性は速い動特性（FAST）を用いる。

③騒音の種類（定常騒音、間欠騒音など）ごとの指示値の読み取り方を理解する。

④時間率騒音レベルの求め方を理解する。

⑤等価騒音レベルを求める式を覚える。

第 2 章　騒音測定技術

練習問題

平成28・問13

問13　昼間(6:00 ～ 22:00)と夜間(22:00 ～翌朝6:00)の時間区分における等価
騒音レベルがそれぞれ68 dB，63 dB の場合，24 時間の等価騒音レベルは約何 dB
か。

(1)　64　　　　(2)　65　　　　(3)　66　　　　(4)　67　　　　(5)　68

解　説

　1日の等価騒音レベルを求める計算問題です。まず昼間(6:00 ～ 22:00)のレベ
ル値を合成します。68dBが16時間(＝16個)と考えます。同じレベル値を合成する
には次式を用います。

　　　$L_n = L + 10 \log n$

ここで、L_n：n個のレベル値の和(dB)　　　L：レベル値(dB)　　　n：個数

　　　$L_{16} = 68 + 10 \log 16 = 68 + 10 \log (4 \times 4)$

　　　　　$= 68 + 10 \log 4 + 10 \log 4$　　($\log 4 \fallingdotseq 0.6$)

　　　　　$= 68 + 10 \times 0.6 + 10 \times 0.6 = 68 + 6 + 6 = 80dB$

　次に夜間(22:00 ～ 6:00)のレベル値を合成します。63dBが8時間(＝8個)と考
えます。

　　　$L_8 = 63 + 10 \log 8 = 63 + 10 \log (2 \times 4)$

　　　　$= 63 + 10 \log 2 + 10 \log 4$　　($\log 2 \fallingdotseq 0.3$、$\log 4 \fallingdotseq 0.6$)

　　　　$= 63 + 10 \times 0.3 + 10 \times 0.6 = 63 + 3 + 6 = 72dB$

　求めた80dBと72dBを合成すると、レベル差8、補正値1なので81dBとなります。
この値と24時間(＝24個)をdBの平均を求める式に代入して求めます。

　　　$\bar{L} = L - 10 \log n$

ここで、$\bar{L}$：レベル値の平均(dB)　　　L：レベル値の和(dB)　　　n：個数

　　　$\bar{L} = 81 - 10 \log 24 = 81 - 10 \log (4 \times 6)$

　　　　$= 81 - 10 \log 4 + 10 \log 6$　　($\log 4 \fallingdotseq 0.6$、$\log 6 \fallingdotseq 0.8$)

　　　　$= 81 - (10 \times 0.6 + 10 \times 0.8) = 81 - (6 + 8) = 67dB$

したがって、(4)が正解です。

騒音測定技術　第2章

【簡単な解き方】

　昼間は8時間×2、夜間は8時間×1と考え、24時間（8時間×3）の等価騒音レベルを求めます。まずレベル値を合成し、24時間のdBの平均を求めます。

　　　昼間　　　68　68　　→レベル差0、補正値3　→68＋3＝71dB

　　　夜間　　　63dB

　　　24時間　71　63　　→レベル差8、補正値1　→71＋1＝72dB

　　　$\bar{L} = L - 10 \log n$

　　　　　$= 72 - 10 \log 3$　　（$\log 3 \fallingdotseq 0.5$）

　　　　　$= 72 - 10 \times 0.5 = 72 - 5 = 67\text{dB}$

【精密値】

　また、等価騒音レベルを求める式に代入すれば精密な値が求められます。

$$L_{\text{Aeq}, T} = 10 \log \left\{ \frac{1}{N} \left(10^{L_{A1}/10} + 10^{L_{A2}/10} + \cdots\cdots + 10^{L_{AN}/10} \right) \right\}$$

ここで、$L_{\text{Aeq}, T}$：実測時間の騒音レベル（dB）　　N：測定値の総数

　　　L_{A1}、L_{A2}、$\cdots L_{An}$：騒音レベルの測定値（dB）

　　　n_n：測定値の個数

　上式に題意の昼間（6：00 ～ 22：00）16時間の68dB、夜間（22：00 ～ 6：00）8時間の63dBを代入して求めます。

$$L_{\text{Aeq},24} = 10 \log \left\{ \frac{1}{24} \left(10^{68/10} \times 16 + 10^{63/10} \times 8 \right) \right\}$$

$$= 10 \log \left\{ \frac{1}{24} \left(10^{6.8} \times 16 + 10^{6.3} \times 8 \right) \right\}$$

$$= 10 \log \left\{ \frac{1}{24} \left(10^6 \times 10^{0.8} \times 16 + 10^6 \times 10^{0.3} \times 8 \right) \right\}$$

（常用対数表より、$10^{0.8} = 6.31$、$10^{0.3} \fallingdotseq 2.00$）

$$= 10 \log \left\{ \frac{1}{24} \left(10^6 \times 6.31 \times 16 + 10^6 \times 2.00 \times 8 \right) \right\}$$

$$= 10 \log \left\{ \frac{1}{24} \left(10^6 \times \left(100.96 + 16.00 \right) \right) \right\}$$

第2章　騒音測定技術

$$= 10 \log \left\{ \frac{1}{24} \left(10^6 \times 116.96 \right) \right\} \fallingdotseq 10 \log \left(10^6 \times 4.87 \right)$$

$= 10 \log 10^6 + 10 \log 4.87$　（常用対数表より、$\log 4.87 = 0.688$）

$= 10 \times 6 + 10 \times 0.688 = 60 + 6.88 = 66.88 \fallingdotseq 67 \mathrm{dB}$

正解 >>　（4）

騒音測定技術　第2章

練習問題

平成27・問14

問14　1日12時間稼働する機械がある。通常の稼働中の等価騒音レベルは，79 dB
であった。その機械の出力を上げて同様に測定したところ，等価騒音レベルは
85 dB であった。12 時間の等価騒音レベルを 82 dB にするためには，出力を上げた
状態での稼働を何時間にすればよいか。最も近い値を選べ。

(1)　2　　　　(2)　4　　　　(3)　6　　　　(4)　8　　　　(5)　10

解　説

等価騒音レベルから測定時間（機械の稼働時間）を求める計算問題です。1日12時
間の稼働時間のうち，通常時79dBと高出力時85dBの時間帯があり，12時間の等価
騒音レベルが82dBになる高出力時の時間を求めます。

まずは6時間単位で考えます。仮に，12時間のうち通常時6時間の等価騒音レベ
ルが79dB、高出力時6時間の等価騒音レベルが85dBだったとします。このとき12
時間（6時間×2）の等価騒音レベルは次のとおり求められます。

79　85　→レベル差6、補正値1　→85 + 1 = 86dB

$\bar{L} = L - 10 \log n$

ここで、$\bar{L}$：レベル値の平均（dB）　　　L：レベル値の和（dB）　　　n：個数

$\bar{L} = 86 - 10 \log 2$　（$\log 2 \fallingdotseq 0.3$）

$= 86 - 10 \times 0.3 = 86 - 3 = 83dB$

以上より、高出力時が6時間以上では求められている82dBよりも等価騒音レベ
ルは大きくなることがわかります。したがって、(3)〜(5)は該当しません。

次に4時間単位で考えます。12時間のうち通常時8時間（4時間×2）の等価騒音レ
ベルが79dB、高出力時4時間の等価騒音レベルが85dBだったとします。このとき
12時間（4時間×3）の等価騒音レベルは次のとおり求められます。

79　79　→レベル差0、補正値3　→79 + 3 = 82dB

82　85　→レベル差3、補正値2　→85 + 2 = 87dB

$\bar{L} = 87 - 10 \log 3$　（$\log 3 \fallingdotseq 0.5$）

$= 87 - 10 \times 0.5 = 87 - 5 = 82dB$

第2章 騒音測定技術

以上より、高出力時が4時間であれば等価騒音レベルは82dBになります。
したがって、(2)が正解です。

【精密値】

求めたい高出力時の時間をt_h(h)とすると、通常時は$12 - t_h$(h)と表すことができます。等価騒音レベルを求める式を設問の状況にあわせると次式のように表すことができます。

$$L_{\mathrm{Aeq},12} = 10 \log \left\{ \frac{1}{12} \left(10^{L_{\mathrm{A1}}/10} \times t_h + 10^{L_{\mathrm{A2}}/10} \times \left(12 - t_h \right) \right) \right\}$$

ここで、$L_{\mathrm{Aeq},12}$：12時間の等価騒音レベル(dB)

$\quad\quad L_{\mathrm{A1}}$：高出力時の騒音レベル(dB)

$\quad\quad L_{\mathrm{A2}}$：通常時の騒音レベル(dB)　　　t_h：高出力時の発生時間(h)

上式に題意のレベル値を代入してt_hの値を求めます。

$$82 = 10 \log \left\{ \frac{1}{12} \left(10^{85/10} \times t_h + 10^{79/10} \times \left(12 - t_h \right) \right) \right\}$$

$$= 10 \log \left\{ \frac{1}{12} \left(10^{8.5} \times t_h + 10^{7.9} \times \left(12 - t_h \right) \right) \right\}$$

$$= 10 \log \left\{ \frac{1}{12} \left(10^{8.5} \times t_h + 10^{7.9} \times 12 - 10^{7.9} \times t_h \right) \right\}$$

$$\frac{82}{10} = \log \left\{ \frac{1}{12} \left(10^{8.5} \times t_h + 10^{7.9} \times 12 - 10^{7.9} \times t_h \right) \right\}$$

$$\frac{82}{10} = \log \left\{ \frac{1}{12} \left(\left(10^{8.5} - 10^{7.9} \right) \times t_h + 10^{7.9} \times 12 \right) \right\}$$

上の式を指数表現に直すと次のようになります$\left(a = \log_{10} x \rightarrow 10^a = x \right)$。

$$10^{82/10} = \frac{1}{12} \left\{ \left(10^{8.5} - 10^{7.9} \right) \times t_h + 10^{7.9} \times 12 \right\}$$

$$10^{8.2} = \frac{1}{12} \left\{ \left(10^{8.5} - 10^{7.9} \right) \times t_h \right\} + \frac{1}{12} \left(10^{7.9} \times 12 \right)$$

$$10^{8.2} = \frac{1}{12} \left\{ \left(10^{8.5} - 10^{7.9} \right) \times t_h \right\} + 10^{7.9}$$

$$10^8 \times 10^{0.2} = \frac{1}{12}\left\{\left(10^8 \times 10^{0.5} - 10^7 \times 10^{0.9}\right) \times t_h\right\} + 10^7 \times 10^{0.9}$$

（常用対数表より、$10^{0.2} \fallingdotseq 1.58$、$10^{0.5} = 3.16$、$10^{0.9} = 7.94$）

$$10^8 \times 1.58 = \frac{1}{12}\left\{\left(10^8 \times 3.16 - 10^7 \times 7.94\right) \times t_h\right\} + 10^7 \times 7.94$$

計算しやすいように10^7にそろえ、すべての項に12をかけてから10^7で割ります。

$$10^7 \times 10 \times 1.58 = \frac{1}{12}\left\{\left(10^7 \times 10 \times 3.16 - 10^7 \times 7.94\right)t_h\right\} + 10^7 \times 7.94$$

$$12 \times 10^7 \times 10 \times 1.58 = \left(10^7 \times 10 \times 3.16 - 10^7 \times 7.94\right)t_h + 12 \times 10^7 \times 7.94$$

$$10^7\left(12 \times 10 \times 1.58\right) = 10^7\left(10 \times 3.16 - 7.94\right)t_h + 10^7\left(12 \times 7.94\right)$$

$$12 \times 10 \times 1.58 = \left(10 \times 3.16 - 7.94\right)t_h + 12 \times 7.94$$

$$189.6 = 23.66t_h + 95.28$$

$$189.6 - 95.28 = 23.66t_h$$

$$23.66t_h = 94.32$$

$$t_h \fallingdotseq 3.99 \fallingdotseq 4\text{h}$$

正解 ≫ （2）

第 2 章 騒音測定技術

3 JIS Z 8731：1999" 環境騒音の表示・測定方法 "

JIS Z 8731：1999"環境騒音の表示・測定方法"には、環境騒音を表示する際に用いる**基本的な諸量**を規定し、それらを求めるための**方法**が定められています。規制基準の測定方法をはじめとする騒音の測定方法は、このJISを参照することになります。ここではJISに定められる事項のうち主なものを挙げます。これまで学習した用語も含まれますが、JISの文章が出題されることもありますので、JISでの表現のされ方についても確認しておきましょう。

●定義

①**A特性音圧**：周波数重み特性Aをかけて測定される音圧実効値。単位はパスカル（Pa）。なお、周波数重み特性は周波数補正特性ともいう。

②**音圧レベル**：音圧実効値の2乗を基準音圧の2乗で除した値の常用対数の10倍。

③**騒音レベル**：A特性音圧の2乗を基準音圧の2乗で除した値の常用対数の10倍。A特性音圧レベルともいう。

④**時間率騒音レベル**：時間重み特性Fによって測定した騒音レベルが、対象とする時間TのNパーセントの時間にわたってあるレベル値を超えている場合、そのレベルをNパーセント時間率騒音レベルという。

⑤**等価騒音レベル**：ある時間範囲Tについて、変動する騒音の騒音レベルをエネルギー的な平均値として表した量。

⑥**総合騒音**：ある場所におけるある時刻の総合的な騒音。

⑦**特定騒音**：総合騒音の中で音響的に明確に識別できる騒音。騒音源が特定できることが多い。

⑧**残留騒音**：ある場所におけるある時刻の総合騒音のうち、すべての特定騒音を除いた残りの騒音。

⑨**暗騒音**：ある特定の騒音に着目したとき、それ以外のすべての騒音。

騒音測定技術　第2章

⑩**初期騒音**：ある地域において、何らかの環境の変化が生じる以前の総合騒音。

⑪**定常騒音**：レベル変化が小さく、ほぼ一定とみなされる騒音。

⑫**変動騒音**：レベルが不規則かつ連続的にかなりの範囲にわたって変化する騒音。

⑬**間欠騒音**：間欠的に発生し、一回の継続時間が数秒以上の騒音。

⑭**衝撃騒音**：継続時間が極めて短い騒音。

⑮**分離衝撃騒音**：個々に分離できる衝撃騒音。

⑯**準定常衝撃騒音**：レベルがほぼ一定で極めて短い間隔で連続的に発生する衝撃騒音。

◉測定器

①**校正**：すべての測定器は**校正を行う**必要がある。その方法は、測定器の製造業者が指定した方法による。測定器の使用者は、少なくとも一連の測定の前後に現場で検査を行わなければならない。その場合、マイクロホンを含めた音響的な検査を行うことが望ましい。

◉測定

①**屋外における測定**：反射の影響を除くため、可能な限り地面以外の**反射物から3.5m以上**離れた位置で測定する。測定点の高さ[※]は原則として**地上1.2 ～ 1.5m**とする。それ以外の測定点の高さは目的に応じた高さとする。

②**建物の周囲における測定**：建物に対する騒音の影響の程度を調べる場合には、原則としてその建物の騒音の影響を受けている**外壁面から1 ～ 2m**離れ、建物の床レベルから**1.2 ～ 1.5m**の高さで測定する。

③**建物の内部における測定**：原則として、壁等の**反射面から1m以上**離れ、騒音の影響を受けている窓などの開口部か

※：測定点の高さ
測定点の高さ地上1.2 ～ 1.5mはおおむね人の耳の高さを想定している。

騒音・振動概論

騒音・振動特論

371

第2章 騒音測定技術

ら**約1.5m**離れた位置で、床上**1.2 〜 1.5m**の高さで測定
する。

> ☑ **ポイント**
>
> ①諸量や騒音の種類などの用語について、JISでの表現を覚えておく。
> ②測定器はすべて校正を行う必要がある。
> ③原則、壁面等の反射の影響を考慮し、地上(床上)1.2 〜 1.5mの高
> 　さで測定する。

騒音測定技術 | 第2章

練習問題

平成28・問15

問15　JIS Z 8731:1999 "環境騒音の表示・測定方法" に関する記述として，誤っているものはどれか。

(1)　A特性音圧は，周波数重み特性Aをかけて測定される音圧実効値である。

(2)　残留騒音は，ある特定の騒音に着目したとき，それ以外のすべての騒音のことである。

(3)　すべての測定器は，校正を行う必要がある。

(4)　屋外における測定で，反射の影響を除くためには可能な限り，地面以外の反射物から3.5 m以上離れた位置で測定する。

(5)　建物の内部における測定では，特に指定がない限り，壁その他の反射面から1 m以上離れ，騒音の影響を受けている窓などの開口部から約1.5 m離れた位置で，床上1.2～1.5 mの高さで測定する。

解説

JIS Z 8731:1999 "環境騒音の表示・測定方法" に定める内容について問われています。誤っているものは(2)です。残留騒音は、ある場所におけるある時刻の総合騒音のうち、すべての特定騒音を除いた残りの騒音と定義されています。(2)は暗騒音についての説明です。両者の違いとしては、暗騒音は特定騒音以外のすべての騒音を指し、残留騒音は特定騒音を除いてもなお残っている騒音を指します。

したがって、(2)が正解です。

正解 >> （2）

第2章 騒音測定技術

4 JIS C 1509-1：2005" 電気音響—サウンドレベルメータ（騒音計）—第1部：仕様 "

JIS C 1509-1：2005"電気音響—サウンドレベルメータ（騒音計）—第1部：仕様"※には、**騒音計（サウンドメータ）**の電気音響性能について定められています。ここでは JIS に定められる事項のうち主なものを挙げます。これまで学習した用語も含まれますが、JIS での表現のされ方についても確認しておきましょう。

> ※：JIS C 1509-1
> JIS C 1509-2には第2部として騒音計の型式評価試験について定められている。

●**定義**

①**基準音圧**：空気伝搬音の場合の基準値。**20μPa**。

②**音圧レベル**：音圧の実効値の、基準音圧に対する比の常用対数の20倍。

③**周波数重み付け特性**：サウンドレベルメータについて周波数の関数としてこの規格に規定する、表示装置上に指示するレベルとそれに対応する一定振幅の定常正弦波入力信号のレベルとの差。

④**時間重み付け特性**：瞬時音圧の2乗値に重みを付ける、ある規定された時定数で表される時間に対する指数関数。

⑤**時間重み付きサウンドレベル**：ある周波数重み付け特性で求めた音圧を時間重み付けした値の、基準音圧に対する比の常用対数の20倍。

⑥**時間重み付きサウンドレベルの最大値**：ある時間内の、時間重み付きサウンドレベルの最も大きな値。

⑦**ピーク音圧**：ある時間内の、瞬時音圧の絶対値の最も大きな値。

⑧**ピークサウンドレベル**：ある周波数重み付け特性で求めたピーク音圧の基準音圧に対する比の常用対数の20倍。

⑨**時間平均サウンドレベル、等価サウンドレベル**：明示した時間内の、ある周波数重み付け特性で求めた音圧の時間平均値の、基準音圧に対する比の常用対数の20倍。なお、一般に、"**等価騒音レベル**"とは、A特性時間平均サウン

騒音測定技術　第2章

ドレベルのことをいう。

⑩**マイクロホンの基準点**：マイクロホンの位置を表すために
指定した、マイクロホン上又はその近傍の点。なお、マイ
クロホンの基準点は、マイクロホンの振動膜面上の中心と
してもよい。

⑪**基準方向**：サウンドレベルメータの音響特性、指向特性及
び周波数重み付け特性を求めるために規定する、マイクロ
ホンの基準点に向かう向き。なお、基準方向は、対称軸と
なす角度によって規定してもよい。

⑫**音の入射角**：音源の音響中心とマイクロホンの基準点を結
ぶ直線と基準方向とのなす角度。

⑬**レベルレンジ**：サウンドレベルメータのある設定で測定で
きる、サウンドレベルの公称範囲。

⑭**基準音圧レベル**：サウンドレベルメータの電気音響性能を
試験するために指定する音圧レベル。

⑮**基準レベルレンジ**：サウンドレベルメータの電気音響性能
を試験するために指定するレベルレンジ。基準レベルレン
ジには、基準音圧レベルを含む。

⑯**トーンバースト**：ゼロ交差で始まりゼロ交差で終わる、継
続時間が周期の整数倍の正弦波信号。

●**性能の仕様**

①一般に、サウンドレベルメータは、**マイクロホン**、**信号処
理器**及び**表示装置**を組み合わせたものである。信号処理器
は、規定する**周波数重み付け特性**を備えた増幅器、周波数
重み付けした**時間変動する音圧の2乗器**、及び**時間積分器**
又は**時間平均器**の機能を複合したものである。この規格に
規定する性能に適合するために必要な信号処理器は、サウ
ンドレベルメータの一部分とする。

②取扱説明書に**クラス1**※又は**クラス2**※と記載されたサウン
ドレベルメータは、この規格に規定するクラス1又はクラ

※：**クラス1**
精密騒音計

※：**クラス2**
普通騒音計

375

第2章 騒音測定技術

ス2のすべての仕様に適合しなければならない。幾つかの
クラス1の性能をもっていても、一つでもクラス2の仕様
にしか適合しない性能がある場合には、クラス2のサウン
ドレベルメータである。

③時間重み付けサウンドレベルメータは、少なくとも、**時間
重み付け特性F**[※]による**A特性時間重み付きサウンドレベ
ル**を測定する機能を備えなければならない。積分平均サウ
ンドレベルメータは、少なくとも、**A特性時間平均サウン
ドレベル**を測定する機能を備えなければならない。積分サ
ウンドレベルメータは、少なくとも、**A特性音響暴露レベ
ル**を測定する機能を備えなければならない。

④サウンドレベルメータは、**周波数重み付け特性A**を備えて
いなければならない。**クラス1**に適合するサウンドレベル
メータは、少なくとも適合性試験のために、**周波数重み付
け特性C**も備えていなければならない。非定常音の**C特性
ピークサウンドレベル**を測定するサウンドレベルメータ
は、少なくとも適合性試験のために、定常音の**C特性サウ
ンドレベル**を測定できなければならない。**周波数重み付け
特性ZERO（Z特性）**はオプションである。

※：時間重み付け特性
F

時間重み付け特性F
（速い）の時定数の設計
目標値は0.125s、時間
重み付け特性S（遅い）
の時定数の設計目標値
は1sである。

✅ **ポイント**

①諸量や仕様について、JISで規定されている表現を覚えておく。
②騒音計は、マイクロホン、信号処理器、表示装置を組み合わせた
もの。
③クラス1（精密騒音計）とクラス2（普通騒音計）について規定されて
いる。
④周波数重み付け特性（A、C、Z）、時間重み付け特性（F、S）につい
て規定されている。

騒音測定技術　第2章

練習問題

平成25・問15

問15　JIS C 1509-1:2005"電気音響—サウンドレベルメータ(騒音計)—第1部:仕様"の用語の定義として，誤っているものはどれか。

	用語	定義
(1)	音圧レベル	音圧の実効値の基準音圧に対する比の常用対数の20倍
(2)	基準音圧レベル	サウンドレベルメータの機械性能を試験するために指定する音圧レベル
(3)	ピーク音圧	ある時間内の，瞬時音圧の絶対値の最も大きな値
(4)	時間重み付け特性	瞬時音圧の2乗値に重みを付ける，ある規定された時定数で表される時間に対する指数関数
(5)	レベルレンジ	サウンドレベルメータのある設定で測定できるサウンドレベルの公称範囲

解説

　JIS C 1509-1:2005"電気音響—サウンドレベルメータ(騒音計)—第1部:仕様"に定める内容について問われています。誤っているものは(2)です。基準音圧レベルとは、「サウンドレベルメータの電気音響性能を試験するために指定する音圧レベル」と定義されています。機械性能ではありません。読み流すと気づかない程度の誤りですので、JISの文章を正確に覚えていないと解けない難問といえます。

　したがって、(2)が正解です。

正解 >> (2)

第3章

振動防止技術

3-1 振動対策	**3-4** 振動の伝搬経路における対策
3-2 振動源対策	**3-5** 弾性支持に使用される材料
3-3 弾性支持	

3-1 振動対策

ここでは振動対策の考え方と進め方について説明します。事業場においてどのように振動対策を進めていくのかを理解しておきましょう。

1 振動防止計画

公害振動の防止対策を計画する場合は、振動の**伝搬経路**に従って対策を検討する必要があります。発生源、機械基礎、伝搬途中の地盤、受振部の順に、振動を大きくしている要因を明確にして、それぞれの対策すべてを検討していきます。

振動の防止対策を整理すると、表1のように振動源対策、伝搬対策、受振部対策に大別できます。振動防止技術としては**弾性支持**が主体ですが、振動を発生している機械の加振力の低減から、受振部での構造対策まで各種の方法があります。それらすべての対策から、振動発生の実態にあわせて効率のよい方法やその組合せにより総合的に防止対策を計画していきます。

2 振動防止対策の目標

公害振動の苦情の多くは、感覚的な影響や被害が原因になっています。したがって、振動防止対策の目標は、**振動を感じさせない**ようにすることが理想的です（たとえば振動レベル**50dB**以下）。しかし、振動に対する反応は個人差が大きいこともあるため、実際には振動規制法等の法規制値を当面の目標と考えます。

3 振動対策の進め方

振動対策を進めるに当たっては、まず振動の実態を把握することが必要です。いつ・どこで・どんな人が・どのような状況

振動防止技術　第3章

表1　振動防止技術の概要

大分類	主対策方法	対策方法	手段	効果等
振動源対策	機械そのものでの対策	加振力小機械	機械選定	機械、機種により異なる
		加振力の低減	釣り合いをとる	調整量による
	振動絶縁	弾性支持	緩衝材	数〜5 dB 程度
			ゴムばね	高めの周波数、設計による量
			空気ばね	1 〜 10 Hz 程度、設計による量
			金属ばね	低い周波数、設計による量
			組み合わせほか	設計による量
	その他の振動源対策（付加質量等）	基礎対策	重（軽）量化	程度による
		架台	共通化等	設計による量
		動吸振器	制振	設計による量
伝搬対策	距離減衰	距離を離す	配置の変更	− 3 〜− 5 dB/ 倍距離
	地中塀（溝）		空気緩衝材	深さ λ/4 で最大約 6 dB（実際は効果小）
受振部対策	構造改良、絶縁等	共振を外す質量付加等	構造の補強等	補強等の程度による
その他	作業時間、作業方法等の変更	稼動の変更		変更の度合いの違いによる
	挨拶	説明	話し合い	苦情者の納得の度合いによる

（注）λ：伝搬する振動の波長（m）

で振動を感じているのかなどを把握します。振動診断では、騒音の場合の聴感調査と同様に、はじめに**体感**を利用し、ときには**聴覚**や**視覚**も活用します。その後に**測定器**等での調査・診断をします。なお、振動防止対策のための測定も**JIS**※に規定される方法である必要はありません。次に、表1に示す対策方法の概要を説明します。

※：JIS
JIS Z 8735：1981 "振動レベル測定方法" において測定方法が規定されている。

4 加振力対策

　機械から発生する振動をより小さくするためには、**振動の発生が小さい機械への変更**を検討したり、**作業方法**を変更したりすることが考えられます。また、複数の機械による影響で振動の強弱が現れるようなら、**機械の位置関係**もあわせて検討します。

第 3 章 | 振動防止技術

5 振動絶縁対策

　機械から発生する加振力を小さくできない場合には、機械の加振力を基礎や床に伝えにくくする方法を考えます。振動を発生する機械を**弾性支持**※することにより、振動を絶縁する方法です。一般に工場機械での振動対策はこの**弾性支持**が主体です。

※：弾性支持
振動する機械と基礎・床との間に、ばねなどの弾性体を挿入して振動を絶縁すること。

6 その他の振動源対策

　そのほか、機械基礎の**重量**を増やしたり、基礎下の支持力を増やして基礎の振動を抑えたりする方法もあります。また、反共振となる要素を付加して能動的に振動を吸振（**動吸振**）する方法もあります。

7 伝搬経路対策

　振動の**距離減衰**を利用して振動源の配置を変更する方法があります。ただし、距離が離れていても伝搬過程での共振などにより**振動が大きく**なる場合があるので注意が必要です。また、伝搬の途中に**溝**や**地中塀**などの**振動遮断層**を設けて、波動の伝搬過程において振動を減少させる方法もあります。しかし、この溝や地中塀などによる対策方法は、振動の波長に比べて大きい障害物を設けるのは一般的に困難なので、**あまり効果は期待できません。**

8 受振部対策

　受振部である家具等の共振やがたつきを防ぐことも、対症療法的ではあるものの対策方法のひとつといえます。

9 その他

　作業時間・作業方法の変更も振動防止対策のひとつです。また、大きな振動が発生する作業の場合には事前に付近住民に説明することも重要です。

振動防止技術　第 **3** 章

ポイント

①振動対策は、伝搬経路に従って対策を考える。

②振動診断は、「体感」「聴覚」「視覚」を用いて行う。

③振動対策のための測定も JIS に規定される方法でなくともよい。

④振動防止技術として「弾性支持」が主なものである。

⑤振動遮断層の設置による対策は、あまり効果が期待できない。

第 **3** 章 振動防止技術

練習問題

平成26・問17

問17 工場の振動防止に対する考え方の記述として，不適当なものはどれか。

(1) 振動源を加振力の小さな機械に替える。

(2) 振動源に対して，弾性支持により基礎に伝達される力を小さくする。

(3) 振動源に対して，機械基礎を重量化する。

(4) 振動遮断層の設置による対策を最初に検討する。

(5) 作業時間・作業方法等を変更する。

解 説

　振動防止対策について問われています。誤っているものは(4)です。振動防止対策は振動の伝搬経路に従って対策を検討しますので、最初に振動発生源の対策を考えます。また、振動の波長に比べて大きい振動遮断層を設けるのは一般的に困難ですので、溝や地中塀などの振動遮断層による対策はあまり効果が期待できません。

　したがって、(4)が正解です。

正解 >> （4）

振動防止技術 第3章

3-2 振動源対策

　ここでは振動源対策について説明します。衝撃力の低減や回転体の釣り合いをとることにより振動を低減する方法について理解しておきましょう。

1 衝撃力の低減

　機械の運転が原因で発生する公害振動は、機械から発生する**加振力**によって引き起こされる強制振動ですので、加振力がなくなれば振動はおさまります。

　振動を発生する機械には必ず可動部が存在し、この可動部が繰り返し運動をすることにより**加振力**が生じます。加振力は「加速度の大きさは、力の大きさに比例し、質量に反比例する」という**ニュートンの第二法則**（次式）に従って発生します。

$$F = m\alpha \qquad \alpha = \frac{F}{m}$$

ここで、F：力の大きさ（N）　　m：質量（kg）

　　　　α：加速度（m/s^2）

　いま、速度v_1で運動している質量mの物体に、衝撃力Fが短い時間Δt作用して速度v_2に変化したとすると、衝撃力Fは次式で表すことができます。

$$F = m\alpha = m\frac{v_2 - v_1}{\Delta t}$$

$$F\Delta t = mv_2 - mv_1$$

　上式の$F\Delta t$は**力積**※といい、mvは**運動量**※といいます。つまり、力積$F\Delta t$は運動量の変化$mv_2 - mv_1$に等しくなります。質量mの物体が速度v_1で剛壁に衝突し静止すると、衝突後の物体の速度は$v_2 = 0$となり、運動量の変化は$0 - mv_1$となります。物体の運動の方向を正とすれば、衝突時物体に働く力の方向は

※：**力積**
力と、力の働いている時間との積のこと。力積が大きくなると運動量も大きくなる。

※：**運動量**
質量と速度の積で、物体の運動の勢いを表す。同じ速度でも質量の大きいほど運動の勢いは大きくなる。

385

負となるため、衝撃力Fは次式のように表すことができます。

$$F = \frac{mv_1}{\Delta t}$$

つまり、衝撃による運動量mv_1が一定のとき、物体に作用する時間Δtを**長く**することにより、衝撃力Fは**小さく**なります。たとえば、卵をクッションに落とした場合、着地時間が長くなることにより衝撃が抑えられ、卵が割れないのもこの原理によります。

2 6自由度の運動

加振力が機械の重心から離れた点に作用すると、重心まわりにモーメント(回転軸まわりに働く力)が生じ、**6自由度**の運動が発生します。6自由度とは、図1に示すようにX、Y、Z方向(図では軸方向(水平)、水平(軸方向と直交)、鉛直方向)と、それらを軸とした回転方向の6つの振動系を指します。弾性支持において、慣性主軸※と弾性主軸※を一致させることでこのような現象は避けられますが、6自由度の振動系として扱うため、計算や対策は複雑になります。

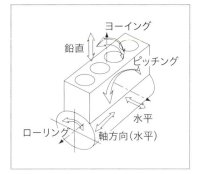

図1　6自由度の運動

> ※：慣性主軸
> ある軸のまわりに剛体を回転させたとき、回転軸の方向を変えさせるようとする力が発生しない軸のこと。
>
> ※：弾性主軸
> 作用する力と弾性体の変位の方向が一致する軸のこと。たとえば自動車の右側に荷物を置くと車体は右側に傾くが、適切な位置に置くと車体は鉛直下方向に沈む。このような点を通る軸がこの自動車の弾性主軸のひとつとなる。

3 回転体の不釣り合い

回転する機械は回転がアンバランスな状態になると振動が発生します。洗濯機の回転ドラムや換気扇など、アンバランスによる振動の発生は日常生活においてもよくみられます。

図2のような回転体が一定の回転速度で回っているとき、回転体の質量が一様に分布していないとアンバランス※(不釣り

> ※：アンバランス
> 回転体の重心と、回転中心とにズレがある状態をいう。

図2　回転体の慣性力と静的釣り合い

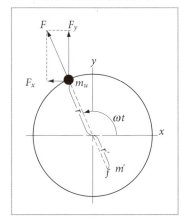

合い)が生じて振動を発生する原因になります。不釣り合いを生じさせる質量のことを**不釣り合い質量**といい、回転体に作用する**不釣り合い力**との関係は次式のように表すことができます。不釣り合い力は「**遠心力**」ともいいます。

$$F = m_u r \omega^2$$

ここで、F：不釣り合い力(N)　　m_u：不釣り合い質量(kg)
　　　　r：半径(m)　　ω：角振動数($= 2\pi n/60$) (rad)※
　　　　n：ロータの1分間あたりの回転数

　回転体のアンバランスを少なくすることを**バランシング**といい、バランシングでは次に示す**静的釣り合い**と**動的釣り合い**を考慮する必要があります。

● 静的釣り合い

　回転体が回らない状態において、不釣り合い力をバランスさせることを「**静的釣り合いをとる**」と表現します。たとえば図2のような回転体で静的釣り合いをとるには、不釣り合い質量 m_u の反対側に質量 m_u' の物体を半径 r' の位置に取り付けます。このとき次の関係が成り立ちます。

$$m_u r = m_u' r'$$

※：角振動数
nは1分間あたりの回転数なので、$n/60$は1秒あたりの回転数、つまり振動数fと表すことができる。したがって、角振動数は$\omega = 2\pi f$となる。

●動的不釣り合い

同一回転軸上に2個の不釣り合い質量が異なる位置に存在する場合を考えます(図3)。このような場合、静的には釣り合っていても、回転するとそれぞれ反対方向の不釣り合い力※が生じて不釣り合いの状態になります。これを**偶力不釣**

図3　2個の不釣り合い質量

り合いといい、振動を発生させる原因となります。また、回転する状態で現れる不釣り合いを**動的不釣り合い**といいます。

> ※：不釣り合い力
> 下図のように、同一回転軸上に距離lを隔て、大きさが等しい不釣り合い質量mがそれぞれ回転している場合、不釣り合いモーメント(不釣り合いを生じさせる力)は次式で表すことができる。
> $M = mr\omega^2 l$
>
>

4 動吸振器

振動系にその固有振動数に近い外力が作用すると**共振**します。この共振対策のひとつとして動吸振器による方法があり、**減衰の小さい**振動系では大きな効果があります。

動吸振器※とは、振動体にばねなどを介して**質量を付加する**ことによって共振現象を抑制する制振装置のことです。図4(a)のように質量M、ばね定数Kの振動系に外力$F_0\sin\omega t$が作用して共振していたとします。そこで図4(b)に示すように、質量mの付加質量とばね定数kのばねを質量Mに取り付け、外力

> ※：動吸振器
> ダイナミックダンパ(dynamic damper)、ダイナミックバイブレーションアブソーバー(DVA：dynamic vibration absorber)とも呼ばれる。

図4　動吸振器(ダイナミックダンパ)

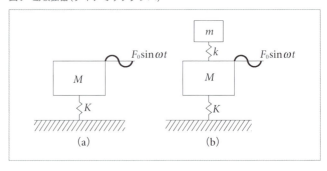

と**逆方向**に作用させると、主質量Mの振動が**小さく**なります。これが動吸振器のモデルです。

　ここで、主振動系（MとK）の固有角振動数ω_1、副振動系（mとk）の固有角振動数ω_2とすると、両者の関係は次式で表すことができます。

$$\omega_1 = \sqrt{\frac{K}{M}}$$

$$\omega_2 = \sqrt{\frac{k}{m}}$$

ここで、ω_1：主振動系の固有角振動数（Hz）

　　　　K：主振動系のばね定数（N/m）

　　　　M：主振動系の質量（kg）

　　　　ω_2：副振動系の固有角振動数（Hz）

　　　　k：副振動系のばね定数（N/m）

　　　　m：副振動系の質量（kg）

　図4(a)では外力$F_0 \sin\omega t$が作用して共振しているので、$\omega \fallingdotseq \omega_1 \fallingdotseq \omega_2$のときに主振動系の**振動が小さくなる**ことがわかります。したがって、それぞれの振動系の質量とばね定数には次式の関係が成り立ちます。

暗記

$$\frac{K}{M} \fallingdotseq \frac{k}{m} \qquad \frac{k}{K} \fallingdotseq \frac{m}{M}$$

ここで、K：主振動系のばね定数（N/m）　　M：主振動系の質量（kg）
　　　　k：副振動系のばね定数（N/m）　　m：副振動系の質量（kg）

　また、固有角振動数ωは固有振動数f_0に1周の角度2π（rad）をかければ求められますので（$\omega = 2\pi f$）、それぞれ固有振動数で表すと次式のようになります。

暗記

$$f_{01} = \frac{1}{2\pi}\sqrt{\frac{K}{M}} \quad f_{02} = \frac{1}{2\pi}\sqrt{\frac{k}{m}}$$

ここで、f_{01}：主振動系の固有振動数(Hz)
　　　　K：主振動系のばね定数(N/m)　　M：主振動系の質量(kg)
　　　　f_{02}：副振動系の固有振動数(Hz)
　　　　k：副振動系のばね定数(N/m)　　m：副振動系の質量(kg)

　上式は動吸振器だけでなく次項の弾性支持の計算問題でもよく利用する式ですので、固有振動数、質量、ばね定数の関係はよく理解しておきましょう。

ポイント

①衝撃力を小さくするには、物体に作用する時間を長くする。
②加振力が機械の重心から離れた点に作用すると、6自由度の運動が発生する。
③静的釣り合い、動的釣り合いの概要を理解する。
④動吸振器は、減衰の小さな振動系に大きな効果がある。
⑤動吸振器における振動を小さくする条件を覚える。
⑥固有振動数・質量・ばね定数の関係式を覚える。

振動防止技術 **第3章**

練習問題

平成27・問17

問17 振動防止技術に関する記述として，誤っているものはどれか。

　(1) 衝撃による運動量の変化が一定のとき，物体に作用する時間を長くすることにより，衝撃力を小さくすることができる。

　(2) 動吸振器による対策は，減衰の大きな振動系に大きな効果がある。

　(3) 回転体のバランシングでは，静的釣り合いと動的釣り合いを考慮する。

　(4) 弾性支持による防振効果は，系の固有振動数の $\sqrt{2}$ 倍より高い振動数で得られる。

　(5) 加振力が機械の重心から離れると，重心まわりに6自由度の運動が発生する。

| 解　説 |

　振動防止技術について幅広く問われています。誤っているものは(2)であり、動吸振器による対策は、減衰の小さな振動系に大きな効果があります。

　したがって、(2)が正解です。なお、(4)については次項で説明します。

正解 >> （2）

第 3 章　振動防止技術

練習問題

平成25・問18

問18　弾性支持された大型の機械が 15 Hz で共振状態となった。機械の上におもりとばねからなる動吸振器を付けて対策するとき，おもりの質量 m(kg)とばね定数 k(kN/m)との数値の組合せとして，適切なものはどれか。

	おもりの質量 m(kg)	ばね定数 k(kN/m)
(1)	5	30
(2)	6	70
(3)	7	40
(4)	8	50
(5)	9	80

解　説

　動吸振器におけるおもりの質量とばね定数を求める計算問題です。題意で与えられている15Hzは機械の固有振動数ですので、おもりとばねを付けた副振動系の固有振動数を15Hzにすれば機械の振動も小さくなります。副振動系の関係は次式で表すことができます。

$$f_{02} = \frac{1}{2\pi}\sqrt{\frac{k}{m}}$$

ここで、f_{02}：副振動系の固有振動数(Hz)　　k：ばね定数(N/m)　　m：質量(kg)

　上式に選択肢(1)～(5)の数値を代入して$f_{02} = 15$Hzとなる組合せを探します。なお、題意のばね定数の単位はkN/mなのに注意しましょう(1kN/m = 1000N/m)。

$$(1) f_{02} = \frac{1}{2 \times 3.14}\sqrt{\frac{30000}{5}} ≒ 12.3\text{Hz}$$

$$(2) f_{02} = \frac{1}{2 \times 3.14}\sqrt{\frac{70000}{6}} ≒ 17.2\text{Hz}$$

$$(3) f_{02} = \frac{1}{2 \times 3.14}\sqrt{\frac{40000}{7}} ≒ 12.0\text{Hz}$$

振動防止技術 | 第 **3** 章

$(4) f_{02} = \dfrac{1}{2 \times 3.14} \sqrt{\dfrac{50000}{8}} \fallingdotseq 12.6 \text{Hz}$

$(5) f_{02} = \dfrac{1}{2 \times 3.14} \sqrt{\dfrac{80000}{9}} \fallingdotseq 15.0 \text{Hz}$

したがって、(5)が正解です。

正解 ≫ （5）

騒音・振動概論

騒音・振動特論

第3章　振動防止技術

練習問題

平成28・問18

問18　質量100 kgの機械が減衰要素のないばねで，固有振動数が10 Hzとなるように弾性支持されており，始動時に共振する。この対策として，機械の上部に質量10 kgのおもりを減衰要素のないばねを介して付加する方法を採用するとき，ばね定数は何kN/mとすればよいか。

(1)　$(2\pi)^2$　　　(2)　2π　　　(3)　π^3　　　(4)　π^2　　　(5)　π

解　説

　動吸振器におけるばね定数を求める計算問題です。題意で与えられている機械の固有振動数と機械の質量からばね定数を求めます。主振動系の固有振動数は次式で求められます。

$$f_{01} = \frac{1}{2\pi}\sqrt{\frac{K}{M}}$$

ここで，f_{01}：主振動系の固有振動数（Hz）　　K：ばね定数（N/m）　　M：質量（kg）

　上式を2乗してKが左辺にくるように変形し，題意の質量100kgと固有振動数10Hzを代入してばね定数を求めます。

$$f_{01}{}^2 = \frac{1^2}{(2\pi)^2} \times \frac{K}{M}$$

$$\begin{aligned}K &= f_{01}{}^2 \times M \times (2\pi)^2 \\ &= 10^2 \times 100 \times (2\pi)^2 \\ &= 10000 \times (2\pi)^2\end{aligned}$$

　機械の振動が小さくなるような主振動系と副振動系のばね定数と質量との関係は次式で表すことができます。

$$\frac{K}{M} \fallingdotseq \frac{k}{m}$$

　求めたばね定数とそれぞれの質量を上式に代入して副振動系のばね定数を求めます。

394

振動防止技術 | 第**3**章

$$\frac{10000 \times (2\pi)^2}{100} = \frac{k}{10}$$

$k = 1000 \times (2\pi)^2 (\text{N/m}) = (2\pi)^2 (\text{kN/m})$

したがって、(1)が正解です。

正解 >> (1)

3-3 弾性支持

ここでは主な防振技術である弾性支持について説明します。振動伝達率の考え方をはじめ、計算問題もよく出題されますので重要な式は覚えておきましょう。

1 振動伝達率

弾性支持の目的は、振動する機械から**地盤に伝達する力**を小さくすることです。弾性支持は図1のようなモデルで表すことができます。ここで、機械に作用する加振力をF_0、地盤への伝達力をF_Tとすると、振動伝達率τは次式で表すことができます。

図1 弾性支持のモデル

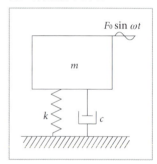

$$\tau = \frac{F_T}{F_0} = \sqrt{\frac{1+(2\zeta\eta)^2}{(1-\eta^2)^2+(2\zeta\eta)^2}}$$

ここで、τ：振動伝達率　　F_T：伝達力(N)　　F_0：加振力(N)
　　　　ζ：減衰比($= c/c_c$)　　c：減衰係数
　　　　c_c：臨界減衰係数($= 2\sqrt{mk}$)
　　　　η：振動数比($= f/f_0$)　　f：加振力の振動数(Hz)
　　　　f_0：固有振動数(Hz)

振動伝達率は、発生した振動がどのくらいの割合で伝達するのかを示した値です。減衰率ζをパラメータにとって図示すると図2のようになります。この図から横軸の振動数比(f/f_0)の関係によって次のような特性があることがわかります。

①$f \ll f_0$のとき※：振動伝達率τは1に近い値になり、機械から発生した力F_0は**大きさが変わらず地盤に伝達する**。

※：$f \ll f_0$のとき
fがf_0よりも非常に小さいことを示す。

図2 振動伝達率

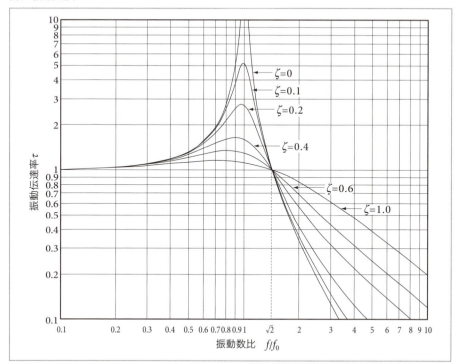

② $f < \sqrt{2} f_0$ のとき：振動伝達率 τ は常に1より大きいが、減衰比 ζ が大きいほど τ は小さくなる。

③ $f \fallingdotseq f_0$ のとき：**共振**の状態で、防振の効果は期待できない。このとき、$\tau = \sqrt{1 + 1/(2\zeta)^2}$ であり、減衰比 ζ が大きいほど振動伝達率 τ は小さくなる。

④ $f = \sqrt{2} f_0$ のとき：減衰比 ζ にかかわらず、振動伝達率 τ はすべて1になる。

⑤ $f > \sqrt{2} f_0$ とき：減衰比 ζ にかかわらず、振動伝達率 $\tau < 1$ になる**防振の効果**がある領域。このとき、ζ が大きいほど τ は大きくなる（つまり防振効果は悪くなる）。

したがって、弾性支持による防振効果は、固有振動数の $\sqrt{2}$ **倍より高い振動数**で得られることがわかります。

第3章　振動防止技術

　減衰要素がない場合（減衰比 $\zeta = 0$）、振動伝達率 $\tau < 1$（上記⑤の $f > \sqrt{2}\,f_0$ 領域）では、振動伝達率と振動数比との関係は次式で表すことができます。

暗記

$$\tau = \frac{1}{\left(\dfrac{f}{f_0}\right)^2 - 1} \qquad f_0 = \frac{f}{\sqrt{\dfrac{1}{\tau} + 1}}$$

ここで、τ：振動伝達率　　f：加振力の固有振動数（Hz）
　　　　f_0：支持系の固有振動数（Hz）

●**振動伝達率と質量との関係**

　また、上式の振動伝達率と振動数比の関係式に、前項で説明した固有振動数・質量・ばね定数の関係式（次式）

$$f_0 = \frac{1}{2\pi}\sqrt{\frac{k}{m}} \qquad k = m\,(2\pi f_0)^2$$

を代入して変形すると、次式のようになります。

$$\frac{k}{(2\pi)^2 \times f^2} = \frac{m\tau}{\tau + 1}$$

いま、質量 m を質量 m' に変えた場合、振動伝達率 τ' として同じように求めると

$$\frac{k}{(2\pi)^2 \times f^2} = \frac{m'\tau'}{\tau' + 1}$$

となります。このとき、左辺のばね定数 k と加振力の振動数 f は一定値なので、2つの上式の右辺を等しいとすると次式が導かれます。

$$\frac{m\tau}{\tau + 1} = \frac{m'\tau'}{\tau' + 1}$$

　上式を変更後の質量 m' に注目して式を変形すると、振動伝達率と質量との関係は次式で表すことができます。

$$m' = \frac{(\tau' + 1)\tau}{(\tau + 1)\tau'} m$$

ここで、τ：変更前の振動伝達率 $\quad m$：変更前の質量(kg)

τ'：変更後の振動伝達率 $\quad m'$：変更後の質量(kg)

ポイント

①弾性支持の目的は、地盤に伝わる振動を小さくすること。

②弾性支持の効果は「振動伝達率」で表す。

③振動伝達率、振動数比、減衰比の関係を理解する。

④弾性支持による防振効果は、固有振動数の$\sqrt{2}$倍より高い振動数で得られる。

⑤振動伝達率と振動数との関係式を覚える。

第3章 振動防止技術

練習問題

平成26・問18

問18 質量 1600 kg で毎分 900 回転している機械があり，1回転に1回の割合で鉛直方向に加振力を生じている。これを防振するため，8個の支持点で均等な荷重を受けるように弾性支持し，振動数比 f/f_0 の値を3にするには，ばね1個当たりのばね定数を約何 MN/m にすればよいか。ただし，減衰はないものとする。

(1) 0.1 　(2) 0.2 　(3) 0.3 　(4) 0.4 　(5) 0.5

解 説

弾性支持におけるばね定数を求める計算問題です。まず題意の値を整理します。

①加振力の振動数 f は $900 \div 60 = 15\text{Hz}$ になります。

②振動数比 $f/f_0 = 3$ としたいので，固有振動数 f_0 は $15 \div 3 = 5\text{Hz}$ になります。

③質量 M は1600kgです。

固有振動数を求める式をばね定数が左辺にくるように変形します。

$$f_0 = \frac{1}{2\pi}\sqrt{\frac{K}{M}} \qquad K = M\,(2\pi f_0)^2$$

ここで，f_0：固有振動数(Hz)　　K：ばね定数(N/m)　　M：質量(kg)

上記②③の値を上式に代入してばね定数を求めます。

$$K = 1600 \times (2\pi \times 5)^2 \fallingdotseq 1600 \times 31.4^2 \fallingdotseq 1600 \times 986\,(\text{N/m})$$

また，並列につないだ個々のばね定数と総ばね定数は次の関係にあります。

$$K = k_1 + k_2 + \cdots + k_n$$

ここで，K：総ばね定数(N/m)　　$k_1 + k_2 + \cdots + k_n$：個々のばね定数(N/m)

題意より8個のばねで均等に支持しているので，8で割ればばね1個当たりのばね定数を求めることができます。

$$1600 \times 986 \div 8 = 200 \times 986 = 197200\text{N/m} = 0.1972\text{MN/m} \fallingdotseq 0.2\text{MN/m}$$

したがって，(2)が正解です。

POINT

ばね定数の計算は騒音・振動概論の科目で学習した内容です。このように特論でも出題されますので，騒音・振動概論9-3「簡単な振動系」も復習しておきましょう。

正解 >> (2)

振動防止技術 | 第3章

練習問題

平成27・問19

問19 質量1200kgの機械が毎分600回転して，鉛直方向の正弦波形の力を生じている。機械を弾性支持して機械基礎への振動伝達率を0.25とするためには，減衰要素のない約何N/mのばねで支持すればよいか。

(1) 9.5×10^4

(2) 1.5×10^5

(3) 2.4×10^5

(4) 9.5×10^5

(5) 1.5×10^6

解 説

弾性支持におけるばね定数を求める計算問題です。まず題意の値を整理します。

①加振力の振動数fは$600 \div 60 = 10$Hzです。

②振動伝達率τは0.25です。

③質量Mは1200kgです。

次に振動伝達率を求める式を、固有振動数が左辺にくるように変形します。

$$\tau = \frac{1}{\left(\dfrac{f}{f_0}\right)^2 - 1} \qquad f_0 = \frac{f}{\sqrt{\dfrac{1}{\tau} + 1}}$$

ここで、τ：振動伝達率　　f：加振力の固有振動数（Hz）

f_0：支持系の固有振動数（Hz）

上式に①②の値を代入して固有振動数を求めます。

$$f_0 = \frac{10}{\sqrt{\dfrac{1}{0.25} + 1}} = \frac{10}{\sqrt{5}} = \frac{10}{2.236} \fallingdotseq 4.47\text{Hz}$$

次に固有振動数を求める式を、ばね定数が左辺にくるように変形します。

$$f_0 = \frac{1}{2\pi}\sqrt{\frac{K}{M}} \qquad K = M\,(2\pi f_0)^2$$

ここで、f_0：固有振動数（Hz）　　K：ばね定数（N/m）　　M：質量（kg）

上で求めた固有振動数4.47Hzと題意の③質量1200kgを上式に代入します。

401

第 3 章 振動防止技術

$$K = 1200(2\pi \times 4.47)^2 \fallingdotseq 1200 \times (6.28 \times 4.47)^2 \fallingdotseq 1200 \times 28.1^2$$
$$= 1200 \times 789.61 = 947532 \fallingdotseq 950000 \text{N/m} = 9.5 \times 10^5 (\text{N/m})$$

したがって、(4)が正解です。

正解 >> （4）

振動防止技術 **第3章**

練習問題

平成25・問17

問17　質量1500kgで毎分1800回転している圧縮機があり，不釣り合いのために1回転に1回，鉛直方向に3kNの加振力が生じている。これを4箇所で減衰のないばねで支持し，振動数比3にしたい。この弾性支持に関する値の組合せとして，正しいものはどれか。

	固有振動数 (Hz)	ばね1個のばね定数 (MN/m)	ばねの静的たわみ (mm)
(1)	10	1.5	2.5
(2)	10	5.9	2.5
(3)	15	1.5	25
(4)	15	5.9	25
(5)	30	1.5	2.5

| 解　説 |

弾性支持における固有振動数、ばね定数、ばねの静的たわみを求める計算問題です。

①固有振動数を求めます。題意より加振振動数fは1800回÷60分＝30Hzです。振動数比(f/f_0)を3にしたいので、固有振動数f_0は30÷3＝10Hzになります。

②ばね1個のばね定数を求めます。固有振動数を求める式を、ばね定数が左辺にくるように変形します。

$$f_0 = \frac{1}{2\pi}\sqrt{\frac{K}{M}} \qquad K = M(2\pi f_0)^2$$

ここで、f_0：固有振動数(Hz)　　K：ばね定数(N/m)　　M：質量(kg)

上記①で求めた固有振動数10Hzと題意の質量1500kgを上式に代入すれば総ばね定数を求められます。

$$K = 1500 \times (2\pi \times 10)^2 \fallingdotseq 1500 \times 62.8^2 = 1500 \times 3943.84$$
$$= 5915760\text{N/m} \fallingdotseq 5.92\text{MN/m}$$

4箇所のばねで支持しているので、個々のばね定数は5.92÷4≒1.5MN/mとなります。

第3章 振動防止技術

③ばねの静的たわみを求めます(騒音・振動概論9-3「簡単な振動系」参照)。固有振動数と静的たわみの関係は次式で表すことができます。

$$f_0 = \frac{1}{2\pi}\sqrt{\frac{9.8}{\delta}} \fallingdotseq \frac{0.5}{\sqrt{\delta}}$$

ここで、f_0：固有振動数(Hz)　δ：静的たわみ(m)

上式を変形して上記①で求めた固有振動数10Hzを代入すれば静的たわみが求められます。

$$\sqrt{\delta} = \frac{0.5}{f_0} \qquad \delta = \left(\frac{0.5}{f_0}\right)^2$$

$$\delta = \left(\frac{0.5}{10}\right)^2 = 0.0025\text{m} = 2.5\text{mm}$$

したがって、(1)が正しい組合せになります。

| POINT

ばね定数、静的たわみの計算は騒音・振動概論の科目で学習した内容です。このように特論でも出題されますので、騒音・振動概論9-3「簡単な振動系」も復習しておきましょう。

正解 >> (1)

振動防止技術　第3章

練習問題

平成26・問20

問20　質量200kgの架台に固定されている質量1200kgの回転機械が，基礎上に0.25の振動伝達率で弾性支持されている。支持ばねを変えずに架台に質量を付加することにより，基礎への振動伝達率が0.2になるようにしたい。付加質量は約何kgか。ただし，機械の回転数は変わらず，ばねには減衰要素はないものとする。

(1)　220　　　　(2)　240　　　　(3)　260　　　　(4)　280　　　　(5)　300

解　説

弾性支持における付加質量を求める計算問題です。振動伝達率と質量との関係は次式で表すことができます。

$$m' = \frac{(\tau' + 1)\tau}{(\tau + 1)\tau'} m$$

ここで、τ：変更前の振動伝達率　　　m：変更前の質量(kg)

τ'：変更後の振動伝達率　　　m'：変更後の質量(kg)

上式に題意の架台と回転機械の質量200 + 1200 = 1400kgと、変更前の振動伝達率0.25、変更後の振動伝達率0.2を代入すれば、変更後の質量が求められます。

$$m' = \frac{(0.2 + 1)0.25}{(0.25 + 1)0.2} \times 1400 = 1680 \text{kg}$$

付加した質量は、変更後の質量から変更前の質量を引けば求められます。

$$1680 - 1400 = 280 \text{kg}$$

したがって、(4)が正解です。

正解 >> （4）

第3章 振動防止技術

練習問題

平成25・問19

問19 基礎上にばねとダンパで弾性支持された機械に，振動数 f の正弦加振力が作用したときの振動伝達率 τ に関する記述として，誤っているものはどれか。ただし，f_0 は弾性支持系の固有振動数である。

(1) $f \ll f_0$ のとき，$\tau \fallingdotseq 1$ となる。

(2) $f < \sqrt{2} f_0$ のとき，$\tau > 1$ となる。

(3) $f \fallingdotseq f_0$ のとき，$\tau = 0$ となる。

(4) $f = \sqrt{2} f_0$ のとき，$\tau = 1$ となる。

(5) $f > \sqrt{2} f_0$ のとき，$\tau < 1$ となる。

| 解 説 |

弾性支持における振動伝達率と振動数との関係について問われています。誤っているものは(3)です。前出の図2のとおり、$f \fallingdotseq f_0$ のときは共振が生じますので、振動伝達率 τ は0にはならず、$\tau = \sqrt{1 + 1 / (2\zeta)^2}$ となります。このとき防振の効果は期待できません。

したがって、(3)が正解です。

正解 >> （3）

振動防止技術 **第3章**

2 弾性支持の設計手順

弾性支持の設計にあたっては、固定基礎時と同じ精度・生産性の機械性能を維持し、かつ地盤への**伝達力を小さく**することを目標にして検討・設計する必要があります。

基本的には、振動数比 $\eta = f/f_0$ を $\sqrt{2}$ **以上**、一般的には**3以上**に設定すると防振効果が期待できます。

●振動源

防振設計は、振動源となる対象機械の仕様を把握したうえで実施する必要があります。弾性支持設計に当たっての対象機械の基本的な調査項目を次に示します。

①形状、寸法、質量、重心位置、慣性モーメント、慣性主軸

②加振力、加振位置、加振振動数、起動から定常回転数までの時間、定常回転数から停止までの時間

③配線・配管等周辺との連結部材、被加工物の供給方法と加工後の搬出方法

●目標値の設定

距離減衰を考慮して機械基礎の目標振動値を求め、主加振振動数に対して振動伝達率を決めます。このとき、振動伝達率から弾性支持系の固有振動数 f_0 を決めますが、固有振動数に対する加振振動数、つまり振動数比 $\eta\,(f/f_0)$ は $\sqrt{2}$ **以上**、一般的には**3以上**に設定します。また、質量効果により機械変位振幅、加速度振幅を許容値以下に設定することも重要です。

●連成と非連成

防振設計は多自由度振動系の**各固有振動数**を加振振動数に対して**小さく**する必要があります。

ただし、6自由度[※]の振動系は、それぞれ独立して振動することはなく、互いに影響を及ぼし合いながら振動することがあります。これを「**連成**」といいます。6自由度がすべて連成し

※：6自由度
X、Y、Z方向の3つ振動系、及びそれぞれ軸の回転を合わせ6自由度となる。

た振動系では、各固有振動数を希望値にするのは計算上困難ですから、できるだけ**連成を避ける**設計をする必要があります。連成しないことを**非連成**といいます。

　完全な非連成が理想的ではありますが、ばね配置により剛体の中心と弾性中心を一致させたり、慣性主軸と弾性主軸を一致させたり、ばねで傾斜支持したりするなど、部分連成にできれば振動系が単純化するため設計がしやすくなります。

◉**検討事項**

　弾性支持による検討項目を次に示します。

　①配線、配管等周辺との**連結**は設計**変位振幅**を考慮して検討する。

　②被加工物の供給、加工後の搬出方法は設計変位振幅や加速度振幅を考慮して対応する。

　③起動時定常回転数に至る間や定常回転数から停止に至る間に必ず**共振点**を通過するが、その**変位**を検討する。また、このときの周辺との**相対変位振幅**を考慮する。

　④機械の剛性が小さい場合は、機械を**剛性の大きい**架台で補強する。

◉**防振材料の選定**

　設計固有振動数と変位振幅及び設置環境からばね材料と種類を決定し、機械の質量分布とばね上の剛性から**ばねの個数**と**配置**を決めます。また、設計減衰係数、減衰力、有効変位振幅、有効方向、減衰エネルギーと設置環境から減衰材料を決めます。ばね種類とおよその設計可能固有振動数は次のとおりです。

　①**防振ゴム**：4Hz 以上

　②**金属ばね**：1Hz 〜 10Hz

　③**空気ばね**：0.7Hz 〜 3.5Hz 以下

振動防止技術 | 第3章

練習問題

平成27・問20

問20 弾性支持の設計に関する記述として，誤っているものはどれか。

(1) 地盤への伝達力を小さくするように設計する。

(2) 連成振動が生じるように弾性支持設計を行う。

(3) 振動伝達率から弾性支持系の固有振動数を決める。

(4) 一般的に固有振動数に対する加振振動数の比は3以上に設計する。

(5) 固有振動数と変位振幅及び設置環境からばね材料と種類を決める。

解 説

　弾性支持の設計について問われています。誤っているのは(2)です。ある振動系で連成が生じると計算が困難になり、設計に支障をきたすことがあります。設計にあたっては、できるだけ非連成の振動系にすることが必要です。

　したがって、(2)が正解です。

正解 >> (2)

第 3 章　振動防止技術

練習問題

平成25・問20

問20　振動源である機械の弾性支持による防振設計に関する記述として，不適当なものはどれか。

(1)　振動源については，形状，重量，重心位置などの機械の基本的諸元を調査することが必要である。

(2)　必要減衰量を考えて，加振振動数と系の固有振動数の比を適切に選ばなければならない。

(3)　6自由度がすべて連成した振動系において，非連成条件を満たす弾性支持設計について検討する必要はない。

(4)　配線，配管等周辺との連結は機械の変位振幅が許容範囲に入るかどうか検討する。

(5)　機械の剛性が小さい場合は，機械を剛性の大きい架台で補強するなどの検討が必要である。

解　説

　弾性支持の設計について問われています。不適当なものは(3)です。6自由度がすべて連成した振動系では、部分的にでも非連成を満たす弾性支持設計を検討する必要があります。

　したがって、(3)が正解です。

正解 >> （3）

振動防止技術 **第3章**

3 衝撃加振力での弾性支持設計

　鍛造機は衝撃力により大きな地盤振動を引き起こす代表的な機械です。落下するハンマがアンビル※に衝突するときの衝撃力が機械基礎の振動を引き起こし、この振動が周囲に伝わり振動公害が発生します。衝撃加振力による振動を低減する対策としては次の3つの方法があります。

※：アンビル
鍛造や板金作業を行う際に使用する鋼鉄製の土台。

●機械基礎を重くする方法

　機械基礎下の地盤をばねとみなし、質量Mのアンビルを含む機械基礎に、ハンマ質量mが速度v_1で衝突すると、地盤に伝達する力の最大値は次式で表すことができます。

$$F_{\max} = m\sqrt{\frac{k}{m+M}}v_1 = m(2\pi f_0)v_1 = m\sqrt{\frac{k}{M}}v_1$$

ここで、$F_{\max}$：最大伝達力（N）　　　m：ハンマの質量（kg）
　　　　M：機械基礎の質量（kg）　　f_0：固有振動数（Hz）
　　　　k：ばね定数（N/m）　　　v_1：ハンマの速度（m/s）

　上式より、機械本体を含む**機械基礎の質量を増やす**ことにより、地盤への**伝達力は小さく**なります。また、衝突する**速度が小さい**ほど、**ばね定数が小さい**ほど、地盤への**伝達力が小さく**なることがわかります。

●機械本体を直接弾性支持する方法

　上式は地盤をばねとして扱っていましたが、ばねで弾性支持すると考えても上式が適用できます。したがって、**ばね定数を小さく**すると振動伝達力は小さくなります。ただし、衝突後のアンビルの運動方向がハンマと同一方向であるため、機械質量が軽いと被加工材料への力が小さくなり加工効率が悪くなるおそれがあります。

●機械本体に質量を付加して弾性支持する方法

　同じく弾性支持による防振方法で、加工効率を改善する目的

第3章 振動防止技術

で機械本体に質量を付加する方法です。機械本体の質量が増すことになるので、地盤への**伝達力は小さく**なります。質量付加の効果により加工効率を維持し、かつ固有振動数を小さくすることにより、地盤に伝達する力は小さくなります。

✓ ポイント

①衝撃加振力による振動を低減させるには、機械基礎の質量を増やす、ばね定数を小さくするなどの方法がある。

②機械本体を弾性支持した場合でも、ばね定数を小さくすると振動伝達力は小さくなる。

③機械本体に質量を付加することで、加工効率を維持しながら振動伝達力を小さくできる。

振動防止技術 **第3章**

練習問題

平成27・問18

問18　鍛造機の衝撃力による地盤への振動伝達力を小さくする対策として，誤っているものはどれか。

(1)　剛体に衝突する物体の速度を小さくする。

(2)　機械本体を含む機械基礎の質量を大きくする。

(3)　機械本体に質量を付加して弾性支持を行う。

(4)　機械本体を直接弾性支持するときには，ばね定数を大きくする。

(5)　重ね板ばねを併用することにより，板ばねの板間摩擦による減衰を利用する。

| 解　説 |

　鍛造機における地盤への振動伝達力を小さくする対策について問われています。誤っているものは(4)で、正しくはばね定数を「小さくする」です。

　したがって、(4)が正解です。

　なお、(5)の重ね板ばねについては後述します。

正解 >> （4）

3-4 振動の伝搬経路における対策

ここでは伝搬経路における対策について説明します。距離減衰に関する計算問題がよく出題されますので、重要な式は覚えておきましょう。

1 伝搬経路対策の考え方

公害振動の伝搬経路は主に地盤表面（浅い地中も含む）です。したがって、伝搬経路対策としては、振動源から受振点までの距離を十分とることによる**距離減衰**と、地盤表面での振動を溝や地中壁などの**遮断層**を設けることが考えられます。

2 距離減衰

振動源から地盤表面を伝搬する波動の距離減衰には、広がりによる減衰（**幾何減衰**）と地盤の媒質そのものによる減衰（**内部減衰**）とがあります。

地盤を半無限弾性体※として考えると、地盤の表面付近を伝搬する波動の振動加速度レベルの距離減衰の経験式は、幾何減衰と内部減衰を含む次式で表すことができます。

※：半無限弾性体
地盤を等方均質な線形弾性体であると仮定し、zの高さ方向を除き、xの正負、yの正負、zの正（深さ）の方向に地盤は無限に続くと仮定したもの。

> **暗記**
>
> $$L = L_0 - 20n\log\frac{r}{r_0} - 8.7\lambda(r - r_0)$$
>
> ここで、L：ある点での振動加速度レベル(dB)
> L_0：基準点での振動加速度レベル(dB)
> r_0：加振点から基準点までの距離(m)
> r：加振点からある点までの距離(m)
> λ：地盤の内部減衰係数（$\lambda = 2\pi fh/V$、f：振動数(Hz)、h：土の内部減衰定数、V：伝搬速度(m/s)）
> n：幾何減衰係数（$n = 0.5$：表面波の場合、$n = 0.75$：表面波と実体波の混在する場合、$n = 1.0$実体波の場合、$n = 2.0$：地表面を伝搬する実体波）
> （注：土の内部減衰定数hと地盤の内部減衰係数λとは異なる）

騒音の距離減衰の式よりも複雑ですが、「$-20n \log(r/r_0)$」の項が**幾何減衰**によって減衰するレベル量（dB/m）であり、「-8.7λ」の項が**内部減衰**によって減衰するレベル量（dB/m）を示していることは理解しておきましょう。

3 地盤の固有振動数

地盤の固有振動数と機械の振動数とが一致すると、共振現象を起こすことがあるので注意する必要があります。

図1（左）のようにかたい地層（伝搬速度大）の上に厚さH（m）のやわらかい地層（粘土層など）がある場合、地盤の固有振動数は次式で表すことができます。

$$f_0 = \frac{V}{4H}$$

ここで、f_0：固有振動数（Hz）
　　　　V：表層の横波の伝搬速度（m/s）
　　　　H：やわらかい地層の厚さ（m）

また、図1（右）のように中間層にやわらかい地層があるとき、地盤の固有振動数は次式で表すことができます。

$$f_0 = \frac{V}{2H}$$

図1　層状地盤の重複反射

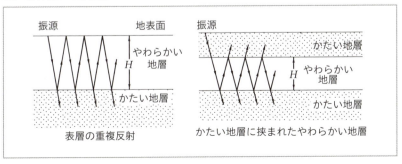

第3章 振動防止技術

> **☑ ポイント**
>
> ①距離減衰には、幾何減衰と内部減衰がある。
> ②距離減衰の式を覚える。
> ③地盤と機械の固有振動数が一致すると共振が生じる。

振動防止技術 | 第**3**章

練習問題

平成25・問21

問21　ある機械が発生する振動の鉛直方向の振動加速度レベルを機械から $10\,\mathrm{m}$ と $80\,\mathrm{m}$ の2地点で同時測定したところ，レベルの差が $23\,\mathrm{dB}$ であった。幾何減衰による減衰を倍距離 $3\,\mathrm{dB}$ とすると，内部減衰による減衰は約何 $\mathrm{dB/m}$ か。

(1)　0.01　　　(2)　0.05　　　(3)　0.1　　　(4)　0.2　　　(5)　0.4

| 解　説 |

　地盤振動の距離減衰において内部減衰を求める計算問題です。地盤の表面付近を伝搬する波動の振動加速度レベルの距離減衰の経験式は次式で表すことができます。

$$L = L_0 - 20n\log\frac{r}{r_0} - 8.7\lambda\left(r - r_0\right)$$

ここで、L：ある点での振動加速度レベル(dB)

L_0：基準点での振動加速度レベル(dB)

r_0：加振点から基準点までの距離(m)

r：加振点からある点までの距離(m)

λ：地盤の内部減衰係数($\lambda = 2\pi fh/V$、f：振動数(Hz)、h：土の内部減衰定数、V：伝搬速度(m/s))

n：幾何減衰係数($n = 0.5$：表面波の場合、$n = 0.75$：表面波と実体波の混在する場合、$n = 1.0$ 実体波の場合、$n = 2.0$：地表面を伝搬する実体波)

(注：土の内部減衰定数 h と地盤の内部減衰係数 λ とは異なる)

　題意より幾何減衰による減衰(上式の n を含む項)は倍距離 $3\,\mathrm{dB}$ なので、$r/r_0 = 2$ のとき $20n\log(r/r_0)$ は $3\,\mathrm{dB/m}$ になるということです。したがって、幾何減衰係数は次式で求められます。

$20n\log 2 = 3$　　$(\log 2 \fallingdotseq 0.3)$

$20n \times 0.3 = 3$

$n = 0.5$

第3章 振動防止技術

　また、題意より機械から10mと80mの地点のレベル差は23dBですので、距離減衰の式を変形して代入すれば内部減衰による減衰を求めることができます。

$$L_0 - L = 20\,n\,\log \frac{r}{r_0} + 8.7\lambda\,(r - r_0)$$

$$23 = 20 \times 0.5 \times \log \frac{80}{10} + 8.7\lambda\,(80 - 10)$$

$$23 = 10 \times \log 8 + 8.7\lambda \times 70 \quad (\log 8 \fallingdotseq 0.9)$$

$$8.7\lambda = \frac{23 - 10 \times 0.9}{70} = \frac{14}{70} = 0.2\mathrm{dB/m}$$

　答えとして求められているのは内部減衰係数 λ の値ではなく、内部減衰による減衰($8.7\lambda\,(\mathrm{dB/m})$)ですので、0.2dB/mが答えとなります。

　したがって、(4)が正解です。

正解 ≫ (4)

振動防止技術 | 第3章

練習問題

平成24・問28

問28 ある機械が発生している振動の振動加速度を機械から 10 m 離れている地点で
測定して，その 1/3 オクターブバンド周波数分析を行って下表に示す結果を得た。
波動は表面波，地盤の内部減衰係数を 8 Hz で 0.1/8.7，16 Hz で 0.2/8.7 とする
と，機械から 20 m 離れた地点の 1/3 オクターブバンドの振動加速度レベル(dB)の
組合せとして，正しいものはどれか。

1/3 オクターブバンド中心周波数(Hz)	8	16
1/3 オクターブバンド振動加速度レベル(dB)	55	61

	8 Hz	16 Hz
(1)	43	53
(2)	49	55
(3)	51	56
(4)	52	58
(5)	54	59

解 説

　距離減衰と測定技術の内容を組み合わせた計算問題です。オクターブバンドの考
え方は騒音と同じです。振動加速度レベルの距離減衰は次式で表すことができます。

$$L = L_0 - 20n\log\frac{r}{r_0} - 8.7\lambda(r - r_0)$$

ここで、L：ある点での振動加速度レベル(dB)

　　　　L_0：基準点での振動加速度レベル(dB)

　　　　r_0：加振点から基準点までの距離(m)

　　　　r：加振点からある点までの距離(m)

　　　　λ：地盤の内部減衰係数($\lambda = 2\pi f h/V$、f：振動数(Hz)、h：土の内部減
　　　　　衰定数、V：伝搬速度(m/s))

　　　　n：幾何減衰係数($n = 0.5$：表面波の場合、$n = 0.75$：表面波と実体波の
　　　　　混在する場合、$n = 1.0$ 実体波の場合、$n = 2.0$：地表面を伝搬する

419

第3章 | 振動防止技術

実体波）

（注：土の内部減衰定数 h と地盤の内部減衰係数 λ とは異なる）

題意より「波動は表面波」とされていますので幾何減衰係数 $n = 0.5$ となります。上式に題意の値を代入すれば20m地点における振動加速度レベルを求められます。

①中心周波数8Hzの場合

$$L = 55 - 20 \times 0.5 \times \log \frac{20}{10} - 8.7 \times \frac{0.1}{8.7} \times (20 - 10)$$

$$= 55 - 10 \times \log 2 - 1 \quad (\log 2 \fallingdotseq 0.3)$$

$$= 55 - 10 \times 0.3 - 1 = 55 - 3 - 1 = 51 \mathrm{dB}$$

②中心周波数16Hzの場合

$$L = 61 - 20 \times 0.5 \times \log \frac{20}{10} - 8.7 \times \frac{0.2}{8.7} \times (20 - 10)$$

$$= 61 - 10 \times \log 2 - 2 \quad (\log 2 \fallingdotseq 0.3)$$

$$= 61 - 10 \times 0.3 - 2 = 61 - 3 - 2 = 56 \mathrm{dB}$$

したがって、(3)が正解です。

正解 >> （3）

振動防止技術　**第3章**

練習問題

平成24・問22

　問22　かたい層の上のやわらかい粘土層に機械を設置する場合には，波動が粘土層の
　　　　部分で多重反射して共振現象を起こすことがある。粘土層での横波の速度が200 m/s
　　　　の時に5 Hzで共振現象を起こしたとすると，粘土層の厚さは約何 m か。

　　(1)　5　　　　　　(2)　10　　　　　(3)　15　　　　　(4)　20　　　　　(5)　25

解　説

　地盤における粘土層の厚さを求める計算問題です。機械の固有振動数と地盤の固
有振動数とが一致した場合に共振現象が起こります。かたい層の上に厚さ H のや
わらかい層がある場合、地盤の固有振動数は次式で表すことができます。

$$f_0 = \frac{V}{4H}$$

ここで、f_0：固有振動数(Hz)　　　V：表層の横波の伝搬速度(m/s)

　　　　H：やわらかい地層の厚さ(m)

　上式を変形して題意の値を代入すれば粘土層の厚さが求められます。

$$H = \frac{V}{4f_0}$$

$$= \frac{200}{4 \times 5} = 10\text{m}$$

したがって、(2)が正解です。

正解 >> （2）

第3章 振動防止技術

練習問題

平成28・問22

問22 かたい層の上に厚さ10mのやわらかい層が地表まで堆積している。地盤の固有振動数が8Hzの場合，やわらかい層の横波の伝搬速度は約何m/sか。

(1) 80 　　　 (2) 160 　　　 (3) 240 　　　 (4) 320 　　　 (5) 400

解 説

　地盤における伝搬速度を求める計算問題です。かたい層の上に厚さHのやわらかい層がある場合、地盤の固有振動数は次式で表すことができます。

$$f_0 = \frac{V}{4H}$$

ここで、f_0：固有振動数（Hz）　　　V：表層の横波の伝搬速度（m/s）

　　　　H：やわらかい地層の厚さ（m）

　上式を変形して題意の値を代入すれば粘土層の厚さが求められます。

$$V = 4f_0H$$
$$= 4 \times 8 \times 10 = 320\text{m/s}$$

　したがって、(4)が正解です。

正解 >> （4）

3-5 弾性支持に使用される材料

ここでは弾性支持に使用される材料について説明します。防振ゴム、金属ばね、空気ばねの特徴について理解しておきましょう。

1 ばねの種類

弾性支持では、弾性要素（ばね）と減衰要素（ダンパ）を機械本体と基礎の間に挿入します。さまざまな種類のばねがありますが、実際の防振装置としてよく利用されているのは、**防振ゴム**、**金属ばね**、**空気ばね**の3種類です。

2 ばねの特性

ばねに加えられる荷重 P とそれにより生じるばねのたわみ δ との関係を**ばね特性**と呼びます。ばね特性が図1のように比例関係を示すものを**線形ばね**といいます。ばね特性が比例関係に

図1　線形ばねのばね特性

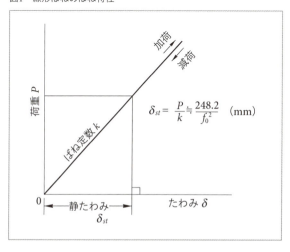

ないばねを非線形ばねといい、ほとんどのばねは**非線形ばね**です。荷重Pとたわみδの比例定数$k = P/\delta$を**ばね定数**（N/m）といいます。非線形ばねのばね定数はほとんどの場合、**一定値ではありません**。

3 動的ばね定数

図1では荷重が増加するときと減少するときで同じ線を通りますが、ばねの種類によっては図2のように荷重の増加と減少で異なる線を通りループを描くことがあります。このループを**ヒステリシス※ループ**といいます。このような特性のばねは、ばね同士の摩擦や内部減衰により**減衰効果**が生じます。また、この場合に振動計算で用いるばね定数は図2の鎖線で示す静的ばね定数ではなく、**動的ばね定数**を用いなければなりません。静的ばね定数は、静的に負荷した場合の加荷と減荷の平均であるのに対し、動的ばね定数はばねの種類や構造、振幅の大小により**大きく変化します**。そのため、このようなヒステリシスを有するばねを用いる場合には、**減衰要素を必要としない**簡素な構造の防振装置を得ることが可能になります。通常、このよう

※：ヒステリシス
JISではヒステリシス（hysteresis）は「ばね、又はばねと周辺部品との摩擦抵抗によって、減荷時の荷重－たわみ曲線が加荷時を下回る現象」と定義されている。

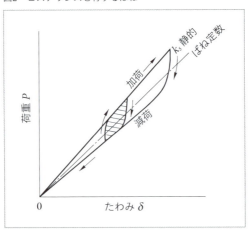

図2　ヒステリシスを有するばね

な特性をもつ**重ね板ばね**、**防振ゴム**などは減衰器（ダンパ）を必要としません。

4 防振ゴム

　防振ゴムは最も広く用いられる非金属ばねで、金属板に金型を用いて各種形状に設計されたゴムを加硫接着した構造になっています。用いられるゴム材料は天然ゴムのほかに各種合成ゴムが使用されており、ゴム種別ごとに性質も多少異なります。

●防振ゴムの特徴
　①形状の選択が比較的自由で、1個の防振ゴムで**3方向**のばね定数や回転方向の**ばね定数を広く選択できる**。したがって、1個の防振ゴムで1方向だけでなく他の方向の振動絶縁も有効になる。
　②ばね特性は内部摩擦による**ヒステリシスループ**を描くので、設計に際しては**動的ばね定数**を使用する。また、**高周波振動の絶縁にも有効である**。
　③構造上ばね定数を低くとることが難しい。一般に防振ゴムを用いた弾性支持系の**固有振動数**の下限は**4Hz ～ 5Hz**である。
　④一般に**軽量**、**小形**で受圧面に取付金具を有しており、取り付けも容易で支持装置を簡素に設計し得る。
　⑤**金属ばね**に比べて**耐熱性**、**耐寒性**や**耐候性**などが劣る。材料としては天然ゴムのほかに各種の合成ゴムが使用され、大気中で自然劣化し、特に直射日光にさらされると**劣化が速い**。
　⑥**低温ではゴムが急にかたくなり**防振作用を失うことがある。

5 金属ばね

　金属ばねは古くから自動車、鉄道車両の懸架ばねや各種の機

第3章 振動防止技術

械の緩衝装置として広く用いられてきました。現在、機械類の防振装置に主として使用されているものは、鋼製の**重ね板ばね**、**コイルばね**、**皿ばね**の3種類です。

◉金属ばねの特徴

①金属ばねと呼ばれるものは**種類が多く**、必要なばね特性に応じたばね種類の選定・設計ができる。

②固有振動数が**1Hz ～ 10Hz**程度の**広い範囲**で弾性支持用ばねとして設計することが可能。

③一般に主負荷方向以外の2軸又は3軸方向の**ばね定数を任意にとることは困難**であり、種類によっては主負荷方向以外は作用しないものもある。

④金属自体の**内部摩擦はゴムに比べて著しく小さい**ので、構造上金属間摩擦のあるばね以外は**減衰を別に付加**しなければならない。通常**オイルダンパ**を併用することが多い。またサージング※のために**高周波振動の絶縁性もよくない**。

⑤構造上金属間摩擦をもつもの(例えば、重ね板ばね、並列使用の皿ばねなど)は**動的ばね定数**が振幅に依存して変化し、振幅が小さい場合、静的ばね定数より**著しく増加する**ことがあるので設計上の配慮を必要とする。

⑥ばね1個の**支持荷重**は10^{-2}Nから10^5Nまでの広範囲の選択が可能である。

⑦一般に構造は簡単で**取り付けが容易**である。

⑧**耐環境性や耐久性が優れている**。特に耐高温・低温性、耐油性、耐薬品性、耐候性などの面で防振ゴムや空気ばねに比べて優れている。

◉重ね板ばね

重ね板ばねは数枚のばね板を積み重ねた構造をしています(図3)。ばねがたわむ際に各ばね板間での板間摩擦力が振動変位に対して減衰を与えます。**高周波振動の絶縁性は悪く**、また、

> ※：サージング
> サージングとは、ばね自体の弾性振動の固有振動数が加振振動数と一致した状態のことで、この状態が続くとばね破損の原因になる。

図3　重ね板ばね

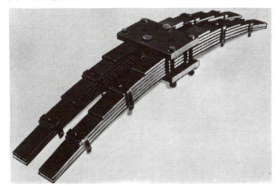

この板間摩擦力が不安定のため動的ばね定数の振幅依存性も大きいという特徴があります。

● コイルばね

コイルばねは線材や丸棒をら線状に成形したものです(図4)。金属ばねの中では**最も広く利用されています**。材料の径は0.1mm以下の細いものから最大100mm程度のものまで広範囲に及びます。コイルばねの通常の負荷方向は圧縮又は引張り方向であり、条件を満たせば通常の使用範囲では**線形特性**を示します。

図4　コイルばね

● 皿ばね

皿ばねは、中央に穴のある円板を円錐台状に成形して上下方向に荷重を加えて使用するばねです(図5)。小さい空間で大きな負担荷重に耐え、また自由高さと板厚の比を適当に選ぶことにより広範囲の非線形特性を得ることができます。

通常は1枚の皿ばねだけで使用することはまれで、数枚を組み合わせて使用されます。**直列**に組み合わせるとばねの**たわみ**

図5　皿ばね

図6　皿ばねの組み合わせ方

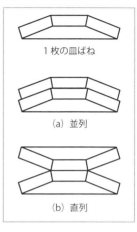

図7　皿ばねの組み合わせ使用とばね特性

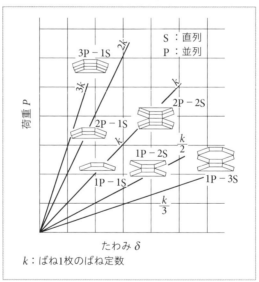

が増し、**並列**に組み合わせると負担荷重が増加します。

　図6に基本的な皿ばねの組み合わせ方を、図7に組み合わせによるばね特性の変化の様子を示します。図6(a)が**並列**に組み合わせた場合であり、図6(b)が**直列**に組み合わせた場合です。

騒音・振動概論でも学習しましたが、ばねを並列・直接でつなぐ場合のばね定数の関係は皿ばねにもあてはまります。次式のように、**並列**の場合、全体のばね定数は個々の**ばね定数の和**になり、**直列**の場合、全体のばね定数の逆数は個々の**ばね定数の逆数の和**になります。

【並列】　$k = k_1 + k_2 + k_3 + \cdots + k_n$

【直列】　$\dfrac{1}{k} = \dfrac{1}{k_1} + \dfrac{1}{k_2} + \dfrac{1}{k_3} + \cdots + \dfrac{1}{k_n}$

つまり、同じばね定数をもつ3つの皿ばねの全体のばね定数は、**並列**に組み合わせれば**3倍**になり、**直列**に組み合わせれば**1/3倍**になります。

6 空気ばね

空気ばねは圧縮空気の弾性を利用したばねです。防振ゴムや金属ばねは単体で用いられることが多いですが、空気ばねは一般に空気供給源、補助タンク、自動高さ調整弁と組み合わせて用いられます。構造は複雑ですが、防振ゴムと金属ばねにはない高さ調整機能をもっています。

●空気ばねの特徴

①設計に当たって、ばねの高さ、支持荷重、ばね定数をかなり広範囲から選ぶことができる。

②他の防振装置では弾性支持系の固有振動数が1Hz 〜 4Hz程度のものが多いが、空気ばねでは0.7Hz 〜 3.5Hzと**低い固有振動数**で使用される。

③支持荷重の大きさが変化した場合、付属の**自動高さ調整弁**により、ばねの高さを一定に保つことができる（**固有振動数**も一定に保つことができる）。

④**高周波振動に対する絶縁性がよい。**

⑤空気ばね本体とは別に、**空気供給源、補助タンク、自動高さ調整弁、配管回路**が必要となる。

第 3 章 | 振動防止技術

⑥空気ばねと補助タンクの接続部に**絞り**を設けることにより
減衰効果が得られる。

⑦ゴム膜をもつので防振ゴムと同様の使用環境上の注意が必
要である。

✓ ポイント

①弾性支持で用いられるのは、防振ゴム、金属ばね、空気ばねの3種類。

②防振設計においては、動的ばね定数を使用する。

③金属ばね、防振ゴム、空気ばねの特徴を理解する。

振動防止技術 **第3章**

練習問題

平成28・問23

問23　防振ゴムに関する記述として，誤っているものはどれか。

(1)　1個の防振ゴムで3方向のばね定数や回転方向のばね定数を選択できる。

(2)　高周波振動の絶縁には有効ではない。

(3)　一般に防振ゴムを用いた弾性支持系の固有振動数の下限は4～5Hzである。

(4)　一般に軽量，小形で，取り付けも容易で支持装置を簡素に設計し得る。

(5)　防振ゴムのゴム材料については，日本工業規格で種類が定められている。

│ **解　説** │

　防振ゴムの特徴について問われています。誤っているものは(2)です。防振ゴムは減衰要素としての作用があり、高周波振動の絶縁にも有効です。

　したがって、(2)が正解です。

正解 >> （2）

第3章 振動防止技術

練習問題

平成27・問22

問22 防振ゴムに関する記述として，誤っているものはどれか。

(1) 1個の防振ゴムで，3方向のばね定数を広く決められる。

(2) 設計に際しては静的ばね定数のみを考慮する。

(3) 一般に防振ゴムを用いた弾性支持系の固有振動数の下限は4〜5Hzである。

(4) 減衰要素としての作用があり，高周波振動の絶縁にも有効である。

(5) 金属ばねに比べて耐熱性，耐寒性や耐候性が劣る。

| 解　説

　防振ゴムの特徴について問われています。誤っているものは(2)です。防振ゴムのばね特性は内部摩擦によるヒステリシスループを描くので、設計に際しては動的ばね定数を使用します。

　したがって、(2)が正解です。

正解 >> （2）

振動防止技術　第3章

練習問題

平成26・問23

問23　金属ばねの種類とその特徴に関する記述として，誤っているものはどれか。

(1) 皿ばねは，水平方向以外には，ばね作用をしない。

(2) 皿ばねを並列で使用する場合は，皿ばね間の摩擦により，ばね特性はヒステリシスループを描く。

(3) 重ね板ばねは，板間摩擦力が振動変位に対して減衰を与える。

(4) コイルばねは，金属ばねの中では最も広く利用されている。

(5) コイルばねを使った弾性支持では，サージングに注意する必要がある。

| 解　説 ▶

　金属ばねの特徴について問われています。誤っているものは(1)です。皿ばねは重ねて使用することからもわかるように水平方向には作用しません。

　したがって、(1)が正解です。

正解 ≫ （1）

第3章　振動防止技術

練習問題

平成25・問22

問22　機械類の防振装置として用いられる金属ばねの特徴に関する記述のうち，誤っているものはどれか。

(1)　固有振動数を 1 〜 10 Hz 程度の範囲で設計できる。

(2)　構造上，金属間摩擦を持つものは，静的ばね定数が振幅に依存して変化する。

(3)　一般に主軸方向以外のばね定数を任意にとることは困難である。

(4)　ばね 1 個の支持荷重を 10^{-2} 〜 10^5 N 程度の範囲で選択可能である。

(5)　金属自体の内部減衰はゴムに比べて著しく小さい。

解　説

　金属ばねの特徴について問われています。誤っているものは(2)であり、正しくは「動的ばね定数」です。振幅が小さい場合、動的ばね定数は静的ばね定数よりも著しく増加する場合があるので、設計上は注意が必要です。

　したがって、(2)が正解です。

正解 >>　(2)

練習問題

平成27・問23

問23 非線形性が無視できる同じばね定数を持つ皿ばねを図(ア)〜(エ)のように組合せるとき、ばね定数が同じになる組合せはどれか。

(ア)

(イ)

(ウ)

(エ)
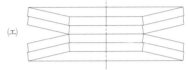

(1) (ア)—(イ)
(2) (イ)—(ウ)
(3) (ア)—(ウ)
(4) (イ)—(エ)
(5) (ア)—(エ)

解説

皿ばねのばね定数の考え方について問われています。ばね定数の関係は次式で表すことができます。

【並列】 $k = k_1 + k_2 + k_3 + \cdots + k_n$

【直列】 $\dfrac{1}{k} = \dfrac{1}{k_1} + \dfrac{1}{k_2} + \dfrac{1}{k_3} + \cdots + \dfrac{1}{k_n}$

ここで、k：全体のばね定数(N/m)　k_1、k_2、$\cdots k_n$：個々のばね定数(N/m)

(ア) 1枚の皿ばねのばね定数をKとします。

(イ) 2枚の皿ばねを並列に組み合わせた場合は$K + K = 2K$となります。

(ウ) 3枚の皿ばねを並列に組み合わせた場合は$K + K + K = 3K$となります。

(エ) 2枚の皿ばねを並列に組み合わせて1組とし、2組を直列に組み合わせた場合、

第 3 章　振動防止技術

2枚並列は$2K$ですので、全体の2組直列のばね定数K_4は次式のとおりになります。

$$\frac{1}{K_4} = \frac{1}{2K} + \frac{1}{2K} = \frac{2}{2K} = \frac{1}{K}$$

$$K_4 = K$$

よって、(ア)と(エ)が同じばね定数になります。

したがって、(5)が正解です。

正解 >> (5)

第 **4** 章

振動測定技術

4-1 ▶ 振動測定計画

4-2 ▶ 振動の測定機器

4-3 ▶ 振動レベルの測定

第4章 振動測定技術

4-1 振動測定計画

　ここでは振動測定の概要について説明します。振動対策のための測定、法的に定められた測定があること、JISに定められた測定方法の概要を理解しておきましょう。

■1 振動測定の目的

　振動の測定は、前出の振動対策のために行うものや法的に定められているものなど、目的によって測定内容は異なります。**振動規制法**や条例など法的に定められている測定については、地域及び時間帯によって基準となる振動レベルが規定され、それらに対する測定方法が定められています。

　また、騒音・振動関係公害防止管理者の業務として測定は義務にはなっていませんが、事業所内の振動防止対策や規制基準の遵守のために必ず振動測定は伴います。

■2 振動測定の内容

　振動測定の目的によって**測定計画**を立て、測定の時間帯、測定位置、使用する測定器などを選択することになります。ここでは測定場所と測定内容の概要について説明します。

◉振動源に関する測定

　事業場における振動源(たとえば鍛造機など)では、**加振力**とその**周波数成分**の情報が必要になりますが、加振力の測定は一般に大掛かりになるため、**基礎**や**周辺地面**の振動測定から推定する方法がとられます。

◉振動伝搬経路における測定

　振動源からの振動は地中層の反射、屈折、回折を繰り返しな

がら伝搬するため、**振動源**と**地盤**の両方の振動特性が含まれた振動波形として測定されます。**いくつかの測定点**での測定結果を分析することにより、**距離減衰**や振動発生源周辺の**振動分布**が把握でき、伝搬経路の振動情報を得ることができます。

●受振点での測定

受振点での測定位置としては、住宅用地の地表面やコンクリート面が主になりますが、家屋内で測定しなければならないこともあります。そのときは畳やじゅうたん等のやわらかい物の上ではなく、板の間や根太※(又は敷居)などの比較的**かたい場所**での測定を心掛けることが重要です。

※:根太
床板を支持するための横木。

3 振動レベル測定方法（JIS Z 8735） よく出る！

振動全般の測定方法はJIS※で規定されています。本JISは環境振動、作業環境振動、建設作業振動などの振動測定方法の基本となっている規格です。ここでは規定事項の中から、測定条件や測定方向などについて説明します。

※:JIS
JIS Z 8735：1981"振動レベル測定方法"。

●測定条件

JISでは測定条件として、次のように**外囲条件**(測定時の周囲の環境)について定めています。

> **外囲条件** 測定に用いる振動レベル計の**使用温度範囲**及び**使用湿度範囲**に留意する。**振動ピックアップ**の形式によっては、**風・電界・磁界**などの影響を受ける場合がある。そのようなときには、適当な遮蔽、測定点の変更などを配慮する。

詳しくは後述しますが、振動ピックアップは振動を検知して電気信号に変換する機器で、振動レベル計を構成する機器のひとつです(図1)。一般的によく使用される圧電形振動ピックアップの場合は、構造によっては周囲温度の急激な変化、例えば風が当たると異常電圧が発生するものがあります。また、振

図1 振動レベル計と振動ピックアップ

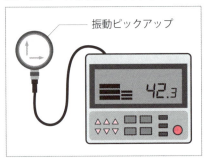

動レベルの小さいときには、風により樹木が揺れて、その影響を受ける場合もあるので、**樹木の根元**などに振動ピックアップを設置するのは避けなければなりません。

また、**暗振動**の補正については次のように定めています。

> **暗振動** ある振動源から出る振動だけの振動レベルを測定する場合には、対象の振動があるときと、ないときとの振動レベル計の指示値の差は**10dB以上**あることが望ましい。ただし、暗振動が**定常的な振動**のような場合には、上記の指示値の差が10dB未満であっても表1によって**指示値を補正**して、振動レベルを推定することができる。

表1 暗振動に対する指示値の補正　　　　　（単位：dB）

対象の振動があるときとないときとの指示値の差	3	4	5	6	7	8	9	10〜
補正値	−3	−2		−1				0

　これは暗振動の補正値、つまり「**dBの差**の補正値」のことです。上記JISの表1は騒音・振動概論で出てきた告示(特定工場等において発生する振動の規制に関する基準)に記載される暗振動の補正値と同じ値が示されています(騒音・振動概論2-3「振動規制法」参照)。

◉測定器の使い方

　JISでは振動ピックアップの設置方法は次のように規定されています。

> **振動ピックアップの設置方法**　振動ピックアップは、原則として**平たんな堅い地面**など（例えば、踏み固められた土、コンクリート、アスファルトなど）に設置する。やむを得ず砂地、田畑などの軟らかい場所を選定する場合はその旨を付記する。また、振動ピックアップは、**水平な面**に設置することが望ましい。

　振動ピックアップの設置場所に**かたい地面**などを選ぶのは、**緩衝物**や**やわらかい地面**の上などに振動ピックアップを設置すると、**緩衝物や地盤**と**振動ピックアップ**において振動系が構成され**共振**が生じるおそれがあるためです。共振現象が生じた場合、測定される振動は実際の振動よりも**大きく**測定されるので注意が必要です。

　また、振動ピックアップの測定方向については、次のように規定されています。

> **測定方向**　測定時における振動ピックアップの受感軸[※]方向を、原則として鉛直及び互いに直角な水平2方向の3方向に合わせ、鉛直方向をZ、水平方向をX、Yとし、X、Yの方向を明示する。

　振動規制法の測定では**鉛直方向**（Z方向）のみの振動が測定の対象ですが、対策のための測定では水平方向（X、Y方向）の振動も対象になることが多いため、JISでは測定方向としてX、Y、Z方向について規定されています。たとえば振動ピックアップの受感軸のX方向は、図2(a)のように振動源の方向にとる場合が多くなりますが、図2(b)のように振動源の運動方向にとる場合もあります。

　なお、**衝撃的な振動**については、振動レベル計が**過負荷状態**にならないように測定レンジを選定する必要があります。

●指示の読み方、整理方法及び表示方法

　振動レベル計の指示の読み方、整理方法及び表示方法は、指示の時間的変化に応じ、原則として次のように区別します。JISでは告示で示される振動レベルの決定方法[※]をより詳しく解

※：受感軸
振動ピックアップが最大の感度をもつ方向。

※：振動レベルの決定方法
告示では振動レベルの決定は次のように規定されている。
①測定器の指示値が変動せず、又は変動が少ない場合は、その指示値とする。
②測定器の指示値が周期的又は間欠的に変動する場合は、その変動ごとの指示値の最大値の平均値とする。
③測定器の指示値が不規則かつ大幅に変動する場合は、5秒間隔、100個又はこれに準ずる間隔、個数の測定値の80パーセントレンジの上端の数値とする。

図2　測定時の受感軸方向

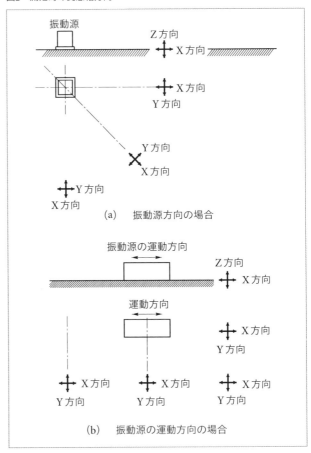

※：L_x
時間率振動レベルのこと。JISでは「ある振動のレベルLを超える読取り値の個数が全読取り値の個数のx％に相当するとき、この振動レベルをL_xと表す。例えば、xが10％となる振動レベルが70dBであればL_{10} = 70dBと表示する」と注釈が付されている。なお、L_{10}（10％時間率振動レベル）は80パーセントレンジの上端の数値と同じ意味である。

説しています。

①**指示が変動しないか又は変動がわずかな場合**はその平均的な**指示値**を読み取って表示するか、多数の指示値を読み取ってその平均値で表示する。
②**指示が周期的又は間欠的に変動する場合**は、変動ごとの**最大値**をその個数が十分な数になるまで読み取り、その**平均値**で表示する。必要がある場合には変動の仕方（例えば、周期、度数など）も付記する。
③**指示が不規則かつ大幅に変動する場合**は、ある任意の時刻から始めて、ある時間ごとに指示値を読み取り、読取り値の個数が十分な数になるまで続ける。求めた読取り値から適当な方法によりL_x※を求め、この値で表示する。

振動測定技術 | 第4章

✅ ポイント

①対策のための測定と法的に定められた測定がある。

②各測定場所における測定内容の概要を理解する。

③振動源における振動測定は、基礎や地面から推定することが多い。

④家屋内での振動測定は、極力かたい場所で行う。

⑤振動ピックアップ設置の注意点(かたい地面、風等の影響を受けない)を理解する。

⑥暗振動、指示値の読み方を告示と対応させて理解する。

騒音・振動概論

騒音・振動特論

第**4**章 振動測定技術

練習問題

平成27・問28

問28 振動レベルの測定方法に関する一般的な記述として，誤っているものはどれか。

(1) 振動規制法による振動レベルの測定では，周波数補正特性を水平特性とする。

(2) 水平2方向の取り方は，測定目的に応じて決定する。

(3) 振動ピックアップの設置場所として，設置共振が発生するところは避ける。

(4) 対象の振動があるときと，ないときの振動レベル計の指示値の差は，10 dB
以上であることが望ましい。

(5) 暗振動の振動レベルが不規則に変動している場合には，測定値に暗振動の補
正を行うことができない。

解 説

振動レベルの測定方法について問われています。誤っているものは(1)です。振動規制法による振動レベル測定では、周波数補正特性を「鉛直特性」にします。「水平特性」ではありません。

したがって、(1)が正解です。

POINT

本問は騒音・振動概論で学習した告示の内容ですが、特論でもよく出題されます。騒音・振動概論2-3「振動規制法」を復習しておきましょう。

正解 >> (1)

振動測定技術 第4章

練習問題

平成25・問24

問24 工場機械の運転に伴って，工場周辺の住民から振動苦情が発生した場合，振動の調査・測定に関する記述として，不適当なものはどれか。

(1) 振動の発生状況などの調査を行う。

(2) 振動の伝搬の状況，被害者の状況などの調査を行う。

(3) 振動規制法の規制基準と対比するために，工場の敷地境界で鉛直方向の振動レベルを測定する。

(4) 苦情が発生した住宅の畳の上で振動レベルを測定する。

(5) 振動源の防止対策のための測定を行う。

解説

振動の調査・測定について問われています。不適当なものは(4)です。家屋内で振動レベルを測定する場合は、畳などのやわらかい場所ではなく、根太や敷居など比較的かたい場所を測定位置として選びます。

したがって、(4)が正解です。

POINT

そのほかの選択肢については、騒音・振動概論で学習した内容です。騒音・振動概論2-3「振動規制法」を復習しておきましょう。

正解 >> (4)

第4章 振動測定技術

練習問題

平成26・問28

問28 JIS Z 8735(振動レベル測定方法)によって測定する場合に関する記述として，不適当なものはどれか。

(1) 振動ピックアップの形式によっては，風・電界・磁界などの影響を受ける場合がある。

(2) 対象振動と暗振動との間でうなりを生じている場合でも暗振動補正はできる。

(3) 振動ピックアップは，水平な面に設置することが望ましい。

(4) 振動感覚補正は，Z方向には鉛直振動特性，XとY方向には水平振動特性を用いる。

(5) 衝撃的な振動については，振動レベル計が過負荷状態にならないように測定レンジを選定する。

解 説

振動レベルの測定方法について問われています。不適当なものは(2)です。暗振動が定常的な振動のような場合には、指示値を補正することができます。うなりを生じている場合は定常的な振動とはいえませんので、暗振動の補正はできません。

したがって、(2)が正解です。

正解 >> (2)

振動測定技術 | 第4章

練習問題

平成25・問30

問30 地面上で振動を測定する場合，振動ピックアップの使用上の注意に関する記述
として，誤っているものはどれか。

(1) ピックアップは温度，電気，磁気等の外囲条件の影響を受けやすいので，設
置環境に注意する。

(2) ピックアップの受感軸と測定方向を合わせるように注意する。

(3) ピックアップに延長コードを接続して測定する場合には，接地アースの仕方
に注意する必要がある。

(4) やわらかい地面の上などにピックアップを設置すると，実際の振動より小さ
く測定されるので，注意が必要である。

(5) 振動ピックアップの設置場所は，傾斜および凹凸がない水平面となるように
注意する。

解 説

振動ピックアップ設置の注意点について問われています。誤っているものは(4)
です。やわらかい地面の上などに振動ピックアップを設置すると、地盤と振動ピッ
クアップとの間の振動系により共振が生じ、実際の振動よりも大きく測定されるこ
とがあります。「小さく」ではありません。

したがって、(4)が正解です。

正解 >> (4)

第 **4** 章 振動測定技術

練習問題

平成27・問25

問25 振動の測定方法に関する記述として，正しいものはどれか。
(1) 耕してある畑地の柔らかい土の上に，振動ピックアップを水平に保つようにそっと設置した。
(2) 風が強かったので，風を避けるために樹木の根元に振動ピックアップを設置した。
(3) 距離減衰特性を調べるために，振動源から 10 m 地点の一点で，振動レベルを測定した。
(4) 周波数分析を行うために，振動レベルをレベルレコーダに記録した。
(5) 振動規制法の規制基準値と照合するために，鉛直方向の振動レベルを測定した。

| 解 説 ▶

振動の測定方法について、正しいものを問われています。

(1)振動ピックアップは、原則として平たんな堅い地面など(例えば、踏み固められた土、コンクリート、アスファルトなど)に設置します。柔らかい土の上は適当ではありません。誤り。

(2)振動ピックアップの形式によっては、風・電界・磁界などの影響を受ける場合があります。風により樹木が揺れて、その影響を受ける場合もあるので、樹木の根元などに振動ピックアップを設置するのは避けなければなりません。誤り。

(3)振動源から振動経路に沿って複数の点で測定しなければ、距離減衰の特性を調べることはできません。誤り。

(4)周波数分析は、オクターブバンド分析器などの周波数分析器によって行われます。レベルレコーダは振動レベルや振動加速度レベルを記録するものです。誤り。

(5)振動規制法の規制基準は、鉛直方向のみの振動レベルを対象としています。正しい。

したがって、(5)が正解です。

正解 ≫ (5)

振動測定技術 | 第**4**章

練習問題

平成26・問29

問29　振動規制法では，振動レベル計の指示の読み方，整理及び表示方法について，指示の時間的変動に応じて評価するようになっている。下表に示す指示の時間的変動(A，B，C)と指示値の表示方法(ア，イ，ウ)との組合せとして，正しいものはどれか。

指示の時間的変動

A	指示が変動しないか又は変動がわずかな場合
B	指示が周期的又は間欠的に変動する場合
C	指示が不規則かつ大幅に変動する場合

指示値の表示方法

ア	平均的な指示値を読み取って表示するか，多数の指示値を読み取ってその平均値で表示する。
イ	変動ごとの最大値をその個数が十分な数になるまで読み取り，その平均値で表示する。
ウ	ある任意の時刻から始めて，ある一定の時間間隔ごとに指示値を読み取り，読み取り値の数が十分な数になるまで続ける。求めた読取値から，適当な方法により時間率振動レベルを求め，この値を表示する。

	指示の時間的変動	指示値の表示方法
(1)	A	ウ
(2)	B	ア
(3)	B	イ
(4)	C	ア
(5)	C	イ

| 解 説 |

　振動規制法とJISの指示値の読み方などについて問われています。時間的変動(A、B、C)と指示値の表示方法(ア、イ、ウ)との正しい組合せは、

　　　A－ア　　B－イ　　C－ウ

となります。

　したがって、(3)が正解です。

正解 ≫ （3）

第4章 振動測定技術

4-2 振動の測定機器

　ここでは測定に使用する測定機器について説明します。周辺機器について
は騒音計と同じですので省略しています。振動ピックアップ、振動レベル計
について理解しておきましょう。

■1 振動レベル計

　振動を測定する方法は測定目的によって決まります。振動規
制法等の規制基準と対比する値を求める場合には、法律で定め
る**振動レベル計**を用い、定められた位置において振動レベルを
測定します。振動防止の具体的対策方法を考える場合には、振
動の周波数成分、時間的変動、伝搬状況などを詳しく知るため、
いろいろな測定器を用いて測定することになります。関連機器
の多くは騒音測定にも用いられるものですが、騒音との大きな
相違点は、対象とする**周波数範囲**です。ここでは、いずれの場
合にも基本の測定器となる振動レベル計について説明します。
騒音計との違いに注意しながら理解しておきましょう。

　JIS※では**振動レベル計**について、次のような事項が主に規定
されています。

①対象とする**測定周波数範囲**※は**1Hz 〜 80Hz**※であり、こ
　の範囲外の振動は除く。

②振動量は**加速度**計測が基準で、かつ、**実効値**の計測である
　こと。

③計測は**周波数補正**をした**振動レベル**(dB)であること。

④指示計の動特性を感覚実験に合わせて決めてあること。

⑤基準レスポンスに対する**許容偏差**を決めてあること。

■2 特定計量器

　振動レベル計は、人体の全身を対象とする振動の評価に用い

※：JIS
JIS C 1510：1995"振
動レベル計"

※：周波数範囲
騒音計の周波数範囲
はクラス1の騒音計は
16Hz 〜 16kHz、ク
ラス2の騒音計は20Hz
〜 8kHzである(JIS C
1516)。

※：1Hz 〜 80Hz
1995年のJIS C 1510
の改正までは測定周波
数範囲は1Hz 〜 90Hz
であった。なお、1Hz
〜 80Hzは1/3オクター
ブバンドの中心周波数
(後述の表1参照)。

450

る計測器です。計量法※では、騒音計と同じく**特定計量器**※として指定されています。ただし振動レベル計には、普通騒音計と精密騒音計のような**性能上の区分はありません**。

3 振動レベル計の構成

デジタル表示の一般的な振動レベル計の動作原理と構成を図1に示します。図を参照しながらそれぞれの構成要素について説明していきます。

◉振動ピックアップ

振動ピックアップは振動を検知して電気信号に変換する機器です。振動ピックアップには、被測定物と接触して振動を測定する**接触形**と、被測定物と接触せずに空間内において振動体の運動を測定する**非接触形**とがあります。さまざま測定条件に対応できることから、接触形のものがよく用いられています。

また、接触形の振動ピックアップを電気信号への変換原理によって大別すると、**圧電形**と**動電形**に分かれます。ここではよく用いられている圧電形振動ピックアップについて説明します。

※：計量法
計量の基準を定め、適正な計量の実施を確保し、もって経済の発展及び文化の向上に寄与することを目的とする法律（平成4年法律第51号）。計量法のもとに定められる特定計量器検定検査規則（平成5年通商産業省令第70号）により、振動レベル計の性能について定められている。

※：特定計量器
計量法第2条では、「「特定計量器」とは、取引若しくは証明における計量に使用され、又は主として一般消費者の生活の用に供される計量器のうち、適正な計量の実施を確保するためにその構造又は器差に係る基準を定める必要があるもの」と定義されている。

図1　振動レベル計の動作原理と構成

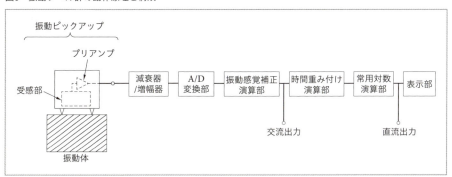

第4章 振動測定技術

●圧電形振動ピックアップ

圧電形振動ピックアップに用いられる圧電素子※(図2)は、力を受けるとその表面に電荷が発生します。**おもり**が**ばね**によって支えられている系で構成されるものを**サイズモ系**といいますが、圧電形振動ピックアップは圧電素子をサイズモ系のばねとして用い、振動体の**加速度に比例する電圧**を検出するように設計されています。圧電形振動ピックアップには、圧電物質の圧縮方向のひずみを検出する**圧縮形**(図2)と、剪断方向のひずみを検出する**剪断形**の2種類がありますが、振動を検出する原理は同じです。

圧電形振動ピックアップは**小形**、**軽量**であり、構造的にも強固で**広い測定範囲**と**振動数範囲**をもっています。しかし一方で圧電素子が**容量性**であるため、電気インピーダンス※が高く、**低振動数領域**に影響が出ます。**測定下限振動数**は、結合する電圧増幅器の入力インピーダンス※によって決まります。

固有振動数は通常、**数kHz以上**に設計されます。減衰比が小さいために鋭い**共振**特性を示しますが、この影響は増幅回路で遮断されます。**測定上限振動数**は固有振動数の**1/3程度**になります。

※：圧電素子
圧電素子(piezoelectric device)とは、圧電効果を備えた物質、つまり圧電体を利用した電子デバイスのこと。

※：インピーダンス
電気回路における抵抗値。抵抗器のインピーダンスが大きいと電流はあまり流れ込まず、逆に小さいと電流がたくさん流れ込む。

※：入力インピーダンス
回路の入力端子がもつ抵抗値。

図2　圧縮形の圧電形振動ピックアップ

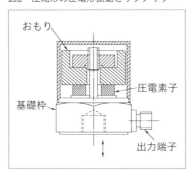

● 減衰器／増幅器～ A/D 変換部

電気信号を適切な信号レベルに減衰又は増幅させ、A/D変換部でアナログ信号をデジタル信号に変換します。

● 振動感覚補正演算部

一般にサイズモ系の振動ピックアップは、ある1方向の並進運動(直線運動)を感じるように設計されています。この方向をピックアップの**受感軸**といいますが、この受感軸の方向が振動レベル計での測定方向になります。振動感覚補正演算部では、**鉛直特性**、**水平特性**、**平坦特性**の周波数ごとの感覚補正が行われます。鉛直特性、水平特性を比較したものを図3に示します(図中の点線は許容偏差を示す)。また、それぞれの補正値※を表1に示します。

振動レベルは、測定された振動加速度の実効値をdB表示し

※：補正値
JIS C 1510：1995"振動レベル計"では振動レベル計の設計の面から補正値を説明しているので、図3では「相対レスポンス」、表1では「基準レスポンス」という用語が使われている。

図3 鉛直特性、水平特性の比較

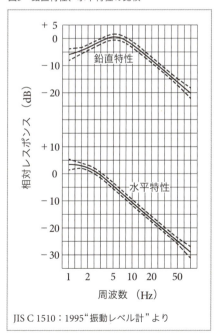

JIS C 1510：1995"振動レベル計"より

第4章 振動測定技術

表1 基準レスポンスと許容差

(単位：dB)

周波数（Hz）	基準レスポンス			許容差
	鉛直特性	水平特性	平坦特性	
1	− 5.9	+ 3.3	0	± 2
1.25	− 5.2	+ 3.2	0	± 1.5
1.6	− 4.3	+ 2.9	0	± 1
2	− 3.2	+ 2.1	0	± 1
2.5	− 2.0	+ 0.9	0	± 1
3.15	− 0.8	− 0.8	0	± 1
4	+ 0.1	− 2.8	0	± 1
5	+ 0.5	− 4.8	0	± 1
6.3	+ 0.2	− 6.8	0	± 1
8	− 0.9	− 8.9	0	± 1
10	− 2.4	− 10.9	0	± 1
12.5	− 4.2	− 13.0	0	± 1
16	− 6.1	− 15.0	0	± 1
20	− 8.0	− 17.0	0	± 1
25	− 10.0	− 19.0	0	± 1
31.5	− 12.0	− 21.0	0	± 1
40	− 14.0	− 23.0	0	± 1
50	− 16.0	− 25.0	0	± 1
63	− 18.0	− 27.0	0	± 1.5
80	− 20.0	− 29.0	0	± 2

た振動加速度レベルに、表1の補正値が加算された値ということになります。なお、平坦特性とは振動加速度レベルそのものの値になります。

　たとえば図3及び表1に示したように、平坦特性において周波数8Hzで50dBと測定された鉛直方向の振動加速度レベルは、鉛直特性では**− 0.9dB**補正されるので、振動レベルは**49.1dB**と表示されることになります。この振動レベル計の周波数特性に関する問題がよく出題されますので、これら各特性の関係はよく理解しておきましょう。

　また、周波数ごとの補正値を覚えていないと解けない計算問題も出題されますが、表1の値をすべて覚えるのは困難ですので、次の主な周波数の概略値は暗記しておきましょう。特に**鉛直方向**の補正値がよく出題されます。

振動測定技術 | 第4章

暗記

振動感覚補正値（概略値）

周波数（Hz）	1	2	4	8	16	31.5	63
鉛直方向の補正値（dB）	− 6	− 3	0	− 1	− 6	− 12	− 18
水平方向の補正値（dB）	3	2	− 3	− 9	− 15	− 21	− 27

◉時間重み付け演算部

　時間重み付け演算部は、信号に対して時間的な重み付けをする部分です。振動に対する人間の感覚が振動の継続時間が短くなるに従い、ピーク値は一定であっても小さく感じるという実験結果に基づき、振動レベル計の**動特性**として**立上り特性**※及び**立下り特性**※が設定されています。これらの特性は実効値回路の時定数※**0.63s**の動特性に相当し、騒音計のFAST（125ms）とSLOW（1s）の中間の値となっています。

◉常用対数演算部～表示部

　常用対数演算部は、信号を演算してデシベル値に変換する部分です。変換されたデシベル値は表示部に表示されます。

4 振動レベル計の校正

　測定結果の精度を正しく評価するためには、できるだけ頻繁に再校正※をすることが望まれます。振動レベル計では一般に、外部機器と接続しレベルを記録するときにお互いのレベル合わせのため、内部の校正信号を出力させることができます。また、振動ピックアップの受感軸に直角な任意の方向の励振に対する感度を横感度といいますが、JISでは**横感度**を規定の周波数範囲の全域にわたって**15dB以上**と定めています。

5 振動レベル計の検定

　計量法では、**取引**又は**証明**における計量に使用される計量器

※：**立上り特性**
JISでは、立上り特性は「周波数31.5Hz及び継続時間1.0sの単発バースト信号による最大指示値は、その入力と周波数及び振幅が等しい定常正弦波信号による指示値に対してとする」と定義されている。

※：**立下り特性**
JISでは、立下り特性は「周波数31.5Hzの定常正弦波信号を切断後、指示値が10dB減少するのに要する時間は、2.0s以下とする」と定義されている。

※：**時定数**
時定数とは応答の変化の速さ（波形での立ち上がり、立ち下がり）を表すもので、時定数が小さいほど変化は急激になり、時定数が大きいほど変化は緩やかになる。

※：**再校正**
機器出荷時に行うメーカーによる校正に対し、ユーザーが行う校正をここでは再校正と呼んでいる。一般に1年ごとに行うことが望ましいとされ、ユーザー自らができない場合はメーカーに再校正を依頼することが多い。

騒音・振動概論

騒音・振動特論

として「**特定計量器**」を指定しています。特定計量器は、検定・検査の技術基準に合格し、検定の証印が付されたものでなければ、原則として取引・証明に使用することはできません。

振動レベル計も特定計量器に指定されており、構造及び性能に関わる技術上の基準、検定の方法などはJIS[※]に規定されています。振動レベルの値を**取引**や**証明**に用いる場合には、検定に合格し有効期限内の振動レベル計を用いて測定しなければなりません。検定の**有効期間**は**6年**です（騒音計は**5年**）。

また、適正な計量の実施を確保するために**検定公差**[※]が定められていますが、**使用公差**[※]と**同じ値**が定められています。

※：JIS
JIS C 1517：2014"振動レベル計―取引又は証明用"

※：検定公差
検定を行う特定計量器において特定計量器検定検査規則に定められた器差の許容値。

※：使用公差
使用中の定期検査等のときに使用される器差の許容値。使用公差が検定公差の2倍と設定されている計量器もある（たとえばはかり（質量計）など）。

6 周波数分析と分析値の計算

一般に騒音や振動は、多数の周波数成分が合成されています。これらの騒音や振動を特定の周波数ごとに分解することを**周波数分析**といい、周波数分析を行うための分析器を**周波数分析器**といいます。

振動の周波数分析は、**使用周波数範囲**が異なりますが、騒音の周波数分析と本質的には同じです。したがってここでは説明しませんが、振動の範囲でも分析値の計算問題がよく出題されますので、騒音・振動特論の2-2 8「周波数分析値の計算」に関する内容はよく理解しておいてください。

> **ポイント**
> ①振動レベル計の構成と機能を理解する。
> ②振動レベル計には鉛直特性、水平特性、平坦特性の周波数重み付け特性が備えられている。
> ③鉛直特性、水平特性、平坦特性の関係を理解し、鉛直特性（及び水平特性）の補正値を覚える。
> ④時間重み付け特性の時定数は0.63sである。
> ⑤振動レベル計が取引・証明に使用される場合は検定が必要で有効期限は6年である。
> ⑥周波数分析器、周波数分析値の計算方法を理解する（第2章参照）。

振動測定技術　第**4**章

練習問題

平成25・問26

問26　振動レベル計(JIS C 1510:1995)の特徴に関する記述として，誤っているもの
はどれか。

(1)　対象とする測定周波数範囲は 1 ～ 90 Hz である。

(2)　振動量として，加速度を用いる。

(3)　振動レベルの単位は，デシベルである。

(4)　指示計の動特性は，感覚実験に基づき決められている。

(5)　基準レスポンスに対しては，許容偏差が決められている。

騒音・振動概論

騒音・振動特論

解　説

　振動レベル計の特徴について問われています。誤っているものは(1)です。JISに
規定される振動レベル計の測定周波数範囲は1 ～ 80Hzです。「1 ～ 90Hz」ではあり
ません。

　したがって、(1)が正解です。

正解 >> （1）

457

第4章 振動測定技術

練習問題

平成27・問26

問26 圧電形振動ピックアップの記述として，誤っているものはどれか。

(1) 振動体の加速度を計測するように設計されている。

(2) 振動ピックアップの構造には，圧縮形と剪断形がある。

(3) 固有振動数は，通常，数kHz以上に設計される。

(4) サイズモ系を利用した振動ピックアップである。

(5) 圧電素子の形状が，振動レベル計の周波数補正特性を決める。

解 説

　圧電形振動ピックアップの特徴について問われています。誤っているものは(5)です。振動ピックアップを構成する圧電素子は力を受けるとその表面に電荷が発生しますが、周波数補正特性を決定することはできません。周波数補正特性については、振動感覚補正演算部において鉛直特性、水平特性、平坦特性が決定されます。

　したがって、(5)が正解です。

正解 >> (5)

振動測定技術 | 第4章

練習問題

平成26・問25

問25 圧電形振動ピックアップに関する記述として，誤っているものはどれか。

(1) おもりがばねによって支持される系で構成されており，サイズモ系である。

(2) 振動体の速度に比例する電圧を検出するように設計されている。

(3) 構造的には，圧縮形とせん断形の二つがある。

(4) 測定下限振動数は，結合する電圧増幅器の入力インピーダンスにより決まる。

(5) 測定上限振動数は，固有振動数の 1/3 程度である。

解 説

　圧電形振動ピックアップの特徴について問われています。誤っているものは(2)です。圧電形振動ピックアップは、振動体の「加速度」に比例する電圧を検出するように設計されています。「速度」ではありません。

　したがって、(2)が正解です。

正解 >> （2）

第4章 振動測定技術

練習問題

平成26・問27

問27 振動レベル計の精度管理に関して，誤っているものはどれか。

(1) 測定結果の精度を正しく推定するためには，できるだけ頻繁に再校正することが望ましい。

(2) 計量法で規定している「取引」では，検定を受けて合格した計量器が使用されなければならない。

(3) 検定公差は，使用公差と同じ値である。

(4) 行政的な行為で振動レベルを計測する場合は，すべて検定機器で行わなければならない。

(5) 検定の有効期間は 10 年である。

| 解 説 |

振動レベル計の精度管理について問われています。誤っているものは(5)で、正しくは「6年」です。「10年」ではありません。計量法で定められている振動レベル計の検定の有効期限は6年であり、騒音計は5年です。

したがって、(5)が正解です。

正解 >> (5)

振動測定技術　**第4章**

練習問題

平成28・問28

問28　工場敷地境界において，地盤上における鉛直振動を対策前後で測定したところ，下表のオクターブバンド分析の結果を得た。対策後の振動レベルは対策前に比べて約何 dB 小さくなったか。

オクターブバンド中心周波数(Hz)	1	2	4	8	16	31.5	63
対策前のバンド加速度レベル(dB)	31	45	63	68	53	58	52
対策後のバンド加速度レベル(dB)	30	43	56	64	52	52	49

(1)　1　　　　(2)　3　　　　(3)　5　　　　(4)　7　　　　(5)　9

解　説

　振動低減対策後の振動レベルを求める計算問題です。騒音でのバンド音圧レベルを求める方法と考え方は同じです。題意より鉛直振動のバンド加速度レベルなので、まずは対策前のバンド加速度レベルに鉛直特性の補正を行い、各中心周波数のレベル値を合成すれば対策前の振動レベルが求められます。

　補正後のレベル値は次のとおりとなります（補正値は下表参照）。

　　25　42　63　67　47　46　34

　これらを合成して対策前の振動レベルを求めます（dBの和の補正値は下表参照）。

　　67　63　→レベル差4、補正値2　→67 + 2 = 69dB

　　（以降はレベル差10以上につき省略）

振動感覚補正値（概略値）

周波数（Hz）	1	2	4	8	16	31.5	63
鉛直方向の補正値（dB）	－ 6	－ 3	0	－ 1	－ 6	－ 12	－ 18
水平方向の補正値（dB）	3	2	－ 3	－ 9	－ 15	－ 21	－ 27

dBの和の補正値（概略値）

レベル差（dB）	0	1	2	3	4	5	6	7	8	9	10〜
補正値（dB）	3		2			1					0

461

第4章 振動測定技術

　次に対策後のバンド加速度レベルに鉛直特性の補正を行い、それぞれの値を合成して対策後の振動レベルを求めます。鉛直特性の補正後のレベル値は次のとおりとなります。

　　　24　40　56　63　46　40　31

これらを合成して対策後の振動レベルを求めます。

　　　63　56　→レベル差7、補正値1　→63＋1＝64dB

　　　（以降はレベル差10以上につき省略）

よって、対策後の振動レベルは対策前に比べると約5dB小さくなりました。

したがって、(3)が正解です。

正解 >> （3）

振動測定技術 | **第4章**

練習問題

平成26・問26

問26　工場敷地境界線における鉛直振動をオクターブバンド分析したところ，次表の結果を得た。防振対策により，8 Hz の振動加速度レベルを 10 dB 低減できるとすると，この対策によって振動レベルは約何 dB 低減するか。

オクターブバンド中心周波数(Hz)	2	4	8	16	32
オクターブバンド振動加速度レベル(dB)	44	56	66	46	43

  (1)　3   (2) 5   (3) 7   (4) 9   (5) 11

| 解　説 |

　対策後の振動レベルを求める計算問題です。題意より鉛直振動なので、まずは対策前のバンド振動加速度レベルに鉛直特性の補正を行い、各中心周波数のレベル値を合成すれば対策前の振動レベルが求められます。補正後のレベル値は次のとおりとなります(補正値は下表参照)。

  41　56　65　40　31

　これらを合成して対策前の振動レベルを求めます(dBの和の補正値は下表参照)。

  65　56　→レベル差9、補正値1　→65 + 1 = 66dB

  (以降はレベル差10以上につき省略)

　次に8Hzの振動加速度レベルを10dB低減して対策後の振動レベルを求めます。題意より8Hzの振動加速度レベル66dBが56dBになるので、鉛直特性の補正後のレベル値は次のとおりとなります。

振動感覚補正値(概略値)

周波数（Hz）	1	2	4	8	16	31.5	63
鉛直方向の補正値（dB）	− 6	− 3	0	− 1	− 6	− 12	− 18
水平方向の補正値（dB）	3	2	− 3	− 9	− 15	− 21	− 27

dBの和の補正値(概略値)

レベル差（dB）	0	1	2	3	4	5	6	7	8	9	10 〜
補正値（dB）		3			2				1		0

騒音・振動概論

騒音・振動特論

463

第4章 振動測定技術

　　41　56　55　40　31

これらを合成して対策後の振動レベルを求めます。

　　56　55　→レベル差1、補正値3　→56＋3＝59dB

　　（以降はレベル差10以上につき省略）

よって、対策によって振動レベルは約7dB低減しました。

したがって、(3)が正解です。

正解 ≫ （3）

振動測定技術 | 第**4**章

練習問題

平成26・問30

問30　3台の機械A，B，Cから発生する鉛直方向の振動を各機械より5m離れた
地盤上で測定して，オクターブバンド分析をした結果，下表を得た。3台の機械が
発生する振動加速度レベルの値が大きい順として，正しいものはどれか。

機械	オクターブバンド中心周波数(Hz)	2	4	8	16	31.5	63
A	オクターブバンド振動レベル(dB)	45	60	59	54	48	42
B	オクターブバンド振動レベル(dB)	50	65	64	45	35	33
C	オクターブバンド振動レベル(dB)	40	65	45	40	53	47

(1)　C ＞ B ＞ A

(2)　A ＞ B ＞ C

(3)　B ＞ C ＞ A

(4)　C ＞ A ＞ B

(5)　A ＞ C ＞ B

| 解　説 ▶

　3台の機械の振動レベルから振動加速度レベルを求める計算問題です。設問で与えらているのは振動レベルですので、各中心周波数の補正前の振動加速度レベルを求めて、それらを合成すれば3台の機械それぞれの振動加速度レベルが求められます。

①機械Aの中心周波数ごとのオクターブバンド振動加速度レベル（補正前）は次のとおりとなります（補正値は下表のとおり）。

　　48　60　60　60　60　60

これらを合成して機械Aの振動加速度レベルを求めます（dBの和の補正値は下表参照）。

　　60　60　→レベル差0、補正値3　→60＋3＝63dB

　　63　60　→レベル差3、補正値2　→63＋2＝65dB

　　65　60　→レベル差5、補正値1　→65＋1＝66dB

　　66　60　→レベル差6、補正値1　→66＋1＝67dB

（以降はレベル差10以上につき省略）

465

第4章 振動測定技術

振動感覚補正値（概略値）

周波数（Hz）	1	2	4	8	16	31.5	63
鉛直方向の補正値（dB）	− 6	− 3	0	− 1	− 6	− 12	− 18
水平方向の補正値（dB）	3	2	− 3	− 9	− 15	− 21	− 27

dBの和の補正値（概略値）

レベル差（dB）	0	1	2	3	4	5	6	7	8	9	10～
補正値（dB）	3		2				1				0

②機械Bの中心周波数ごとのオクターブバンド振動加速度レベル（補正前）は次の
　とおりとなります。

　　53　65　65　51　47　51

　これらを合成して機械Bの振動加速度レベルを求めます。

　　65　65　→レベル差0、補正値3　→65 ＋ 3 ＝ 68dB

　（以降はレベル差10以上につき省略）

③機械Cの中心周波数ごとのオクターブバンド振動加速度レベル（補正前）は次の
　とおりとなります。

　　43　65　46　46　65　65

　これらを合成して機械Cの振動加速度レベルを求めます。

　　65　65　→レベル差0、補正値3　→65 ＋ 3 ＝ 68dB

　　68　65　→レベル差3、補正値2　→68 ＋ 2 ＝ 70dB

　（以降はレベル差10以上につき省略）

　よって、振動加速度レベルの値は、C ＞ B ＞ Aの順となります。

したがって、(1)が正解です。

正解 >> （1）

振動測定技術 | 第4章

4-3 振動レベルの測定

ここでは振動レベルの測定方法について説明します。JISに規定する測定方法のうち、法的に定められる内容に注意しながら理解しておきましょう。

1 規制基準

振動規制法において、「指定地域内に特定工場等を設置している者は、特定工場等に係る**規制基準**を遵守しなければならない」と定められています。規制基準は、特定工場等において発生する振動の特定工場等の**敷地の境界線**における大きさの許容限度で、告示※によって基準値や測定方法が定められています。前述のJISによる測定方法や騒音・振動概論と重複する部分もありますが、ここでは告示の内容に沿って、振動レベルの測定方法について説明します。

※：告示

特定工場等において発生する振動の規制に関する基準（昭和51年環境庁告示第90号）。騒音・振動概論2-2「騒音規制法」参照。

◉測定器

振動の測定は、計量法第71条の条件に合格した**振動レベル計**を用い、**鉛直方向**について行います。この場合において、振動感覚補正回路は**鉛直振動特性**を用います。

◉振動ピックアップの設置場所

振動の測定方法では、振動ピックアップの設置場所が次のとおり規定されています。

①緩衝物がなく、かつ、十分踏み固め等の行われている**堅い場所**

②傾斜及びおうとつがない**水平面**を確保できる場所

③温度、電気、磁気等の**外囲条件の影響**を受けない場所

第4章 振動測定技術

●暗振動

暗振動の補正値が告示に規定されています。測定の対象とする振動に係る指示値と**暗振動**の指示値の差が10dB未満の場合は、測定の対象とする振動に係る指示値から表1の**補正値を減じる**こととなっています。この値は騒音・振動概論の第1章で出てきた「**dBの差**の補正値」のことです。

告示では表1の値が示されていますが、前述のようにJIS※でも同じ値が示されています。暗振動の影響の補正値(dBの差の補正値)は計算問題としてよく出題されますので、値は暗記しておきましょう。

なお、対象振動の精密な値を求めるには次式のように計算します。

$$L = 10 \log (10^{L_1/10} - 10^{L_2/10})$$

ここで、L：対象振動だけのレベル(dB)

L_1：暗振動を含んだ対象音のレベル(dB)

L_2：暗振動レベル(dB)

※：JIS
JIS Z 8735：1981"振動レベル測定方法"。なお、告示には測定方法として本JISへの参照は明示されていないが、本JISは環境振動、作業環境振動、建設作業振動などの振動測定方法の基本となっている。

表1　告示における暗振動の影響の補正

指示値の差	補正値
3 デシベル	3 デシベル
4 デシベル	2 デシベル
5 デシベル	
6 デシベル	1 デシベル
7 デシベル	
8 デシベル	
9 デシベル	

[特定工場等において発生する振動の規制に関する基準]

●定常振動

振動レベルの決定について、告示では「測定器の指示値が変動せず、又は変動が少ない場合は、その指示値とする。」と定め

振動測定技術　**第4章**

られています。レベル変化が小さく、ほぼ一定とみなされる振動を**定常振動**といいます。

◉**周期的又は間欠的に変動する振動**

　告示では「測定器の指示値が**周期的又は間欠的に変動する**場合は、その変動ごとの指示値の**最大値の平均値とする。**」と定められています。なお、騒音では「最大値が一定でない場合」のレベルの決定についても別に定めていますが、振動は騒音ほど発生源が多種多様ではなく、最大値の変化が少ないことが多いと考えられるため、振動では「最大値が一定でない場合」については定められていません。

◉**不規則かつ大幅に変動する振動**

　告示では、「測定器の指示値が**不規則かつ大幅に変動する**場合は、5秒間隔、100個[※]又はこれに準ずる間隔、個数の測定値の**80パーセントレンジの上端の数値**とする。」と定められています。

　なお、騒音の場合は「**90パーセントレンジの上端の数値**」と定められています。求め方はどちらも同じですが、振動の範囲でもよく出題されますので、復習も兼ねて80パーセントレンジを求める方法を次に説明します。

◉**時間率振動レベル**

　80パーセントレンジとは、振動レベルが全測定時間のうちの80%は上端値と下端値の間にあり、**10%**は上端値を上回り、**10%**は下端値を下回るような範囲を示します。したがって、80パーセントレンジの上端の数値とは、その振動レベル以上の騒音が全測定時間の**10%を占める**という意味になります。

　これをJISでは**時間率振動レベル**として表しています。振動レベルが、対象とする時間のうちx%の時間にわたってあるレベル値を超えている場合、そのレベルをxパーセント時間率レ

※：100個
騒音の告示では個数の記載はないが、振動では100個と記載されている。なお、市町村長が行う道路交通振動の測定では「振動レベルは、5秒間隔、100個又はこれに準ずる間隔、個数の測定値の80パーセントレンジの上端の数値を、昼間及び夜間の区分ごとにすべてについて平均した数値とする。」と定められている（振動規制法施行規則別表2）。

469

図1　80パーセントレンジの上端値 L_{10} の決定例

(a)　基礎データ（100個の場合の例）

	1	2	3	4	5	6	7	8	9	10
1	66	60	60	68	59	62	55	55	54	53
2	49	49	48	50	48	48	53	57	54	51
3	54	50	51	61	61	58	58	62	63	62
4	63	61	65	60	60	66	53	54	53	65
5	55	50	50	53	55	50	55	59	64	57
6	55	58	59	58	60	60	55	56	57	55
7	49	56	56	53	55	51	54	57	58	
8	55	55	56	56	56	57	56	57	59	
9	56	51	51	53	60	59	59	53	54	55
10	53	61	56	57	57	58	55	57	56	58

(b)　度数及び累積度数の集計例

1の位		0	1	2	3	4	5	6	7	8	9
40台	度数									3	3
	累積								0	3	6
50台	度数	5	5	0	9	6	13	12	9	7	6
	累積	6	11	16	16	25	31	44	56	65	72	78
60台	度数	7	4	3	2	1	2	2	0	1	
	累積	78	84	89	92	94	95	97	99	99	100

(c)　累積度数のプロットとその曲線の例

①　全体の概略図

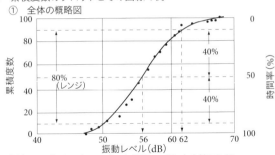

（注）　80パーセントレンジの上端値 62 dB，中央値 56 dB，下端値 50 dB

②　60 dB 以上の詳細図（プロット位置 +0.5 dB に注意）

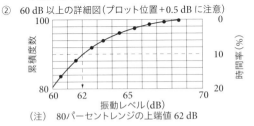

（注）　80パーセントレンジの上端値 62 dB

ベルL_xといいます。L_{50}は**中央値**、L_{10}は**80パーセントレンジ上端値**、L_{90}は**80パーセントレンジ下端値**を表します。

時間率振動レベルは次のような手順によって求めます(図1)。

①レベルレコーダなどから5秒間隔、100個のデータを読み取る(図1(a))。

②レベル別の度数を集計し、次に度数を累計し累積度数を集計する(図1(b))。

③横軸に振動レベル、縦軸に累積度数をとった図に累積度数をプロットし、プロットした点の間をスムーズな曲線でつなぐ(図1(c))。この曲線を「累積度数曲線」という。

④累積度数曲線から累積度数80%(=時間率10%)の交点のレベル値を読み取る。したがって、80パーセントレンジ上端値(10%時間率振動レベル)L_{10}は**62dB**となる。

✅ ポイント

①振動規制法では、敷地境界線における規制基準、測定方法などが定められている。

②測定器には振動レベル計を用い、振動感覚補正回路は鉛直振動特性を用いる。

③振動の種類(定常振動、変動振動など)ごとの指示値の読み取り方を理解する。

④時間率振動レベルの求め方を理解する。

第 **4** 章 振動測定技術

練習問題

平成28・問25

問25 時間率 10 ％の振動レベルを求める手順として，正しく並べたものはどれか。

A：5 秒間隔で 100 個のデータを読み取る。

B：累積度数の集計をする。

C：度数の集計をする。

D：累積度数曲線と時間率 10 ％の交点のレベルを求める。

E：累積度数を図にプロットしてスムーズな曲線を描く。

(1) A → B → C → D → E

(2) A → C → B → E → D

(3) B → A → C → D → E

(4) E → A → C → B → D

(5) E → B → C → A → D

解 説

時間率10％の振動レベルを求める手順について問われています。時間率10％の振動レベルを求める手順としては、データを読み、レベル値の度数、累積度数を集計し、図に累積度数をプロットして累積度数曲線を描き、図から時間率10％のレベル値を求めればよいので、

A → C → B → E → D

となります。

したがって、(2)が正解です。

正解 >> (2)

振動測定技術 **第4章**

練習問題

平成28・問26

問26　不規則かつ大幅に変動する振動レベルを測定して得られた100個の値を大きさ
ごとに分類し，下表に示す結果を得た。80パーセントレンジの上端の数値と中央
値との差は約何dBか。

振動レベル(dB)	50	51	52	53	54	55	56	57	58	59	60
読み取り個数(個)	2	3	4	10	16	22	18	13	7	3	2

(1)　1　　　　　(2)　3　　　　　(3)　5　　　　　(4)　7　　　　　(5)　9

|解　説|▶

80パーセントレンジの上端の数値と中央値の差を求める計算問題です。設問よ
り読み取り個数(度数)が与えられていますので、累積度数を求めると次のようにな
ります。

振動レベル（dB）	50	51	52	53	54	55	56	57	58	59	60
読み取り個数（個）	2	3	4	10	16	22	18	13	7	3	2
累積度数（個）	2	5	9	19	35	57	75	88	95	98	100

実際は累積度数曲線を描いて求めますが、作図するのは困難なので次のように考
えます。

80パーセントレンジの上端の数値は10%時間率振動レベルのことですので、100
個の振動レベルのうち、10%（＝10個）は上端値を上回ることになります。したがっ
て、100個あるレベル値の上から10番目付近の値が80パーセントレンジの上端の
数値と考えられます。したがって、上表の累積度数より58dBとなります。

次に中央値は50番目の付近の値と考えられますので、上表の累積度数より55dB
となります。

よって、80パーセントレンジの上端の数値58dBと中央値55dBとの差は約3dBと
なります。

したがって、(2)が正解です。

正解 ≫　(2)

第4章　振動測定技術

練習問題

平成25・問28

問28　特定工場内に1台の機械プレスがあり，周期的に大きな振動を発生している。運転中に敷地の境界線における振動レベルを測定した結果，最大値の平均値は70 dB，90パーセントレンジ上端値は68 dB，80パーセントレンジ上端値は66 dB，等価振動レベルは64 dB，中央値は62 dBであった。敷地境界線における規制基準が60 dBであるとすると，少なくとも何dBの低減を目指して防止計画を検討しなければならないか。

(1)　2　　　　(2)　4　　　　(3)　6　　　　(4)　8　　　　(5)　10

解　説

　告示に定められる振動レベルの決定について問われています。告示では「測定器の指示値が周期的又は間欠的に変動する場合は、その変動ごとの指示値の最大値の平均値とする。」と定められています。

　題意より周期的な振動となっていますので、この場合の振動レベルは「最大値の平均値」を対象とすればよいことになります。

　題意より最大値の平均値は70dBですので、敷地境界線における規制基準60dBを満足させるには、少なくとも10dBの低減を目指して防止計画を検討しなければなりません。

　したがって、(5)が正解です。

正解 >> (5)

振動測定技術 第4章

2 JIS C 1510 " 振動レベル計 "

JIS C 1510 " 振動レベル計 " は、振動に関する環境（公害、作業環境など）で、人体の全身を対象とする振動の評価に用いる振動レベル計について規定しています。ここでは JIS に定められる事項のうち主なものを挙げます。これまで学習した用語も含まれますが、JIS の文章が出題されることもありますので、JIS での表現のされ方についても確認しておきましょう。

●定義

①**振動加速度レベル**：振動加速度の実効値を基準の振動加速度（10^{-5}m/s^2）で除した値の常用対数の20倍。

②**振動レベル**：**鉛直特性**又は**水平特性**で重み付けられた振動加速度の実効値を基準の振動加速度（10^{-5}m/s^2）で除した値の常用対数の20倍。

③**鉛直特性**：鉛直方向の振動に対する全身の振動感覚特性に基づく周波数特性。

④**水平特性**：水平方向の振動に対する全身の振動感覚特性に基づく周波数特性。

⑤**受感軸**：振動ピックアップが最大の感度をもつ方向。

⑥**横感度**：受感軸に直角な任意の方向の励振に対する感度。

⑦**基準振動加速度レベル**：試験のための基準に用いる振動加速度レベル。

⑧**基準レンジ**：試験のための基準振動加速度レベルを含むレンジ。

⑨**器差**：鉛直特性のレスポンスとそれぞれの周波数に対応する基準レスポンスとの差。

⑩**有効目盛**：この規格を満足する指示機構の目盛又は表示。

⑪**時定数**：指数平均特性をもつ回路の時定数。

⑫**バースト信号**：波形の振幅が、零から始まり零で終わる波数が整数の正弦波の断続信号。正弦波の周期の整数倍の休止時間をおいて繰り返す信号と単発の信号の場合がある。

騒音・振動概論

騒音・振動特論

⑬**波高率**：信号の瞬時値の最大値と実効値との比。

●**定格**

①**使用周波数範囲**：使用周波数範囲は、**1Hz 〜 80Hz**とする。

②**使用温度範囲**：使用温度範囲は、**−10℃〜＋50℃**とする。

③**使用湿度範囲**：使用湿度範囲は、**相対湿度90％以下**とする。

> ☑ **ポイント**
>
> ①諸量や仕様について、JISで規定されている表現を覚えておく。
> ②鉛直特性と水平特性の周波数特性が規定されている。
> ③使用周波数範囲は1Hz 〜 80Hz。

振動測定技術 **第 4 章**

練習問題

平成25・問25

問25　JIS C 1510：1995"振動レベル計"に定義される用語とその定義の組合せとして，誤っているものはどれか。

	用語	定義
(1)	振動加速度レベル	振動加速度の実効値を基準の振動加速度で除した値
(2)	鉛直特性	鉛直方向の振動に対する全身の振動感覚に基づく周波数特性
(3)	受感軸	振動ピックアップが最大の感度を持つ方向
(4)	時定数	指数平均特性を持つ回路の時定数
(5)	波高率	信号の瞬時値の最大値と実効値の比

| 解　説 ▶

　JIS C 1510"振動レベル計"における用語の定義について問われています。誤っているものは(1)です。JISでは振動加速度レベルは「振動加速度の実効値を基準の振動加速度（10^{-5}m/s²）で除した値の常用対数の20倍」と定義されています。設問では「常用対数の20倍」が抜けています。

　したがって、(1)が正解です。

正解 ≫　(1)

第 4 章 振動測定技術

練習問題

平成24・問29

問29 振動レベル計(JIS C 1510)に用いられている用語の定義として，誤っているものはどれか。

(1) 振動加速度レベルとは，振動加速度の実効値を基準の振動加速度で除した値の常用対数の 20 倍である。

(2) 受感軸とは，振動ピックアップが最大の感度を持つ方向である。

(3) 器差とは，鉛直特性のレスポンスと鉛直特性のそれぞれの周波数に対応する基準レスポンスとの差である。

(4) 時定数とは，指数平均特性を持つ回路の時定数である。

(5) 波高率とは，信号の平均値と実効値との比である。

解 説

JIS C 1510"振動レベル計"における用語の定義について問われています。誤っているものは(5)です。JISでは波高率は「信号の瞬時値の最大値と実効値との比」と定義されています。「平均値」ではありません。

したがって、(5)が正解です。

正解 >> (5)

巻末資料

巻末資料には、計算問題を解くために必要となる暗記項目の一覧と常用対数表を掲載しました。数式などはただ覚えるだけでなく、数式を利用して計算問題が解けるように練習する必要があります。常用対数表は、実際の試験問題の末尾に掲載されるものです。これも対数計算で使いこなせるようにしておきましょう。

計算問題を解くための暗記項目一覧

　ここでは、本文に出てきた数式などの主な暗記項目を一覧にしました。本文で学習した後、試験前の記憶のチェック用として利用してください。また、計算に慣れるまでは、切り離して本文と見比べながら利用してもよいでしょう。

◎騒音・振動共通

log1 〜 10 の概略値

$\log 1 = 0$	$\log 6 \fallingdotseq 0.8$
$\log 2 \fallingdotseq 0.3$	$\log 7 \fallingdotseq 0.85$
$\log 3 \fallingdotseq 0.5$	$\log 8 \fallingdotseq 0.9$
$\log 4 \fallingdotseq 0.6$	$\log 9 \fallingdotseq 1.0$
$\log 5 \fallingdotseq 0.7$	$\log 10 = 1$

| 参照 |　騒音・振動概論 1-1

dB の計算

dB の和の補正値（概略値）

レベル差（dB）	0	1	2	3	4	5	6	7	8	9	10 〜
補正値（dB）	3		2				1				0

dB の差の補正値（暗騒音）

レベル差（dB）	4	5	6	7	8	9	10 〜
補正値（dB）	－ 2			－ 1			0

dB の差の補正値（暗振動）

レベル差（dB）	3	4	5	6	7	8	9	10 〜
補正値（dB）	－ 3	－ 2			－ 1			0

dB の平均（等価騒音レベル）

$$\bar{L} = \underbrace{10 \log \left(10^{\frac{L_1}{10}} + 10^{\frac{L_2}{10}} + \cdots + 10^{\frac{L_n}{10}} \right)}_{L\,=\,\text{レベル値の和}} - 10 \log n$$

$$\bar{L} = L - 10 \log n$$

ここで、$\bar{L}$：レベル値の平均（dB）　　L：レベル値の和（dB）　　n：個数

| 参照 |　騒音・振動概論 1-3

周波数（振動数）・周期

$$f = \frac{1}{T}$$

ここで、f：周波数（振動数）（Hz）　　T：周期（s）

| 参照 |　騒音・振動概論 1-2 ／ 6-1 ／ 9-1

波長・音速（伝搬速度）・周波数（振動数）

$$\lambda = \frac{c}{f} \qquad f = \frac{c}{\lambda} \qquad c = f\lambda$$

ここで、λ：波長（m）　　c：音速（伝搬速度）（m/s）　　f：周波数（振動数）（Hz）

┃参照┃　騒音・振動概論 1-2 ／ 6-1 ／ 9-1

角周波数（角振動数）

$$\omega = 2\pi f$$

ここで、ω：角周波数（角振動数）（rad/s）　　f：周波数（振動数）（Hz）

┃参照┃　騒音・振動概論 9-1

◎騒音関係

音圧レベル

$$L_p = 10 \log \frac{p^2}{p_0^2} = 20 \log \frac{p}{p_0}$$

ここで、L_p：音圧レベル（dB）（L は Level、p は pressure の意味）　　p：音圧実効値（Pa）

p_0：基準音圧（$20\mu\mathrm{Pa} = 2 \times 10^{-5}\mathrm{Pa}$）

┃参照┃　騒音・振動概論 1-2 ／ 6-1

騒音レベル

$$L_{pA} = 10 \log \frac{p_A^2}{p_0^2} = 20 \log \frac{p_A}{p_0}$$

ここで、L_{pA}：騒音レベル（dB）（A は A 特性の意味）

p_A：A 特性音圧（Pa）（周波数重み特性 A をかけた音圧実効値）

p_0：基準音圧（Pa）（$20\mu\mathrm{Pa} = 2 \times 10^{-5}\mathrm{Pa}$）

┃参照┃　騒音・振動概論 1-2 ／ 6-1

A 特性の補正値

A 特性の補正値（概略値）

周波数（Hz）	63	125	250	500	1000	2000	4000	8000
補正値（dB）	− 26	− 16	− 9	− 3	0	+ 1	+ 1	− 1

┃参照┃　騒音・振動概論 1-2 ／騒音・振動特論 2-2

等価騒音レベル・平均化時間

$$L_{\mathrm{Aeq}.T} = L_{\mathrm{Aeq}.t} + 10 \log\left(\frac{t}{T}\right)$$

ここに、$L_{\mathrm{Aeq},T}$：等価騒音レベル（dB）　　T：平均化時間（s）

$L_{\mathrm{Aeq},t}$：個々の等価騒音レベル（dB）　　t：個々の平均化時間（s）

┃参照┃　騒音・振動概論 5-2

音圧の実効値

$$p = \rho c v$$

ここで、p：音圧の実効値（Pa）　　ρ：媒質の密度（kg/m³）　　c：音速（m/s）　　v：粒子速度（m/s）

┃参照┃　騒音・振動概論 6-1

音の強さ

$$I = \frac{p^2}{\rho c}$$

ここで、I：音の強さ（W/m²）　　p：音圧の実効値（Pa）　　ρ：媒質の密度（kg/m³）　　c：音速（m/s）

ρc：特性インピーダンス（$= 408\mathrm{Pa \cdot s/m}$）

┃参照┃　騒音・振動概論 6-1

音の強さのレベル（音響インテンシティのレベル）

$$L_I = 10 \log \frac{I}{I_0}$$

ここで、L_I：音の強さのレベル(dB)　　I：音の強さ(W/m^2)
　　　　I_0：基準の音の強さ($= 10^{-12}$W/m^2)

| 参照 |　騒音・振動概論 6-1

音響パワーレベル

$$L_W = 10 \log \frac{P}{P_0}$$

ここで、L_W：音響パワーレベル(dB)　　P：音響出力(W)　　P_0：音響出力の基準値($= 10^{-12}$W)

| 参照 |　騒音・振動概論 6-1

音圧レベルと音響パワーレベルの関係

$$L_p = L_W - 20 \log r - (11 - 10 \log Q)$$

ここで、L_p：音圧レベル（dB）　　L_W：音響パワーレベル（dB）　　r：音源からの距離（m）
　　　　Q：音源の方向係数

① $L_p = L_W - 20 \log r - 11$　（$Q = 1$：自由空間）
② $L_p = L_W - 20 \log r - 8$　（$Q = 2$：半自由空間）
③ $L_p = L_W - 20 \log r - 5$　（$Q = 4$：1/4 自由空間）
④ $L_p = L_W - 20 \log r - 2$　（$Q = 8$：1/8 自由空間）

| 参照 |　騒音・振動概論 6-1

距離減衰（騒音）

$$L_{r1} - L_{r2} = 10 \log \frac{r_2}{r_1} \quad （倍距離では 3dB 減少：-3dB/DD）$$

ここで、$L_{r1} - L_{r2}$：減衰量（dB）　　L_{r1}：r_1 における音圧レベル（dB）
　　　　L_{r2}：r_2 における音圧レベル（dB）　　r_1、r_2：音源からの距離（m）（ただし、$r_1 < r_2$）

| 参照 |　騒音・振動概論 6-3／騒音・振動特論 1-4

吸音ダクト形消音器の伝達損失

$$R = 1.05 \alpha^{1.4} \frac{P}{S} l \fallingdotseq (\alpha - 0.1) \frac{P}{S} l$$

ここで、R：伝達損失(dB)　　α：吸音材料の吸音率　　P：ダクトの周長(m)
　　　　S：ダクトの断面積(m^2)　　l：ダクトの長さ(m)

| 参照 |　騒音・振動特論 1-2

膨張形消音器の伝達損失が最大となる周波数

$$f = \frac{c}{4l}$$

ここで、f：周波数（Hz）　　c：音速（m/s）　　l：空洞の長さ（m）

| 参照 |　騒音・振動特論 1-2

室内の平均音圧レベル

$$L_p = L_W + 10\log\frac{4}{A} \qquad A = S\bar{\alpha}$$

ここで、L_p：室内の平均音圧レベル（dB）　　L_W：音源の音響パワーレベル（dB）
　　　　A：等価吸音面積（$= S\bar{\alpha}$：吸音力ともいう）（m²）　　S：室内全表面積（m²）
　　　　$\bar{\alpha}$：平均吸音率

| 参照 |　　騒音・振動特論 1-5

音響透過損失

$$TL = 10\log\frac{1}{\tau} \qquad \tau = \frac{1}{10^{TL/10}}$$

ここで、TL：音響透過損失（dB）　　τ：透過率

| 参照 |　　騒音・振動特論 1-5

総合音響透過損失

$$\overline{TL} = 10\log\frac{\Sigma S_i}{\Sigma \tau_i S_i} = 10\log\frac{S_1 + S_2 + \cdots S_n}{\tau_1 S_1 + \tau_2 S_2 \cdots \tau_n S_n}$$

ここで、$\overline{TL}$：総合音響透過損失（dB）　　S_i：総面積（m²）
　　　　τ_i：透過率　　　S_1、$S_2\cdots$：各部位の面積（m²）
　　　　τ_1、$\tau_2\cdots$：各部位の透過率

| 参照 |　　騒音・振動特論 1-5

吸音材料／吸音率が最大となる空気層の厚さ

$$d = \frac{\lambda}{4} = \frac{c}{4f}$$

ここで、d：空気層の厚さ（m）　　λ：波長（m）　　c：音速（m/s）　　f：周波数（Hz）

| 参照 |　　騒音・振動特論 1-6

◎振動関係

振動加速度レベル

$$L_a = 20 \log \frac{a}{a_0}$$

ここで、L_a：振動加速度レベル（dB）（L は Level、a は Acceleration（加速度））
a：振動加速度の実効値（m/s²）
a_0：振動加速度の基準値（10^{-5} m/s²）

|参照|　騒音・振動概論 1-2 ／ 9-2

振動レベル

$$L_v = 20 \log \frac{a}{a_0}$$

ここで、L_v：振動レベル（dB）（v は Vibration（振動））
a：鉛直特性又は水平特性で重み付けをした振動加速度の実効値（m/s²）
a_0：基準の振動加速度（10^{-5} m/s²）

|参照|　騒音・振動概論 1-2 ／ 9-2

振動感覚補正値

振動感覚補正値（概略値）

周波数（Hz）	1	2	4	8	16	31.5	63
鉛直方向の補正値 (dB)	**－6**	**－3**	**0**	**－1**	**－6**	**－12**	**－18**
水平方向の補正値 (dB)	3	2	－3	－9	－15	－21	－27

|参照|　騒音・振動概論 1-2 ／騒音・振動特論 4-2

振動数・変位振幅・速度振幅・加速度振幅

$$(2\pi f)^2 y_0 = (2\pi f) v_0 = a_0$$

ここで、f：振動数（Hz）　y_0：変位振幅（m）　v_0：速度振幅（m/s）
a_0：加速度振幅（m/s²）

|参照|　騒音・振動概論 9-2

固有角振動数・ばね定数・質量

$$\omega_0 = \sqrt{\frac{k}{m}}$$

ここで、ω_0：固有角振動数（rad/s）　k：ばね定数（N/m）　m：質量（kg）

|参照|　騒音・振動概論 9-3

固有振動数・ばね定数・質量

$$f_0 = \frac{1}{2\pi} \sqrt{\frac{k}{m}}$$

ここで、f_0：固有振動数（Hz）　k：ばね定数（N/m）　m：質量（kg）

|参照|　騒音・振動概論 9-3

固有振動数・静的たわみ

$$f_0 = \frac{1}{2\pi}\sqrt{\frac{9.8}{\delta}} \fallingdotseq \frac{0.5}{\sqrt{\delta}}$$

ここで、f_0：固有振動数（Hz）　　δ：静的たわみ（m）

| 参照 |　　騒音・振動概論 9-3

ばね定数（並列・直列）

【並列】$K = k + k + k = 3k$

【直列】$\dfrac{1}{K} = \dfrac{1}{k} + \dfrac{1}{k} + \dfrac{1}{k} = \dfrac{3}{k}$　　　$K = \dfrac{k}{3}$

ここで、K：すべてのばね定数　　　k：個々のばね定数

| 参照 |　　騒音・振動概論 9-3 ／騒音・振動特論 3-5

動吸振器／ばね定数・質量（防振時）

$$\frac{K}{M} \fallingdotseq \frac{k}{m} \qquad \frac{k}{K} \fallingdotseq \frac{m}{M}$$

ここで、K：主振動系のばね定数（N/m）　　M：主振動系の質量（kg）

　　　　k：副振動系のばね定数（N/m）　　m：副振動系の質量（kg）

| 参照 |　　騒音・振動特論 3-2

動吸振器／固有振動数・ばね定数・質量（防振時）

$$f_{01} = \frac{1}{2\pi}\sqrt{\frac{K}{M}} \qquad f_{02} = \frac{1}{2\pi}\sqrt{\frac{k}{m}}$$

ここで、f_{01}：主振動系の固有振動数（Hz）

　　　　K：主振動系のばね定数（N/m）　　M：主振動系の質量（kg）

　　　　f_{02}：副振動系の固有振動数（Hz）

　　　　k：副振動系のばね定数（N/m）　　m：副振動系の質量（kg）

| 参照 |　　騒音・振動特論 3-2

弾性支持／振動伝達率・固有振動数（防振時）

$$\tau = \frac{1}{\left(\dfrac{f}{f_0}\right)^2 - 1} \qquad f_0 = \frac{f}{\sqrt{\dfrac{1}{\tau} + 1}}$$

ここで、τ：振動伝達率　　f：加振力の固有振動数（Hz）

　　　　f_0：支持系の固有振動数（Hz）

| 参照 |　　騒音・振動特論 3-3

距離減衰（振動）

$$L = L_0 - 20n\log\frac{r}{r_0} - 8.7\lambda(r - r_0)$$

ここで、L：ある点での振動加速度レベル（dB）　　L_0：基準点での振動加速度レベル（dB）

r_0：加振点から基準点までの距離（m）　　r：加振点からある点までの距離（m）

λ：地盤の内部減衰係数（$\lambda = 2\pi f h/V$、f：振動数（Hz）、h：土の内部減衰定数、V：伝搬速度（m/s））

n：幾何減衰係数（$n = 0.5$：表面波の場合、$n = 0.75$：表面波と実体波の混在する場合、$n = 1.0$ 実体波の場合、$n = 2.0$：地表面を伝搬する実体波）

（注：土の内部減衰定数 h と地盤の内部減衰係数 λ とは異なる）

| 参照 |　　騒音・振動特論 3-4

常用対数表

　国家試験では、配布される試験問題の末尾に次の常用対数表が掲載されています。常用対数表の見方は騒音・振動概論1-1 **3** で解説しています。

対数表の見方

　常用対数表の網掛けの数値は次のことを表しています。すなわち「真数」$n = 2.03$ の場合，$\log n = \log 2.03 = 0.307$，又は $10^{0.307} = 2.03$ である。

常用対数表

↓　n の小数第1位 までの数値	→　n の小数第2位の数値				
	0	1	2	3	4
1.0	000	004	009	013	017
1.1	041	045	049	053	057
2.0	301	303	305	307	310
2.1	322	324	326	328	330

指数と対数の関係

　$a^c = b$ の指数表現は，対数表現をすると $\log_a b = c$ となる。（騒音・振動分野ではほとんどの場合，常用対数であるから底 a の 10 は，多くの場合省略される。）

代表的公式

①　$\log(x \times y) = \log x + \log y$　　②　$\log(x/y) = \log x - \log y$

③　$\log x^n = n \log x$

公式の使用例

⑴　真数 $n = 200$ の場合（①と③使用）

$$\log 200 = \log(2 \times 100) = \log 2 + \log 100 = \log 2 + \log 10^2 = \log 2 + 2\log 10 = 0.301 + 2 = 2.301$$

⑵　真数 $n = 0.02$ の場合（②と③使用）

$$\log 0.02 = \log\left(\frac{2}{100}\right) = \log 2 - \log 100 = \log 2 - \log 10^2 = \log 2 - 2\log 10 = 0.301 - 2 = -1.699$$

常用対数表（表中の値は小数を表す）

	0	1	2	3	4	5	6	7	8	9
1.0	000	004	009	013	017	021	025	029	033	037
1.1	041	045	049	053	057	061	064	068	072	076
1.2	079	083	086	090	093	097	100	104	107	111
1.3	114	117	121	124	127	130	134	137	140	143
1.4	146	149	152	155	158	161	164	167	170	173
1.5	176	179	182	185	188	190	193	196	199	201
1.6	204	207	210	212	215	217	220	223	225	228
1.7	230	233	236	238	241	243	246	248	250	253
1.8	255	258	260	262	265	267	270	272	274	276
1.9	279	281	283	286	288	290	292	294	297	299
2.0	301	303	305	307	310	312	314	316	318	320
2.1	322	324	326	328	330	332	334	336	338	340
2.2	342	344	346	348	350	352	354	356	358	360
2.3	362	364	365	367	369	371	373	375	377	378
2.4	380	382	384	386	387	389	391	393	394	396
2.5	398	400	401	403	405	407	408	410	412	413
2.6	415	417	418	420	422	423	425	427	428	430
2.7	431	433	435	436	438	439	441	442	444	446
2.8	447	449	450	452	453	455	456	458	459	461
2.9	462	464	465	467	468	470	471	473	474	476
3.0	477	479	480	481	483	484	486	487	489	490
3.1	491	493	494	496	497	498	500	501	502	504
3.2	505	507	508	509	511	512	513	515	516	517
3.3	519	520	521	522	524	525	526	528	529	530
3.4	531	533	534	535	537	538	539	540	542	543
3.5	544	545	547	548	549	550	551	553	554	555
3.6	556	558	559	560	561	562	563	565	566	567
3.7	568	569	571	572	573	574	575	576	577	579
3.8	580	581	582	583	584	585	587	588	589	590
3.9	591	592	593	594	595	597	598	599	600	601
4.0	602	603	604	605	606	607	609	610	611	612
4.1	613	614	615	616	617	618	619	620	621	622
4.2	623	624	625	626	627	628	629	630	631	632
4.3	633	634	635	636	637	638	639	640	641	642
4.4	643	644	645	646	647	648	649	650	651	652
4.5	653	654	655	656	657	658	659	660	661	662
4.6	663	664	665	666	667	667	668	669	670	671
4.7	672	673	674	675	676	677	678	679	679	680
4.8	681	682	683	684	685	686	687	688	688	689
4.9	690	691	692	693	694	695	695	696	697	698
5.0	699	700	701	702	702	703	704	705	706	707
5.1	708	708	709	710	711	712	713	713	714	715
5.2	716	717	718	719	719	720	721	722	723	723
5.3	724	725	726	727	728	728	729	730	731	732
5.4	732	733	734	735	736	736	737	738	739	740

	0	1	2	3	4	5	6	7	8	9
5.5	740	741	742	743	744	744	745	746	747	747
5.6	748	749	750	751	751	752	753	754	754	755
5.7	756	757	757	758	759	760	760	761	762	763
5.8	763	764	765	766	766	767	768	769	769	770
5.9	771	772	772	773	774	775	775	776	777	777
6.0	778	779	780	780	781	782	782	783	784	785
6.1	785	786	787	787	788	789	790	790	791	792
6.2	792	793	794	794	795	796	797	797	798	799
6.3	799	800	801	801	802	803	803	804	805	806
6.4	806	807	808	808	809	810	810	811	812	812
6.5	813	814	814	815	816	816	817	818	818	819
6.6	820	820	821	822	822	823	823	824	825	825
6.7	826	827	827	828	829	829	830	831	831	832
6.8	833	833	834	834	835	836	836	837	838	838
6.9	839	839	840	841	841	842	843	843	844	844
7.0	845	846	846	847	848	848	849	849	850	851
7.1	851	852	852	853	854	854	855	856	856	857
7.2	857	858	859	859	860	860	861	862	862	863
7.3	863	864	865	865	866	866	867	867	868	869
7.4	869	870	870	871	872	872	873	873	874	874
7.5	875	876	876	877	877	878	879	879	880	880
7.6	881	881	882	883	883	884	884	885	885	886
7.7	886	887	888	888	889	889	890	890	891	892
7.8	892	893	893	894	894	895	895	896	897	897
7.9	898	898	899	899	900	900	901	901	902	903
8.0	903	904	904	905	905	906	906	907	907	908
8.1	908	909	910	910	911	911	912	912	913	913
8.2	914	914	915	915	916	916	917	918	918	919
8.3	919	920	920	921	921	922	922	923	923	924
8.4	924	925	925	926	926	927	927	928	928	929
8.5	929	930	930	931	931	932	932	933	933	934
8.6	934	935	936	936	937	937	938	938	939	939
8.7	940	940	941	941	942	942	943	943	943	944
8.8	944	945	945	946	946	947	947	948	948	949
8.9	949	950	950	951	951	952	952	953	953	954
9.0	954	955	955	956	956	957	957	958	958	959
9.1	959	960	960	960	961	961	962	962	963	963
9.2	964	964	965	965	966	966	967	967	968	968
9.3	968	969	969	970	970	971	971	972	972	973
9.4	973	974	974	975	975	975	976	976	977	977
9.5	978	978	979	979	980	980	980	981	981	982
9.6	982	983	983	984	984	985	985	985	986	986
9.7	987	987	988	988	989	989	989	990	990	991
9.8	991	992	992	993	993	993	994	994	995	995
9.9	996	996	997	997	997	998	998	999	999	1.000

〈著者紹介〉

藤井 圭次

藤井環境コンサルタント

元株式会社アイ・エヌ・シー・エンジニアリング 技術本部
エンジニアリング部 次長／（公社）日本騒音制御工学会 認
定技師／公害防止管理者等国家試験(騒音・振動関係)の受
験対策講習等の講師として出講

公害防止管理者等国家試験　騒音・振動関係

重要ポイント＆精選問題集

©2018　一般社団法人 産業環境管理協会

2018年4月30日　発行
2022年7月25日　2刷

発行所　　　　　**一般社団法人 産業環境管理協会**
　　　　　　　　東京都千代田区鍛冶町2-2-1
　　　　　　　　（三井住友銀行神田駅前ビル）
　　　　　　　　TEL　03(5209)7710
　　　　　　　　FAX　03(5209)7716
　　　　　　　　http://www.e-jemai.jp

発売所　　　　　**丸善出版株式会社**
　　　　　　　　東京都千代田区神田神保町2-17
　　　　　　　　TEL　03(3512)3256
　　　　　　　　FAX　03(3512)3270

印刷所　　　　　**三美印刷株式会社**

装丁／本文デザイン　　　　**株式会社hooop**

ISBN978-4-86240-160-1　　　　　Printed in Japan